Microsoft 365 &
Office 2019/2016/2013
完全對應

Excel 終極函數辭典

國本溫子

SB Creative

作者簡介

国本 温子（くにもと あつこ）

技術文件撰寫人員。曾在企業內部擔任文字處理及電腦的 OA 教育工作。之後成為 Office、VB、VBA 的講師，累積實務經驗。現在的身份是自由 IT 作家，以寫書為主。

序

Excel 是各行各業極為常用的試算表軟體，具備製作表格、計算、資料分析與統計等豐富功能。其中，與計算功能有關的函數多達 480 個以上。

這是一本 Excel 函數百科，網羅了完整的函數。書中以淺顯易懂的說明，介紹函數的功能與用法，並視狀況列舉使用範例。針對使用頻率較高的函數，特別準備了多個範例，說明與其他函數一起使用時的運用方法。本書提供了使用範例的電子檔，你可以自行下載，這些檔案應能幫助你實際運用函數並加深理解。

另外，書中透過專欄與提示，解說與函數有關的知識，可以讓你瞭解較難的用語和內容。

除了函數之外，也整理了使用函數時，必須具備的基本知識。即便你是初學者，也能順利運用這些函數。

除此之外，書中還介紹了方便運用函數的進階技巧，以及挑選函數時，應先瞭解的實用功能與靈活運用函數的方法。

本書依照類別、英文字母、目的等分類準備了三種索引，當你在搜尋函數時，請善加運用。

如果這本書能幫助所有使用 Excel 的人有效提升技能及改善工作效率，筆者將深感榮幸。

最後，筆者在此由衷感謝編寫本書時，提供協助的所有人員。

国本 温子

本書的用法

- 本書大致分成以下幾個部分。

目錄
函數解說
基本知識
方便的技巧
關鍵字索引
依目的分類的函數索引
函數索引(英文字母排序)

- 掌握了以下用法之後，翻閱這本書時會更方便。

目錄・・・可以依照 Excel 函數的性質與用途等類別立刻查詢相關內容。

函數解說・・・請檢視下一頁的版面結構範例。

基本知識・・・說明使用 Excel 函數時，應先瞭解的知識。
請搭配 Excel 函數解說一起閱讀。

方便技巧・・・挑選出讓你在使用 Excel 函數時，提高效率的方便技巧。
請依照工作目的善加運用。

關鍵字搜尋・・・可以利用關鍵字找到目標頁面。

依目的分類的函數索引・・・可以依照用途搜尋 Excel 函數。

函數索引(英文字母排序)・・・可以用英文字母排序搜尋 Excel 函數。

- 下載範例檔案
以下網址可以下載本書介紹的 Excel 函數使用範例，請務必加以運用。
http://books.gotop.com.tw/download/ACI035800

- 以下是本書的版面結構範例。
  請注意！本書會依照 Excel 函數的使用頻率、使用難度，調整解說內容的份量。

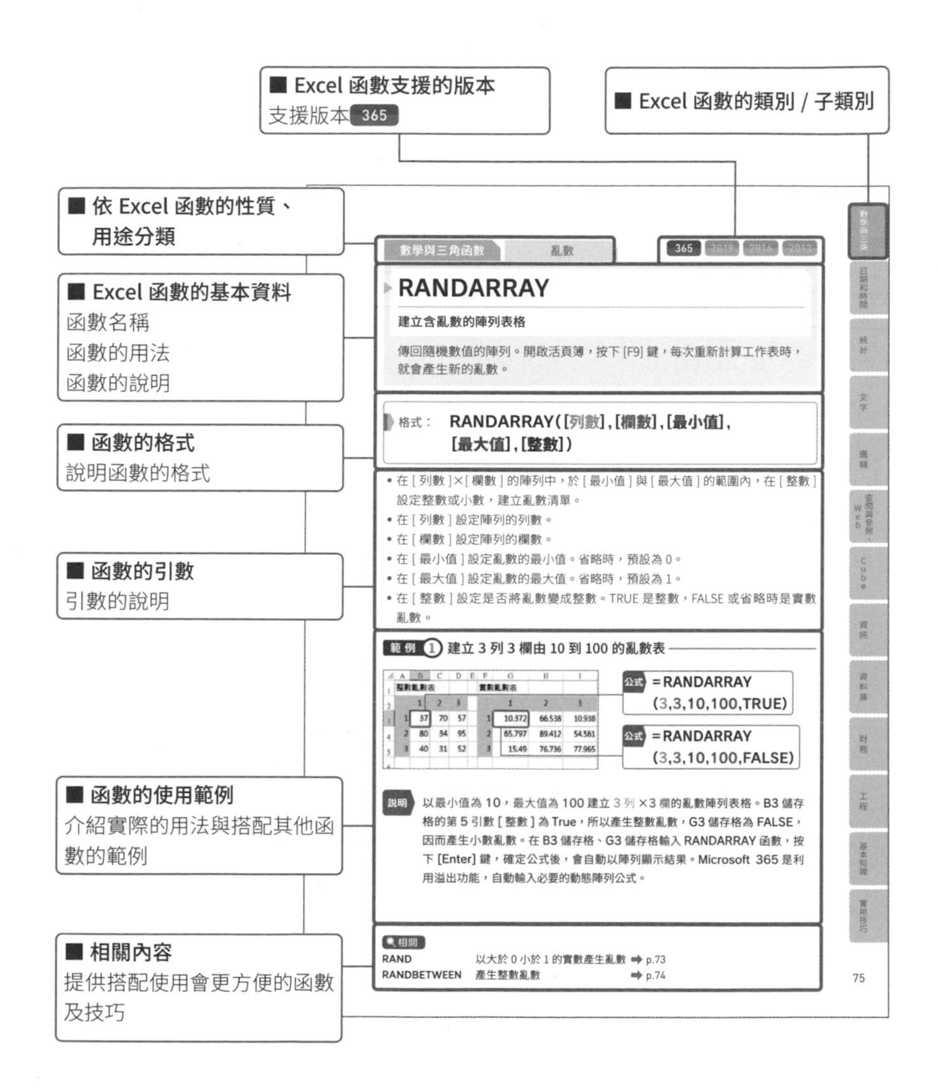

CONTENTS

數學與三角函數 27

四則運算	SUM	數值相加	28
四則運算	SUMIF	加總符合條件的數值	30
四則運算	SUMIFS	加總符合多個條件的數值	33
四則運算	PRODUCT	計算數值的乘積	35
四則運算	SUMPRODUCT	加總陣列元素的乘積	36
四則運算	SUBTOTAL	以指定的統計方法進行計算	37
四則運算	AGGREGATE	以指定的統計方法計算統計值與順序	39
四則運算	SUMSQ	計算平方和	41
四則運算	SUMX2MY2	計算陣列元素的平方差總和	42
四則運算	SUMX2PY2	計算陣列元素的平方和	42
四則運算	SUMXMY2	計算陣列元素差的平方和	43
整數運算（四捨五入）	ROUND	將數值四捨五入至指定位數	44
整數運算（無條件捨去）	ROUNDDOWN	將數值無條件捨去至指定位數	45
整數運算（無條件進位）	ROUNDUP	將數值無條件進位至指定位數	45
整數運算（四捨五入）	MROUND	四捨五入至指定值的倍數	46
整數運算（無條件進位至奇數）	ODD	將數值無條件進位至奇數	46
整數運算（無條件進位至偶數）	EVEN	將數值無條件進位至偶數	46
整數運算（無條件進位）	ISO.CEILING	將數值無條件進位成基準值的倍數	47

類別	函數	說明	頁碼
整數運算（無條件進位）	CEILING.PRECISE	將數值無條件進位成基準值的倍數	47
整數運算（無條件進位）	CEILING.MATH	依指定的方法將數值無條件進位成基準值的倍數	48
整數運算（無條件捨去）	FLOOR.PRECISE	將數值無條件捨去成基準值的倍數	49
整數運算（無條件捨去）	FLOOR.MATH	依指定的方法將數值無條件捨去成基準值的倍數	50
整數運算（無條件捨去）	TRUNC	將數值無條件捨去成設定的位數	51
整數運算（無條件捨去）	INT	小數點以下無條件捨去	51
整數運算（商）	QUOTIENT	計算除法結果的整數部分	52
整數運算（餘數）	MOD	計算除法結果的餘數	52
整數運算（最大公約數）	GCD	計算最大公約數	53
整數運算（最小公倍數）	LCM	計算最小公倍數	53
排列 / 組合	COMBIN	計算組合數量	54
排列 / 組合	COMBINA	計算含重複的組合數量	54
排列 / 組合	PERMUT	計算排列方式的數量	55
排列 / 組合	PERMUTATIONA	計算含重複的排列方式數量	55
多項式	MULTINOMIAL	計算多項式係數	56
冪級數	SERIESSUM	計算冪級數	56
次方	POWER	計算次方	56
次方	EXP	計算自然對數的底數次方	57
階乘	FACT	計算階乘	57
階乘	FACTDOUBLE	計算雙階層	57
絕對值	ABS	計算絕對值	58
檢查正負	SIGN	檢查正負	58

分類	函數	說明	頁碼
對數	LN	計算自然對數	59
對數	LOG	計算把指定數值當作底數的對數	59
對數	LOG10	計算常用對數	59
平方根	SQRT	計算平方根	60
平方根	SQRTPI	計算圓周率倍數的平方根	60
三角函數	PI	計算圓周率	60
三角函數	RADIANS	將度數轉換成弧度	61
三角函數	DEGREES	將弧度轉換成度數	61
三角函數	SIN	計算正弦（sine）	62
三角函數	COS	計算餘弦（cosine）	62
三角函數	TAN	計算正切（tangent）	62
三角函數	CSC	計算餘割（cosecant）	64
三角函數	SEC	計算正割（secant）	64
三角函數	COT	計算餘切（cotangent）	64
三角函數	ASIN	計算反正弦（arcsine）	65
三角函數	ACOS	計算反餘弦（arccosine）	65
三角函數	ATAN	計算反正切（arctangent）	65
三角函數	ATAN2	由 x、y 座標計算反正切（arctangent）	66
三角函數	ACOT	計算反餘切（arccotangent）	66
雙曲函數	SINH	計算雙曲正弦	67
雙曲函數	COSH	計算雙曲餘弦	67
雙曲函數	TANH	計算雙曲正切	67
雙曲函數	CSCH	計算雙曲餘割	68
雙曲函數	SECH	計算雙曲正割	68
雙曲函數	COTH	計算雙曲餘切	68
雙曲函數	ASINH	計算反雙曲正弦	69
雙曲函數	ACOSH	計算反雙曲餘弦	69

雙曲函數	ATANH	計算反雙曲正切	69
雙曲函數	ACOTH	計算反雙曲餘切	70
陣列 / 矩陣	MDETERM	計算矩陣行列式	70
陣列 / 矩陣	MINVERSE	計算反矩陣	71
陣列 / 矩陣	MMULT	計算矩陣乘積	71
陣列 / 矩陣	MUNIT	計算單位矩陣	71
陣列 / 矩陣	SEQUENCE	建立包含連續數值的陣列表格	72
亂數	RAND	以大於 0 小於 1 的實數產生亂數	73
亂數	RANDBETWEEN	產生整數亂數	74
亂數	RANDARRAY	建立含亂數的陣列表格	75
儲存計算結果	LET	將名稱指派給計算結果	76

日期和時間函數 77

目前的日期時間	TODAY	計算目前的日期	78
目前的日期時間	NOW	計算目前的日期與時間	79
日期	YEAR	從日期取得年份	80
日期	MONTH	從日期取得月份	80
日期	DAY	從日期取得日的部分	80
日期	DATE	從年、月、日取得日期	82
時間	HOUR	從時間取得小時數	83
時間	MINUTE	從時間取得分鐘數	83
時間	SECOND	從時間取得秒數	83
時間	TIME	從時、分、秒取得時間	84
期間	EDATE	計算指定月數前或後的日期	85
期間	EOMONTH	計算指定月數之前或之後的月底	86

類別	函數	說明	頁碼
期間	WORKDAY	計算指定天數前後不包括六日及假日的日期	87
期間	WORKDAY.INTL	計算不包括指定假日的天數前或後的日期	88
期間	NETWORKDAYS	計算不包括指定星期與假日的天數	90
期間	NETWORKDAYS.INTL	計算不包括指定公休日與假日的天數	91
期間	DATEDIF	計算指定期間的年數、月數、天數	92
期間	YEARFRAC	計算指定期間占一年的比例	93
期間	DAYS	計算兩個日期之間的天數	93
期間	DAYS360	計算一年為 360 天，兩個日期之間的天數	93
期間	WEEKDAY	計算日期的星期編號	94
期間	WEEKNUM	計算日期是一年的第幾週	95
期間	ISOWEEKNUM	以 ISO8601 方式計算日期為該年的第幾週	96
日期和時間轉換	TIMEVALUE	把代表時間的字串轉換成序列值	97
日期和時間轉換	DATEVALUE	把代表日期的字串轉換成序列值	97
日期和時間轉換	DATESTRING	將西元日期轉換成民國日期	98

統計函數 99

類別	函數	說明	頁碼
資料個數	COUNT	計算數值的個數	100
資料個數	COUNTBLANK	計算空白儲存格的個數	100
資料個數	COUNTA	計算資料個數	101
資料個數	COUNTIF	計算符合條件的資料個數	102
資料個數	COUNTIFS	計算與多個條件一致的資料數量	104
資料個數	FREQUENCY	計算頻率分布	105
中位數	MEDIAN	計算中位數	106
眾數	MODE.SNGL	計算眾數	106
眾數	MODE.MULT	計算多個眾數	107

分類	函數	說明	頁碼
最大／最小	MIN	計算數值的最小值	108
最大／最小	MINA	計算資料的最小值	108
最大／最小	MINIFS	計算多個條件的最小值	109
最大／最小	MAX	計算數值的最大值	110
最大／最小	MAXA	計算資料的最大值	110
最大／最小	MAXIFS	計算多個條件的最大值	111
平均值	AVERAGE	計算數值的平均值	112
平均值	AVERAGEA	計算資料的平均值	112
平均值	AVERAGEIF	計算符合條件的數值平均值	114
平均值	AVERAGEIFS	計算符合多個條件的平均值	115
平均值	GEOMEAN	計算幾何平均值（相乘平均值）	116
平均值	HARMEAN	計算調和平均值	117
平均值	TRIMMEAN	計算排除極端資料的平均值	118
排名	RANK.EQ	計算排名	119
排名	RANK.AVG	排名相同時取平均值計算排名	120
排名	SMALL	由最小值或最大值計算指定排名的值	121
排名	LARGE	由最小值或最大值計算指定排名的值	121
分位數	PERCENTRANK.INC	計算百分比的排名	122
分位數	PERCENTRANK.EXC	計算百分比的排名	122
分位數	PERCENTILE.INC	計算百分位數	123
分位數	PERCENTILE.EXC	計算百分位數	123
分位數	QUARTILE.INC	計算四分位數	124
分位數	QUARTILE.EXC	計算四分位數	124
變異數	VAR.P	根據數值計算變異數	125
變異數	VARPA	根據資料計算變異數	126

分類	函數	說明	頁碼
變異數	VAR.S	根據數值計算不偏變異數	126
變異數	VARA	根據資料計算不偏變異數	127
標準差	STDEV.P	根據數值計算標準差	127
標準差	STDEVPA	根據資料計算標準差	128
標準差	STDEV.S	根據數值計算不偏標準差	128
標準差	STDEVA	根據資料計算不偏標準差	129
平均差	AVEDEV	根據數值計算平均差	129
誤差	DEVSQ	根據數值計算誤差平方和	129
偏度 / 峰度	SKEW	計算偏度	130
偏度 / 峰度	SKEW.P	計算母體的分布偏度	130
偏度 / 峰度	KURT	計算峰度	131
相關	CORREL	計算相關係數	132
相關	PEARSON	計算皮耳森積差相關係數	132
相關	RSQ	計算迴歸直線的決定係數	133
相關	COVARIANCE.P	計算共變數	133
相關	COVARIANCE.S	計算樣本共變數	133
常態分布	NORM.DIST	計算常態分布的機率密度與累積機率	134
常態分布	NORM.INV	計算常態分布的累積分布函數之反函數值	136
常態分布	NORM.S.DIST	計算標準常態分布的機率密度與累積機率	137
常態分布	NORM.S.INV	計算標準常態分布的累積分布函數之反函數值	138
常態分布	PHI	計算標準常態分布的機率密度	138
常態分布	STANDARDIZE	將資料標準化（常態化）	138
常態分布	GAUSS	計算成為指定標準差範圍的機率	139
對數分布	LOGNORM.DIST	計算對數常態分布的機率密度與累積機率	139
對數分布	LOGNORM.INV	計算對數常態分布的累積分布函數之反函數值	139
上限與下限值的機率	PROB	計算機率範圍由下限到上限的機率	140

指數分布	EXPON.DIST	計算指數分布的機率密度與累積機率	140
二項式分布	BINOM.DIST	計算二項式分布機率與累積機率	141
二項式分布	BINOM.DIST.RANGE	計算使用二項式分布傳回實驗結果的機率	142
二項式分布	BINOM.INV	計算累積二項式分布大於基準值的最小值	143
二項式分布	NEGBINOM.DIST	計算負的二項式分布機率	144
超幾何分布	HYPGEOM.DIST	計算超幾何分布的機率	144
波式分布	POISSON.DIST	計算波式分布機率	145
卡方分布	CHISQ.DIST	計算卡方分布的機率密度與累積機率	146
卡方分布	CHISQ.DIST.RT	計算卡方分布的右尾機率	147
卡方分布	CHISQ.INV	由卡方分布的左尾機率計算機率變數	147
卡方分布	CHISQ.INV.RT	計算卡方分布右尾機率的反函數值	147
卡方檢定	CHISQ.TEST	執行卡方檢定	148
信賴區間	CONFIDENCE.NORM	使用常態分布計算母體平均數的信賴區間	149
信賴區間	CONFIDENCE.T	使用 t 分布計算母體平均數的信賴區間	149
t 分布 / 檢定	T.DIST	計算 t 分布的機率密度與累積機率	150
t 分布 / 檢定	T.DIST.RT	計算 t 分布的右尾機率	151
t 分布 / 檢定	T.DIST.2T	計算 t 分布的雙尾機率	151
t 分布 / 檢定	T.INV	由 t 分布的左尾機率計算反函數的值	152
t 分布 / 檢定	T.INV.2T	由 t 分布的雙尾機率計算反函數的值	152
t 分布 / 檢定	T.TEST	進行 t 檢定	153
z 分布 / 檢定	Z.TEST	計算 z 檢定的上尾機率	154
F 分布 / 檢定	F.DIST	計算 F 分布的機率密度與累積機率	155
F 分布 / 檢定	F.DIST.RT	計算 F 分布的右尾機率	155
F 分布 / 檢定	F.INV	由 F 分布的左尾機率計算反函數的值	156
F 分布 / 檢定	F.INV.RT	由 F 分布的右尾機率計算反函數的值	157

分類	函數	說明	頁
F 分布 / 檢定	F.TEST	計算 F 檢定的雙尾機率	157
迴歸分析	FORECAST.LINEAR	使用簡單線性迴歸分析計算預測值	158
迴歸分析	SLOPE	計算簡單線性迴歸直線的斜率	160
迴歸分析	INTERCEPT	計算簡單線性迴歸直線的切片	160
迴歸分析	STEYX	計算簡單線性迴歸分析的迴歸直線標準差	161
迴歸分析	TREND	使用多元線性迴歸分析計算預測值	162
迴歸分析	LINEST	計算迴歸分析的係數與常數項	163
迴歸分析	GROWTH	使用指數迴歸曲線進行預測	164
迴歸分析	LOGEST	計算指數迴歸曲線的底數與常數	165
迴歸分析	FORECAST.ETS	依照歷程預測未來值	166
迴歸分析	FORECAST.ETS.CONFINT	計算預測值的信賴區間	167
迴歸分析	FORECAST.ETS.SEASONALITY	根據時間序列歷程，計算季節變動的長度	168
迴歸分析	FORECAST.ETS.STAT	由時間序列分析計算統計值	169
擴大分布	BETA.DIST	計算 beta 分布的機率密度與累積機率	170
擴大分布	BETA.INV	計算 beta 分布的累積函數之反函數值	171
gamma 函數	GAMMA	計算 gamma 函數的值	171
gamma 函數	GAMMA.DIST	計算 gamma 分布的機率密度與累積機率的值	172
gamma 函數	GAMMA.INV	計算 gamma 分布的累積分布函數之反函數	172
gamma 函數	GAMMALN.PRECISE	計算 gamma 函數的自然對數	173
韋伯分布	WEIBULL.DIST	計算韋伯分布的機率密度與累積機率	173
費雪轉換	FISHER	計算費雪轉換的值	174
費雪轉換	FISHERINV	計算費雪轉換的反函數值	174

文字函數 175

分類	函數	說明	頁碼
字串長度	LEN	計算字串的字元數	176
字串長度	LENB	計算字串的位元組數	176
取出字串	LEFT	從字串開頭取出指定數量的字元	177
取出字串	LEFTB	從字串開頭取出指定位元組數的字元	177
取出字串	RIGHT	從字串末尾取出指定數量的字元	178
取出字串	RIGHTB	從字串末尾取出指定位元組數的字元	178
取出字串	MID	從指定的字串位置取出指定數量的字元	179
取出字串	MIDB	從字串的指定位置開始取出指定位元組數的字元	180
結合字串	CONCAT	結合多個字串	180
結合字串	TEXTJOIN	利用分隔符號結合多個字串	181
取代字串	REPLACE	將指定字元數的字元取代成其他字元	182
取代字串	REPLACEB	將指定位元組數的字元取代成其他字元	183
取代字串	SUBSTITUTE	把搜尋到的字串取代成其他字串	183
搜尋字串	FIND	計算字串的位置	184
搜尋字串	FINDB	計算字串的字元組位置	185
搜尋字串	SEARCH	計算字串的位置	186
搜尋字串	SEARCHB	計算字串的位元組位置	187
顯示字串	REPT	依指定的次數顯示字串	187
轉換字串	FIXED	在數值加上千分位逗號或小數點符號並轉換成字串	188
轉換字串	TEXT	設定數值的顯示格式並轉換成字串	189
轉換字串	ASC	將全形文字轉換成半形	190
轉換字串	JIS	把半形文字轉換成全形	190
轉換字串	ROMAN	將數值轉換成羅馬數字	190
轉換字串	ARABIC	把羅馬數字轉換成數值	191

轉換字串 YEN 將數值轉換成日元貨幣字串 ······191
轉換字串 DOLLAR 將數值轉換成美元貨幣字串 ······191
轉換字串 BAHTTEXT 將數值轉換成泰銖貨幣字串 ······192
轉換字串 LOWER 把英文轉換成小寫 ······192
轉換字串 UPPER 將英文轉換成大寫 ······192
轉換字串 PROPER 只將英文單字的第一個字母轉換成大寫 ······193
轉換字串 NUMBERSTRING 將數值轉換成國字 ······193
轉換字串 NUMBERVALUE 把以地區格式顯示的數字轉換成數值 ······194
轉換字串 VALUE 把代表數值的字串轉換成數值 ······195
比較字串 EXACT 比較兩個字串是否相同 ······196
刪除空格 TRIM 刪除多餘的空格 ······196
刪除控制字元 CLEAN 刪除無法列印的字元 ······197
字碼 CODE 查詢指定字元的字碼 ······198
字碼 UNICODE 查詢指定字元的 Unicode 編碼 ······198
字碼 CHAR 由字碼查詢字元 ······199
字碼 UNICHAR 由 UNICODE 編碼查詢字元 ······199
取出字串 PHONETIC 取出字串的平假名 ······200
取出字串 T 只取出字串 ······200

邏輯函數 201

條件 IF 依是否符合條件傳回不同值 ······202
條件 AND 查詢是否符合多個條件 ······204
條件 OR 查詢是否符合多個條件中的其中一個 ······205
條件 NOT TRUE 時傳回 FALSE，FALSE 時傳回 TRUE ······206
條件 XOR 查詢是否只符合兩個邏輯表達式中的其中一個 ······207
條件 IFS 分階段判斷多個條件的結果並傳回不同值 ······208

條件 | SWITCH 顯示與指定值對應的值 …… 209
錯誤 | IFERROR 設定結果為錯誤值時要顯示的值 …… 210
錯誤 | IFNA 設定結果為錯誤值「#N/A」時的顯示值 …… 211
邏輯值 | TRUE 總是傳回「TRUE」 …… 212
邏輯值 | FALSE 總是傳回「FALSE」 …… 212

查閱與參照、Web 函數 213

搜尋資料 | VLOOKUP 垂直搜尋其他資料表並取出資料 …… 214
搜尋資料 | HLOOKUP 水平搜尋其他資料表並取出資料 …… 216
搜尋資料 | LOOKUP…向量形式 分別設定搜尋範圍與取出範圍的值 …… 217
搜尋資料 | LOOKUP…陣列形式 從資料表的陣列較長邊取出搜尋資料 …… 218
搜尋資料 | XLOOKUP 分別設定搜尋範圍與取出範圍的值再搜尋資料 …… 219
搜尋資料 | CHOOSE 從引數的清單取值 …… 221
搜尋資料 | INDEX 計算列、欄指定的儲存格值 …… 222
儲存格參照 | ROW 計算儲存格的列號 …… 223
儲存格參照 | COLUMN 計算儲存格的欄號 …… 223
儲存格參照 | ROWS 計算儲存格範圍的列數 …… 224
儲存格參照 | COLUMNS 計算儲存格範圍的欄數 …… 224
儲存格參照 | ADDRESS 從列號與欄號取得儲存格參照的字串 …… 225
儲存格參照 | AREAS 計算範圍或名稱內的區域數 …… 227
儲存格參照 | INDIRECT 根據儲存格參照的字串間接計算儲存格的值 …… 228
轉換配置 | TRANSPOSE 切換列與欄的位置 …… 230
相對位置 | OFFSET 參照從基準儲存格移動了指定列數、欄數的儲存格 …… 231

相對位置	MATCH	計算搜尋值的相對位置	232
相對位置	XMATCH	指定搜尋方向並計算搜尋值的相對位置	234
排序	SORT	顯示排序資料的結果	236
排序	SORTBY	以多個基準顯示排序資料的結果	237
取出資料	FILTER	取出符合條件的資料	238
取出資料	UNIQUE	一次取出重複的資料	240
取出資料	FIELDVALUE	取出股價或地理資料	241
取出資料	RTD	從 RTD 伺服器取出資料	241
URL 編碼	ENCODEURL	將字串編碼為 URL 格式	242
Web	WEBSERVICE	使用 Web 服務取得資料	242
Web	FILTERXML	從 XML 文件取得必要資料	242
連結	HYPERLINK	建立超連結	243
樞紐分析表	GETPIVOTDATA	取出樞紐分析表內的資料	244

Cube 函數 245

Cube	CUBEMEMBER	取出 Cube 內的成員或元組	246
Cube	CUBEVALUE	由 Cube 計算彙總值	247
Cube	CUBESET	從 Cube 取出元組或成員集合	250
Cube	CUBERANKEDMEMBER	取出指定排名的成員	251
Cube	CUBESETCOUNT	計算在 Cube 集合內的項目數量	251
Cube	CUBEMEMBERPROPERTY	計算 Cube 的成員屬性值	252
Cube	CUBEKPIMEMBER	取得關鍵績效指標 (KPI) 的屬性	252

資訊函數 253

IS 函數	ISNUMBER	查詢是否為數值	254
IS 函數	ISEVEN	查詢是否為偶數	254
IS 函數	ISODD	查詢是否為奇數	254
IS 函數	ISTEXT	查詢是否為字串	255
IS 函數	ISNONTEXT	查詢是否非字串	255
IS 函數	ISBLANK	查詢是否為空白儲存格	255
IS 函數	ISLOGICAL	查詢是否為邏輯值	256
IS 函數	ISFORMULA	查詢是否為公式	256
IS 函數	ISREF	查詢是否為儲存格參照	256
IS 函數	ISERR	查詢錯誤值是否非「#N/A」	257
IS 函數	ISERROR	查詢是否為錯誤值	257
IS 函數	ISNA	查詢是否為錯誤值「#N/A」	257
錯誤值	NA	傳回錯誤值「#N/A」	258
取出資訊	SHEET	查詢值位於第幾個工作表	259
取出資訊	SHEETS	查詢工作表的數量	260
取出資訊	CELL	取得儲存格的資訊	261
取出資訊	INFO	查詢 Excel 的執行環境	263
取出資訊	FORMULATEXT	把公式變成字串再取出	264
取出資訊	TYPE	查詢資料的種類	265
取出資訊	ERROR.TYPE	查詢錯誤的種類	266
轉換數值	N	轉換成對應引數的數值	266

資料庫函數 267

平均值	DAVERAGE	計算符合其他資料表條件的記錄欄平均值	268

分類	函數	說明	頁碼
加總	DSUM	計算符合其他資料表條件的記錄加總	271
最大值／最小值	DMAX	計算符合其他資料表條件的記錄最大值	272
最大值／最小值	DMIN	計算符合其他資料表條件的記錄最小值	272
個數	DCOUNT	計算符合其他資料表條件的記錄數值個數	273
個數	DCOUNTA	計算符合其他資料表條件的記錄個數	274
乘積	DPRODUCT	計算符合其他資料表條件的記錄乘積	275
標準差	DSTDEVP	計算符合其他資料表條件的記錄標準差	276
標準差	DSTDEV	使用符合其他資料表條件的記錄計算不偏標準差	277
變異數	DVARP	使用符合其他資料表條件的記錄計算變異數	277
變異數	DVAR	使用符合其他資料表條件的記錄計算不偏變異數	277
取值	DGET	取出一個符合其他資料表條件的值	278

財務函數 279

分類	函數	說明	頁碼
儲蓄、償還貸款	PMT	計算定期償還的貸款或儲蓄金額	280
儲蓄、償還貸款	PPMT	計算貸款還款金額中攤還的本金	282
儲蓄、償還貸款	IPMT	計算貸款還款金額中攤還的利息	283
儲蓄、償還貸款	CUMPRINC	計算貸款還款金額中累計支付的本金	284
儲蓄、償還貸款	CUMIPMT	計算貸款還款金額中累計支付的利息	285
儲蓄、償還貸款	NPER	計算達成目標金額的儲蓄次數或還款次數	286
儲蓄、償還貸款	ISPMT	計算以本金平均攤還償還貸款時攤還的利息	286
儲蓄、償還貸款	RATE	計算儲蓄或貸款還款的利率	287
現值、未來值	PV	計算現值	288

現值、未來值	FV	計算未來值	289
現值、未來值	FVSCHEDULE	計算利率變動時的投資未來值	290
現值、未來值	RRI	由投資金額及期滿時的目標金額計算利率	290
現值、未來值	PDURATION	計算投資金額達到目標金額所需的時間	291
淨現值	NPV	計算定期現金流的淨現值	291
淨現值	XNPV	計算不定期現金流的淨現值	292
內部報酬率	IRR	計算定期現金流的內部報酬率	293
內部報酬率	XIRR	計算不定期現金流的內部報酬率	294
內部報酬率	MIRR	計算定期現金流經修改的內部報酬率	295
利率	EFFECT	計算實質年利率	296
利率	NOMINAL	計算名目年利率	296
美元	DOLLARDE	把以分數表示的美元價格轉換成以小數表示	296
美元	DOLLARFR	把以小數表示的美元價格轉換成以分數表示	297
折舊金額	DB	以定率遞減法計算折舊金額	297
折舊金額	DDB	以倍數餘額遞減法計算折舊金額	297
折舊金額	SLN	以直線折舊法計算折舊金額	298
折舊金額	SYD	以年數合計法計算折舊金額	298
折舊金額	VDB	以倍數餘額遞減法計算折舊金額	298
折舊金額	AMORDEGRC	以法國會計系統計算折舊金額	299
折舊金額	AMORLINC	以法國會計系統計算折舊金額	299
證券	DURATION	計算配息債券的存續期間	300
證券	MDURATION	計算配息債券的修正債券存續期間	301
證券	ODDFYIELD	計算最初或最後付息週期為零散配息債券的殖利率	302

證券	ODDLYIELD	計算最初或最後付息週期為零散配息債券的殖利率	302
證券	ODDFPRICE	計算最初或最後付息週期為零散配息債券的現值	303
證券	ODDLPRICE	計算最初或最後付息週期為零散配息債券的現值	303
證券	ACCRINT	計算配息債券的應計利息	304
證券	ACCRINTM	計算到期配息債券的應計利息	305
證券	YIELD	計算配息債券的殖利率	306
證券	PRICE	計算配息債券的現值	307
證券	DISC	計算零息債券的貼現率	308
證券	PRICEDISC	計算零息債券的現值	308
證券	INTRATE	計算零息債券的殖利率	308
證券	RECEIVED	計算零息債券的贖回價值	309
證券	PRICEMAT	計算到期配息債券的現值	310
證券	YIELDMAT	計算到期配息債券的殖利率	311
證券	YIELDDISC	計算零息債券的年殖利率	311
付息週期	COUPPCD	計算配息債券結算日前或後的付息日	312
付息週期	COUPNCD	計算配息債券結算日前或後的付息日	312
付息週期	COUPNUM	計算配息債券在結算日與到期日之間的付息次數	313
付息週期	COUPDAYBS	計算之前或之後的付息日到結算日期之間的天數	314
付息週期	COUPDAYSNC	計算之前或之後的付息日到結算日期之間的天數	314
付息週期	COUPDAYS	計算包含結算日的付息週期天數	315
美國國庫證券	TBILLEQ	計算美國國庫證券的債券當期殖利率	316
美國國庫證券	TBILLPRICE	計算美國國庫證券的現值	316
美國國庫證券	TBILLYIELD	計算美國國庫證券的殖利率	316

工程函數 317

分類	函數	說明	頁碼
轉換單位	CONVERT	轉換數值單位	318
比較數值	DELTA	查詢兩個數值是否相等	321
比較數值	GESTEP	查詢數值是否超過臨界值	321
轉換基數	DEC2BIN	將十進位轉換成二進位	322
轉換基數	DEC2OCT	將十進位轉換成八進位	322
轉換基數	DEC2HEX	將十進位轉換成十六進位	324
轉換基數	BASE	將十進位轉換成 n 進位	324
轉換基數	BIN2OCT	將二進位轉換成八進位	325
轉換基數	BIN2DEC	將二進位轉換成十進位	325
轉換基數	BIN2HEX	將二進位轉換成十六進位	326
轉換基數	OCT2BIN	將八進位轉換成二進位	326
轉換基數	OCT2DEC	將八進位轉換成十進位	327
轉換基數	OCT2HEX	將八進位轉換成十六進位	327
轉換基數	HEX2BIN	將十六進位轉換成二進位	328
轉換基數	HEX2DEC	將十六進位轉換成十進位	328
轉換基數	HEX2OCT	將十六進位轉換成八進位	329
轉換基數	DECIMAL	將 n 進位轉換成十進位	329
位元運算	BITAND	計算邏輯與	330
位元運算	BITOR	計算邏輯或	330
位元運算	BITXOR	計算邏輯互斥或	331
位元運算	BITLSHIFT	往左或往右移動位元	332
位元運算	BITRSHIFT	往左或往右移動位元	332
複數	COMPLEX	設定實數與虛數，建立複數	333
複數	IMREAL	取出複數的實部	333
複數	IMAGINARY	取出複數的虛部	334

複數	IMCONJUGATE	計算複數的共軛複數	335
複數	IMABS	計算複數的絕對值	335
複數	IMARGUMENT	計算複數的幅角	335
複數	IMSUM	計算複數的總和	336
複數	IMSUB	計算複數的差	336
複數	IMPRODUCT	計算複數的乘積	336
複數	IMDIV	計算複數的商	337
複數	IMPOWER	計算複數的次方	337
複數	IMSQRT	計算複數的平方根	337
複數	IMSIN	計算複數的正弦	338
複數	IMCOS	計算複數的餘弦	338
複數	IMTAN	計算複數的正切	338
複數	IMSEC	計算複數的正割	339
複數	IMCSC	計算複數的餘割	339
複數	IMCOT	計算複數的餘切	339
複數	IMSINH	計算複數的雙曲正弦	340
複數	IMCOSH	計算複數的雙曲餘弦	340
複數	IMSECH	計算複數的雙曲正切	340
複數	IMCSCH	計算複數的雙曲餘割	341
複數	IMEXP	計算複數的指數函數值	341
複數	IMLN	計算複數的自然對數	341
複數	IMLOG10	計算複數的常用對數	342
複數	IMLOG2	計算以複數的 2 為底數的對數	342
誤差函數	ERF	計算誤差函數的積分值	342
誤差函數	ERF.PRECISE	計算誤差函數的積分值	342
誤差函數	ERFC	計算互補誤差函數的積分值	343
誤差函數	ERFC.PRECISE	計算互補誤差函數的積分值	343

分類	函數	說明	頁碼
Bessel 函數	BESSELJ	計算第一種 Bessel 函數的值	343
Bessel 函數	BESSELY	計算第二種 Bessel 函數的值	344
Bessel 函數	BESSELI	計算第一種變形 Bessel 函數的值	344
Bessel 函數	BESSELK	計算第二種變形 Bessel 函數的值	344

基本知識 345

何謂函數 …… 346
引數 …… 347
運算子 …… 348
輸入函數 …… 350
修改函數 …… 353
儲存格的參照方式 …… 356
定義名稱 …… 357
拷貝函數（自動填滿功能） …… 359
相對參照、絕對參照、混合參照 …… 361
邏輯表達式 …… 363
萬用字元 …… 364
陣列常數 …… 365
陣列公式 …… 367
計算日期和時間 …… 369
設定顯示格式 …… 372
3D 加總 …… 377
錯誤處理 …… 378

實用技巧 381

條件式格式設定 …… 382
資料驗證 …… 385
資料庫 …… 388
表格 …… 389
結構化參照 …… 391
大綱 …… 392
小計 …… 393
合併彙算 …… 395
快速填入 …… 397
模擬分析 …… 398
循環參照 …… 401
追蹤前導參照、追蹤從屬參照 …… 402
評估值公式 …… 404
顯示公式 …… 407
切換自動／手動重算 …… 408
常用的快速鍵 …… 409

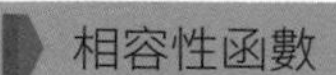

相容性函數 412

分類	函數	頁碼
整數運算	CEILING	412
整數運算	FLOOR	412
F 分布 / 檢定	FDIST	412
F 分布 / 檢定	FINV	412
F 分布 / 檢定	FTEST	412
t 分布 / 檢定	TDIST	412
t 分布 / 檢定	TINV	412
t 分布 / 檢定	TTEST	412
z 分布 / 檢定	ZTEST	412
卡方分布	CHIDIST	412
卡方分布	CHIINV	412
卡方分布	CHISQTEST	412
迴歸分析	FORECAST	412
迴歸分析	LOGNORMDIST	412
迴歸分析	LOGINV	412
擴大分布	BETADIST	413
擴大分布	BETAINV	413
gamma 函數	GAMMADIST	413
gamma 函數	GAMMAINV	413
gamma 函數	GAMMALN	413
眾數	MODE	413
指數分布	EXPONDIST	413
排名	RANK	413
信賴區間	CONFIDENCE	413
常態分布	NORMDIST	413
常態分布	NORMINV	413
常態分布	NORMSDIST	413
常態分布	NORMSINV	413
標準差	STDEVP	413
標準差	STDEV	413
相關	COVER	413
二項式分布	BINOMDIST	413
二項式分布	CRITBINOM	413
二項式分布	NEGBINOMDIST	413
分位數	PERCENTRANK	414
分位數	PERCETILE	414
分位數	QUARTILE	414
變異數	VARP	414
變異數	VAR	414
波式分布	POISSON	414
韋伯分布	WEIBULL	414
超幾何分布	HYPGEOMDIST	414
結合字串	CONCATENATE	414

函數索引（依目的排序） ··· 415

函數索引（依英文字母排序） ··· 427

關鍵字索引 ··· 440

數學與三角函數

「數學與三角函數」將介紹執行基本運算的函數，如用加減乘除計算加總或數量，或對數值進行四捨五入、無條件捨去、無條件進位，以及執行指數、對數、三角函數等進階數學運算的函數。

SUM

數值相加

將引數設定的數值或儲存格範圍內的數值相加。

格式： SUM(數值 1,[數值 2],…)

- 加總 [數值]。如果有兩個以上的數值，要用「,」(逗號) 隔開，傳回 [數值 1]、[數值 2]…的加總。
- 在 [數值] 內設定要加總的數值。如果設定成儲存範圍，只有範圍內的數值會成為計算對象，字串與空白會被忽略。數值、儲存格參照、儲存格範圍可以一起加總。例如「=SUM(10,A1,B2:C2)」是把 10、A1 儲存格的數值、B2 ～ C2 儲存格範圍的值加總。

範例 1 儲存格範圍加總

	A	B	C	D	E
1	1月	2月	3月	小計	
2	150	200	250	600	
3					

公式 =SUM(A2:C2)

說明 計算 A2～C2 儲存格範圍內的數值加總。

範例 2 不相鄰的儲存格加總

	A	B	C	D	E
1	1-3月小計		4-6月小計		上半年總計
2	600		400		1,000
3					

公式 =SUM(A2,C2)

說明 計算 A2 儲存格與 C2 儲存格的數值加總。

範例 3 多個儲存格範圍加總

	A	B	C	D	E
1	7月	8月	9月		下半年總計
2	200	160	140		900
3					
4	10月	11月	12月		
5	100	120	180		

公式 =SUM(A2:C2,A5:C5)

說明 計算 A2～C2 儲存格範圍與 A5～C5 儲存格範圍的數值加總。

範例 4 計算累計

	A	B	C	D
1		銷售	累計	
2	1月	150	150	
3	2月	200	350	
4	3月	250	600	

公式 =SUM($B$2:B2)

公式 =SUM($B$2:B3)

公式 =SUM($B$2:B4)

說明 B2 儲存格的起點為絕對參照，終點為相對參照，以自動填滿拷貝函數，可以逐行增加加總範圍，計算出累計。

範例 5 整欄加總

	A	B	C
1	銷售總計		720
2			
3	日期	金額	
4	2021/2/1	150	
5	2021/2/2	200	
6	2021/2/3	250	
7	2021/2/4	120	
8			

公式 =SUM(B:B)

說明 加總整個 B 欄的數值。由於字串與空白儲存格會排除在加總對象之外，只計算數值，因此把輸入金額的整欄變成加總範圍，就能輕鬆計算逐漸增加的表格數值。

相關

SUMIF 加總符合條件的數值 ➡ p.30

AGGREGATE 以指定的統計方法計算統計值與順序 ➡ p.39

SUMIF

加總符合條件的數值

比對欄內的值是否與搜尋條件一致，並將符合條件的該列數值相加。例如，只有［門市］行的值為「新宿」時，將［數量］欄的數值相加。

格式： SUMIF(範圍, 搜尋條件, [加總範圍])

- 在［範圍］內尋找與［搜尋條件］一致的值，並將該列在［加總範圍］內的值相加。
- 在［範圍］設定當作搜尋對象的儲存格範圍。
- 在［搜尋條件］設定［範圍］中要計算加總值的條件。如果設定條件非數值或儲存格範圍，要使用「"」(雙引號)包圍。此外，還可以設定使用了比較運算子、萬用字元的條件(請參考下表)。
- 在［加總範圍］設定輸入了計算加總值的欄儲存格範圍。省略時，會將［範圍］內的數值加總。

搜尋條件的設定範例

搜尋條件	意義
100	數值等於 100
F2	等於 F2 儲存格的值
"<>100"	非「100」
">=30000"	「30,000」以上
"<2020/11/01"	「2020/11/1」之前
">="&F2	超過 F2 儲存格的值
" 巧克力 *"	以「巧克力」為開頭
"* 罐子 "	以「罐」為結尾
"* 馬卡龍 *"	包含「馬卡龍」
"*"&F2&"*"	包含 F2 儲存格的值
"<>*"&F2&"*"	不含 F2 儲存格的值

範例 1 「新宿」門市的數量加總

	A	B	C	D	E	F
1	日期	門市	數量		新宿的數量	
2	2020/10/1	新宿	10		35	
3	2020/10/2	青山	20			
4	2020/10/3	原宿	15			
5	2020/11/1	青山	10			
6	2020/11/2	新宿	25			
7	2020/11/3	原宿	30			
8						

公式 =SUMIF(B2:B7,"新宿",C2:C7)

說明 在[範圍](B2～B7)內尋找[搜尋條件](新宿)，把該行的[加總範圍](C2～C7)值相加。

SUMIF 函數的設定方法

=SUMIF(B2:B7," 新宿 ",C2:C7)

- 範圍：「門市」欄
- 搜尋條件：新宿
- 加總範圍：「數量」欄

把「門市」欄為「新宿」的「數量」欄儲存格相加

範例 2 各門市的數量加總

	A	B	C	D	E	F
1	日期	門市	數量		門市	數量小計
2	2020/10/1	新宿	10		新宿	35
3	2020/10/2	青山	20		青山	30
4	2020/10/3	原宿	15		原宿	45
5	2020/11/1	青山	10			
6	2020/11/2	新宿	25			
7	2020/11/3	原宿	30			
8						

公式 =SUMIF($B$2:$B$7,E2,$C$2:$C$7)

說明 在[範圍]($B$2～$B$7)內尋找[搜尋條件](E2)，把該列的[加總範圍]($C$2～$C$7)值相加。只要把[範圍]與[加總範圍]變成絕對參照，使用自動填滿拷貝公式時，就不會發生參照錯位的問題。

相關 絕對參照 ➡ p.361

數學與三角
日期和時間
統計
文字
邏輯
查閱與參照、Web
Cube
資訊
資料庫
財務
工程
基本知識
實用技巧

範例 3 按照月份加總數量

	A	B	C	D	E	F	G
1	日期	門市	數量	月		月	數量小計
2	2020/10/1	新宿	10	10		10	45
3	2020/10/2	青山	20	10		11	65
4	2020/10/3	原宿	15	10			
5	2020/11/1	青山	10	11			
6	2020/11/2	新宿	25	11			
7	2020/11/3	原宿	30	11			
8							

公式 =MONTH(A2)

公式 =SUMIF($D$2:$D$7,F2,$C$2:$C$7)

說明 在 [範圍]($D$2～$D$7) 內尋找 [搜尋條件](F2)，把該列的 [加總範圍]($C$2～$C$7) 值相加。在 D 欄新增 [月] 欄，當作判斷月份的輔助欄，使用 MONTH 函數，從 A 欄的日期取得月份。把 F 欄的月份變成 [搜尋條件]，統計每個月的數值。

範例 4 把包含 F2 儲存格值的商品加總

	A	B	C	D	E	F	G
1	日期	類別	商品	金額		商品	銷售金額
2	2020/10/1	100	巧克力禮盒	45,000		馬卡龍	40,000
3	2020/10/2	200	馬卡龍禮盒	20,000			
4	2020/10/3	100	巧克力蛋糕	35,000		指定日期之後	銷售金額
5	2020/11/1	200	限量馬卡龍	20,000		2020/11/1	75,000
6	2020/11/2	300	餅乾罐	25,000			
7	2020/11/3	100	糖果禮盒	30,000			
8							
9							

公式 =SUMIF(C2:C7,"*"&F2&"*",D2:D7)

說明 在 [範圍](C2～C7) 尋找 [搜尋條件]("*"&F2&"*"、含 F2 的字串)，把該列的 [加總範圍](D2～D7) 值加總。使用萬用字元「*」並參照 F2 儲存格，輸入「"*"&F2&"*"」，代表搜尋條件是「包含 F2 儲存格值的字串」。

相關
SUMIFS 加總符合多個條件的數值 ➡ p.33
MONTH 從日期取得月份 ➡ p.80

SUMIFS

加總符合多個條件的數值

把多欄設定為搜尋條件，將符合所有條件的該列數值加總。例如，[門市] 欄為「原宿」，[類別] 欄為「100」時，加總 [金額] 欄的數值。

格式： **SUMIFS(加總範圍, 條件範圍 1, 條件 1, [條件範圍 2, 條件 2],…)**

- 在 [條件範圍] 內搜尋與 [條件] 一致的值，把該列的 [加總範圍] 值相加。[條件範圍] 與 [條件] 一定要成對設定。增加 [條件範圍] 與 [條件] 的組合時，唯有滿足了所有條件才會加總。
- 在 [加總範圍] 設定要計算加總值的欄儲存格範圍。
- 在 [條件範圍] 設定搜尋欄的儲存格範圍。
- 在 [條件] 設定 [條件範圍] 內要計算加總值的條件。可以使用數值、字串、儲存格範圍、比較運算子、萬用字元，如果設定值非數值或儲存格範圍，要使用「"」包圍(請參考 P.30)。

範例 1 門市為「原宿」，類別為「100」的銷售加總

	A	B	C	D	E	F	G
1	日期	門市	類別	商品	金額		原宿且類別為100的銷售
2	2020/10/1	新宿	100	巧克力禮盒	45,000		65,000
3	2020/10/2	青山	200	馬卡龍禮盒	20,000		
4	2020/10/3	原宿	100	巧克力蛋糕	35,000		
5	2020/11/1	青山	200	限量馬卡龍	20,000		
6	2020/11/2	新宿	300	餅乾罐	25,000		
7	2020/11/3	原宿	100	糖果罐	30,000		
8							
9							

公式 **=SUMIFS(E2:E7,B2:B7,"原宿",C2:C7,100)**

說明 在 [條件範圍 1](B2～B7) 搜尋 [條件 1](原宿)，在 [條件範圍 2](C2～C7) 搜尋 [條件 2](100)，加總符合兩個條件在 [加總範圍](E2～E7) 的值。

SUMIFS 函數的設定方法

=SUMIFS(E2:E7,B2:B7," 原宿 ",C2:C7,100)

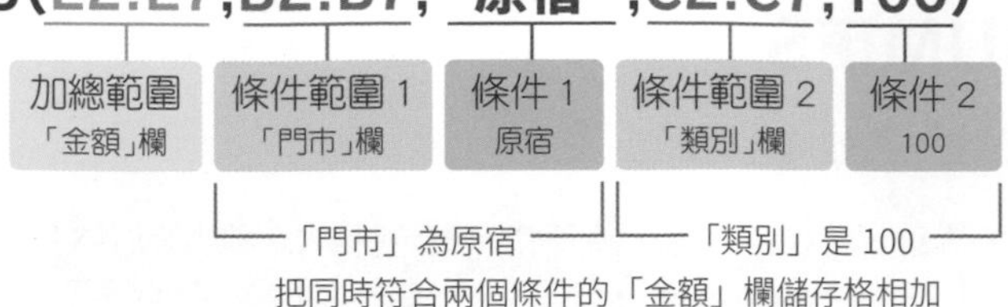

範例 2 依商品種類計算平日的數量加總

	A	B	C	D	E	F	G	H
1	日期	商品	數量	星期		種類	平日	
2	2020/11/30	限量馬卡龍	10	1		馬卡龍	45	
3	2020/12/1	巧克力禮盒	15	2		巧克力	30	
4	2020/12/2	馬卡龍禮盒	20	3				
5	2020/12/3	生巧克力蛋糕	15	4				
6	2020/12/4	限量馬卡龍	15	5				
7	2020/12/5	馬卡龍禮盒	40	6				
8	2020/12/6	生巧克力蛋糕	30	7				
9								
10								

公式 =WEEKDAY(A2,2)

公式 =SUMIFS($C$2:$C$8,$B$2:$B$8,"*"&F2&"*",$D$2:$D$8,"<6")

說明 在 [條件範圍 1](\$B\$2～\$B\$8) 搜尋 [條件 1]("*"&F2&"*"、包含馬卡龍)，在 [條件範圍 2](\$D\$2～\$D\$8) 搜尋 [條件 2]("<6"、星期編號小於 6)，找到符合兩者那一列，把 [加總範圍](\$C\$2～\$C\$8) 的值相加。只要把 [條件範圍] 與 [加總範圍] 變成絕對參照，使用自動填滿拷貝公式時，就不會發生參照錯位的問題。

在 D 欄新增 [星期] 欄，當作判斷星期的輔助欄，使用 WEEKDAY 函數，從 A 欄的日期取得星期編號(一～日：1～7)，利用 D 欄的星期編號，把「小於 6 為平日」當作搜尋條件。

相關
SUMIF 加總符合條件的數值➡ p.30
WEEKDAY 計算日期的星期編號➡ p.94

PRODUCT

計算數值的乘積

計算以引數設定的數值或儲存格範圍內的數值乘積。

格式：　**PRODUCT(數值 1,[數值 2],…)**

- 計算 [數值] 的乘積。若要設定兩個以上的數值，要用「,」(逗號) 隔開，結果會傳回 [數值 1]、[數值 2]、…的乘積。
- [數值] 可以設定數值或儲存格範圍。設定了儲存格範圍時，只有範圍內的數值成為計算對象，會忽略字串及空白。

範例 1 計算出貨金額

	A	B	C	D	E	F
1	產品編號	單價	批發折扣	數量	出貨金額	
2	C1001	2,000	80%	100	160,000	
3	C1002	4,000	60%	100	240,000	
4						
5						

公式 =PRODUCT(B2:D2)

說明　計算 [數值 1](B2～D2) 內的數值乘積。計算單價 × 批發折扣 × 數量，取得出貨金額。

相關　SUMPRODUCT　加總陣列元素的乘積 ➡ p.36

SUMPRODUCT

加總陣列元素的乘積

把與引數設定的陣列對應的元素相乘，計算加總。

格式： **SUMPRODUCT(陣列 1,[陣列 2],…)**

[陣列] 可以設定儲存格或陣列常數。每個陣列的列數與欄數相同，如果不一樣，就會發生錯誤。

範例 1 計算出貨金額的總額

	A	B	C	D	E
1	產品編號	單價	批發折扣	數量	
2	C1001	2,000	80%	100	
3	C1002	4,000	60%	100	
4					
5	總出貨金額	400,000			
6					

公式 =SUMPRODUCT(B2:B3,C2:C3,D2:D3)

說明 計算 [陣列 1](B2～B3)、[陣列 2](C2～C3)、[陣列 3](D2～C3) 同一列各儲存格的乘積，並將結果加總。這個範例是計算「2000×80％×100」與「4000×60％×100」的加總。

相關 PRODUCT 計算數值的乘積 ➡ p.35

SUBTOTAL

以指定的統計方法進行計算

以指定的統計方法，如加總或求平均值，計算儲存格範圍內的值，並傳回計算結果。

格式： **SUBTOTAL(統計方法, 參照 1,[參照 2],…)**

- 以指定的 [統計方法] 計算 [參照] 內的儲存格範圍。在 [參照] 的儲存格範圍內，若使用了 SUBTOTAL 函數或 AGGREGATE 函數，計算時會排除該儲存格。
- [統計方法] 是利用 1 ～ 11、101 ～ 111 的數值進行設定(請參考下表)。
- 在 [參照] 設定當作統計對象的儲存格範圍。如果設定成資料欄(垂直排列的資料)，[統計方法] 為 101 ～ 111 時，不會計算隱藏值。利用篩選功能收合資料時，不論 [統計方法] 為何，只會計算顯示值。設定成資料列(水平排列資料)時，會一併計算隱藏值。

統計方法

統計方法		函數		參考
1	101	AVERAGE	平均值	p.112
2	102	COUNT	數值的數量	p.100
3	103	COUNTA	資料的數量	p.101
4	104	MAX	最大值	p.110
5	105	MIN	最小值	p.108
6	106	PRODUCT	乘積	p.35
7	107	STDEV.S	不偏標準差	p.128
8	108	STDEV.P	標準差	p.127
9	109	SUM	加總	p.28
10	110	VAR.S	不偏變異數	p.126
11	111	VAR.P	變異數	p.125

數學與三角
日期和時間
統計
文字
邏輯
查閱與參照、Web
Cube
資訊
資料庫
財務
工程
基本知識
實用技巧

範例 1 統計含小計的資料表

	A	B	C
1	商品	數量	
2	男性西裝外套	150	
3	領帶	200	
4	小計	350	
5	女性西裝外套	250	
6	領巾	150	
7	小計	400	
8	總計	750	
9			

公式 =SUBTOTAL(9,B2:B3)

公式 =SUBTOTAL(9,B5:B6)

公式 =SUBTOTAL(9,B2:B7)

說明 在 B8 儲存格，利用 [統計方法](9、SUM)計算 [參照 1](B2~B7)內的數值。範圍內包含了使用 SUBTOTAL 函數的小計(B4、B7 儲存格)，但是計算時不會包括這個儲存格，比較容易設定範圍。

範例 2 計算儲存格範圍的最大值及平均值

	A	B	C
1	選手姓名	飛行距離	
2	村田　玄樹	43	
3	川村　雄太	28	
4	宮崎　俊介	63	
5	最大值	63	
6	平均值	44.7	
7			

公式 =SUBTOTAL(4,B2:B4)

公式 =SUBTOTAL(1,B2:B4)

說明 在 B5 儲存格計算 B2~B4 儲存格範圍內的數值最大值(4)。在 B6 儲存格計算 B2~B4 儲存格範圍內的數值平均值(1)。只要改變統計方法的數字，就能輕鬆更改計算結果。

相關 AGGREGATE 以指定的統計方法計算統計值與順序 ➡ p.39

AGGREGATE

以指定的統計方法計算統計值與順序

設定統計方法及詳細內容，計算儲存格範圍內的資料，傳回計算結果。這個函數的功能比 SUBTOTAL 函數更強大，可以設定更多統計方法，能詳細設定錯誤值及處理隱藏列。

格式： **AGGREGATE(統計方法, 選項, 參照 1, [參照 2],…)**
AGGREGATE(統計方法, 選項, 陣列, 順序)

- 使用 1 ～ 19 的數值設定 [統計方法]（請參考 p.40 的表格）。如果是 1 ～ 13，可以使用上面的格式，計算 [參照] 內的儲存格範圍值。若是 14 ～ 19，可以使用下面的格式，從 [陣列] 的儲存格範圍值，取得在 [順序] 設定的順序或中位數。
- [選項] 可以設定統計的詳細內容（請參考 p.41 的表格）。
- 在 [參照] 設定想統計的儲存格範圍。
- 在 [陣列] 設定想計算順序或中位數的儲存格範圍。
- 在 [順序] 依 [統計方法] 指定的計算種類，設定要取得的順序或中位數。

範例 ① 忽略錯誤計算加總

	A	B	C
1	商品	數量	
2	男性西裝外套	150	
3	領帶	200	
4	女性西裝外套	#N/A	
5	領巾	100	
6	總計	450	
7			

公式 =AGGREGATE(9,6,B2:B5)

說明 使用 [統計方法]（9、SUM），依照 [選項]（6、忽略錯誤值）的設定，計算 [參照 1]（B2～B5）內的數值。雖然範圍內有錯誤值「#N/A」，利用選項，可以得到排除錯誤值儲存格的統計結果。如果 SUBTOTAL 函數包含了錯誤值，結果會變成錯誤值。

相關 SUBTOTAL 以指定的統計方法進行計算 ➡ p.37

範例 2 計算次小值

	A	B	C	D
1	商品	數量		由小到大的次小值
2	男性西裝外套	150		150
3	領帶	200		
4	女性西裝外套	#N/A		
5	領巾	100		
6				

公式 =AGGREGATE(15,6,B2:B5,2)

說明 使用[統計方法](15、SMALL)、[順序](2)、[選項](6、忽略錯誤值)的設定，計算[陣列](B2～B5)內的數值。忽略範圍內的錯誤值「#N/A」，取得次小值。

統計方法

統計方法	函數		參考
1	AVERAGE	平均值	p.112
2	COUNT	數值的數量	p.100
3	COUNTA	資料的數量	p.101
4	MAX	最大值	p.110
5	MIN	最小值	p.108
6	PRODUCT	乘積	p.35
7	STDEV.S	不偏標準差	p.128
8	STDEV.P	標準差	p.127
9	SUM	加總	p.28
10	VAR.S	不偏變異數	p.126
11	VAR.P	變異數	p.125
12	MEDIAN	中位數	p.106
13	MODE.SNGL	眾數	p.106
14	LARGE	遞減順序	p.121
15	SMALL	遞增順序	p.121
16	PERCENTILE.INC	百分位數	p.123
17	QUARTILE.INC	四分位數	p.124
18	PERCENTILE.EXC	除以 0% 與 100% 的百分位數	p.122
19	QUARTILE.EXC	除以 0% 與 100% 的四分位數	p.124

選項

值	內容
0 或省略	省略儲存格範圍內 SUBTOTAL 函數、AGGREGATE 函數的儲存格值
1	除了 0 的設定之外，也忽略隱藏列
2	除了 0 的設定之外，也忽略錯誤值
3	除了 0 的設定之外，也忽略隱藏列、錯誤值
4	不忽略
5	忽略隱藏列
6	忽略錯誤值
7	忽略隱藏列與錯誤值

數學與三角函數　四則運算　365　2019　2016　2013

SUMSQ

計算平方和

計算以引數設定數值的平方總和。

格式：　SUMSQ(數值 1,[數值 2],…)

[數值] 可以設定成要計算平方和的數值、含數值的陣列、名稱、儲存格參照。假設「=SUMSQ(2,3)」，平方值分別為「4」與「9」，最後會傳回相加後的結果「13」。

範例 1 計算平方和

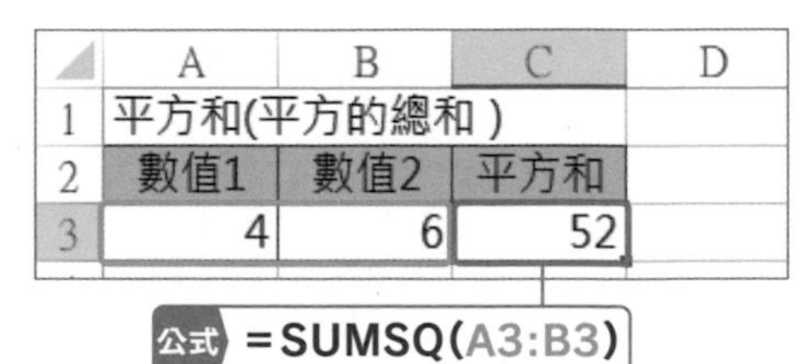

說明　計算 [數值](A3～B3) 內各個數值平方的總和。

數學與三角函數 四則運算 365 2019 2016 2013

SUMX2MY2

計算陣列元素的平方差總和

計算兩個陣列內相同位置的元素平方相減(平方差)後的總和。公式為「$\Sigma(x^2 - y^2)$」。

格式： SUMX2MY2(陣列 1, 陣列 2)

在 [陣列 1]、[陣列 2] 設定含數值的儲存格範圍或陣列常數。列數 × 欄數的大小一致。

數學與三角函數 四則運算 365 2019 2016 2013

SUMX2PY2

計算陣列元素的平方和

計算兩個陣列內相同位置的元素平方相加後的值(平方和)。公式為「$\Sigma(x^2+y^2)$」。

格式： SUMX2PY2(陣列 1, 陣列 2)

在 [陣列 1]、[陣列 2] 設定含數值的儲存格範圍或陣列常數。列數 × 欄數的大小一致。

相關 SUMXMY2 計算陣列元素差的平方和 ➡ p.43

SUMXMY2

計算陣列元素差的平方和

計算兩個陣列內相同位置的元素相減平方後的值(平方和)。公式為「$\Sigma(x-y)^2$」。

格式：　SUMXMY2(陣列 1, 陣列 2)

在 [陣列 1]、[陣列 2] 設定含數值的儲存格範圍或陣列常數。列數 × 欄數的大小一致。

範例 1 計算陣列元素的平方差、平方和、差的平方和

	A	B	C	D	E	F
1	陣列1	陣列2	平方差	平方和	差的平方和	
2	3	2	5	13	1	
3	4	2	12	20	4	
4			平方差加總	平方和加總	差的平方和加總	
5			17	33	5	
6						

公式 =SUMX2MY2(A2：A3,B2：B3)

公式 =SUMX2PY2(A2：A3,B2：B3)

公式 =SUMXMY2(A2：A3,B2：B3)

說明 在 C5 儲存格使用 SUMX2MY2 函數，計算陣列 1(A2～A3)與陣列 2(B2～B3)相同位置的元素平方相減後的值。在 D5 使用 SUMX2PY2 函數，計算相同位置的元素平方相加的值。在 E5 儲存格使用 SUMXMY2 函數，計算相同位置的元素相減後的平方和。

相關 SUMX2MY2 計算陣列元素的平方差總和 ➡ p.42

ROUND

將數值四捨五入至指定位數

傳回將數值四捨五入至指定位數的結果。小數點以下四捨五入，可以轉換成整數。

格式： **ROUND(數值, 位數)**

- 在 [數值] 設定要處理的數值。
- 在 [位數] 設定四捨五入後的位數。設定成正值時，對小數部分四捨五入，若設定為負值，則是對整數部分四捨五入。例如，設定 1 代表小數點第 2 位四捨五入，變成小數點第 1 位。設定 -1，且個位數為 0 時，會將小數點第 1 位四捨五入變成整數。

範例 1 四捨五入讓折扣金額變成整數

	A	B	C	D	E
1	商品名稱	價格	折扣率	折扣後的金額	折扣後的金額（整數）
2	加濕器	12,845	35%	4,495.75	4,496
3	空氣清淨機	54,336	43%	23,364.48	23,364
4					
5					

公式 =ROUND(D2,0)

說明 為了讓 D2 儲存格的折扣數值以 1 元為單位，小數點第 1 位四捨五入，變成整數值，計算折扣金額。

範例 2 四捨五入讓折扣金額以 10 元為單位

	A	B	C	D	E
1	商品名稱	價格	折扣率	折扣後的金額	折扣後的金額（以10元為單位）
2	加濕器	12,845	35%	4,495.75	4,500
3	空氣清淨機	54,336	43%	23,364.48	23,360
4					
5					
6					

公式 =ROUND(D2,-1)

說明 四捨五入，讓 D2 儲存格的折扣金額變成以 10 元為單位，成為十位數值。

ROUNDDOWN

將數值無條件捨去至指定位數

傳回將數值無條件捨去至指定位數的結果。

格式： **ROUNDDOWN(數值, 位數)**

- 在 [數值] 設定要處理的數值。
- 在 [位數] 設定無條件捨去的位數。正值是無條件捨去至指定的小數位數，「0」是捨去到零小數的位數，負值是無條件捨去至整數部分。

數學與三角函數 整數運算(無條件進位) 365 2019 2016 2013

ROUNDUP

將數值無條件進位至指定位數

傳回將數值無條件進位至指定位數的結果。

格式： **ROUNDUP(數值, 位數)**

- 在 [數值] 設定要處理的數值。
- 在 [位數] 設定無條件進位的位數。正值是無條件進位至指定的小數位數，「0」是進位到零小數的位數，負值是無條件進位至整數部分。

COLUMN

比較 ROUND 函數、ROUNDDOWN 函數、ROUNDUP 函數

假設 [數值] 為「456.789」、「-456.789」，使用四捨五入的 ROUND 函數、無條件捨去的 ROUNDDOWN 函數、無條件進位的 ROUNDUP 函數，更改 [位數] 後的結果如下圖所示。[數值] 為負值時，計算數值的絕對值，傳回加上負號的結果。

	A	B	C	D	E	F	G
1	函數	數值	位數				
2			2	1	0	-1	-2
3	四捨五入	456.789	456.79	456.8	457	460	500
4	=ROUND(數值,位數)	-456.789	-456.79	-456.8	-457	-460	-500
5	無條件捨去	456.789	456.78	456.7	456	450	400
6	=ROUNDDOWN(數值,位數)	-456.789	-456.78	-456.7	-456	-450	-400
7	無條件進位	456.789	456.79	456.8	457	460	500
8	=ROUNDUP(數值,位數)	-456.789	-456.79	-456.8	-457	-460	-500
9							

數學與三角函數　整數運算(四捨五入)　365　2019　2016　2013

MROUND

四捨五入至指定值的倍數

數值除以指定倍數後的餘數，如果超過該倍數的一半，就傳回無條件進位的結果，若不到一半就無條件捨去。例如「=MROUND(25,3)」，「25÷3」是「8」，餘數是「1」，不到 3 的一半，所以傳回「24」。

格式：　**MROUND (數值, 倍數)**

- 在 [數值] 設定要處理的數值。
- 在 [倍數] 設定當作四捨五入基準的數值。

Hint　[數值] 與 [倍數] 的正負不同時，會傳回錯誤值「#NUM」。無條件進位的結果與 CEILING.PRECISE 函數一樣，無條件捨去的結果與 FLOOR.PRECISE 函數一樣。

數學與三角函數　整數運算(無條件進位至奇數)　365　2019　2016　2013

ODD

將數值無條件進位至奇數

傳回將數值無條件進位至最接近的奇數。不論數值正負，無條件進位的絕對值會大於數值。例如「=ODD(2.4)」傳回「3」，「=ODD(-2.4)」傳回「-3」。

格式：　**=ODD(數值)**

在 [數值] 設定要處理的數值。

數學與三角函數　整數運算(無條件進位至偶數)　365　2019　2016　2013

EVEN

將數值無條件進位至偶數

傳回將數值無條件進位至最接近的偶數。不論數值正負，無條件進位的絕對值會大於數值。例如「=EVEN(2.4)」傳回「4」，「=EVEN(-2.4)」傳回「-4」。

格式：　**=EVEN(數值)**

在 [數值] 設定要處理的數值。

ISO.CEILING

將數值無條件進位成基準值的倍數

傳回以指定數值的基準值倍數，無條件進位成最接近的整數值。[數值] 不論正負，皆無條件進位數學上較大的一方。例如「=ISO.CEILING(23, 4)」傳回「24」，「=ISO.CEILING(-23, 4)」傳回「-20」。

格式： **ISO.CEILING(數值, [基準值])**

- 在 [數值] 設定要處理的數值。
- 在 [基準值] 設定成為無條件進位的基準數值。省略時，預設為「1」。
- 如果 [數值] 或 [基準值] 為「0」，就傳回「0」。

Hint 我們無法從函數庫中選取這個函數，必須手動輸入公式。ISO.CEILING 函數會傳回和 CEILING.PRECISE 函數一樣的結果。

CEILING.PRECISE

將數值無條件進位成基準值的倍數

傳回以指定數值的基準值倍數，無條件進位成最接近的整數值。[數值] 不論正負，皆無條件進位數學上較大的一方。例如「=CEILING.PRECISE(23, 4)」傳回「24」，「=CEILING.PRECISE(-23, 4)」傳回「-20」。

格式： **CEILING.PRECISE(數值, [基準值])**

- 在 [數值] 設定要處理的數值。
- 在 [基準值] 設定要成為無條件進位的基準數值。省略時，預設為「1」。

Hint 我們無法從函數庫中選取這個函數，必須手動輸入公式。CEILING.PRECISE 函數會傳回和 ISO.CEILING 函數一樣的結果。

相關

CEILING 相容性函數 ➡ p.412
FLOOR.PRECISE 將數值無條件捨去成基準值的倍數 ➡ p.49

CEILING.MATH

依指定的方法將數值無條件進位成基準值的倍數

傳回將數值無條件進位成最接近指定基準值倍數的整數。無條件進位的方法可以設定成將數值較大者，或絕對值較大者無條件進位。

格式： **CEILING.MATH(數值,[基準值],[模式])**

- 以 [模式] 設定的方法傳回將 [數值] 無條件進位至最接近 [基準值] 倍數的整數。
- 在 [數值] 設定要處理的數值。
- 在 [基準值] 設定成為無條件進位的基準數值。省略時，預設為「1」。
- 在 [模式] 用「0」或「0 以外的數值」設定無條件進位的方法(請參考下表)。省略時，預設為「0」。

模式的種類

0 或省略	數值較大者無條件進位
0 以外	無條件進位後的絕對值比 [數值] 大

範例 1 依指定的方法將數值無條件進位成基準值的倍數

	A	B	C	D	E
1	數值	基準值	模式	結果	
2	30	4	0	32	
3	-30	4	0	-28	
4	30	4	1	32	
5	-30	4	1	-32	
6					

公式 =CEILING.MATH(A2,B2,C2)

說明 依照在 C2(0) 儲存格設定的方法，將 A2(30) 儲存格的值無條件進位成最接近 B2(4) 儲存格的倍數。如果 [數值] 設定為正值，不論模式為何，皆傳回相同結果。若 [數值] 設定為負值，當模式為 0，會傳回趨近 0 的結果。如果模式不是 0，將傳回背離 0 的結果。

相關 FLOOR.MATH 依指定的方法將數值無條件捨去成基準值的倍數 ➡ p.50

FLOOR.PRECISE

將數值無條件捨去成基準值的倍數

傳回將數值無條件捨去成最接近指定基準值倍數的整數。不論數值正負，無條件捨去數值較小者。例如「=FLOOR.PRECISE(23, 4)」傳回「20」，「=FLOOR.PRECISE(-23, 4)」傳回「-24」。

格式： **FLOOR.PRECISE(數值, [基準值])**

- 在 [數值] 設定要處理的數值。
- 在 [基準值] 設定當作捨去基準的數值。省略時，預設為「1」。
- [數值] 或 [基準值] 為「0」時，傳回「0」。

Hint 我們無法從函數庫中選取這個函數，必須手動輸入公式。

範例 1 將數值無條件捨去成基準值的倍數

	A	B	C	D
1	數值	基準值	結果	
2	23	4	20	
3	-23	4	-24	
4				

公式 **=FLOOR.PRECISE(A2,B2)**

說明 將 A2 儲存格的值(23)，以 B2 儲存格(4)的倍數無條件捨去到最接近的整數。不論 [數值] 正負，都會傳回將數值較小者無條件捨去後的結果。

相關

CEILING.PRECISE 將數值無條件進位成基準值的倍數 ➡ p.47
FLOOR 相容性函數 ➡ p.412

FLOOR.MATH

依指定的方法將數值無條件捨去成基準值的倍數

傳回將數值無條件捨去成最接近指定基準值倍數的整數。無條件捨去的方法可以設定成將數值較小者，或絕對值較小者無條件捨去。

格式： FLOOR.MATH(數值,[基準值],[模式])

- 以 [模式] 設定的方法傳回將 [數值] 無條件捨去至最接近 [基準值] 倍數的整數。
- 在 [數值] 處理指定的數值。
- 在 [基準值] 設定成為無條件捨去的基準數值。省略時，預設為「1」。
- 在 [模式] 設定無條件捨去的方法為「0」或「0 以外的數值」(請參考下表)。省略時，預設為「0」。

模式的種類

0 或省略	數值較小者無條件捨去
0 以外	無條件捨去後的絕對值比 [數值] 小

範例 1 依指定的方法將數值無條件捨去成基準值的倍數

	A	B	C	D	E
1	數值	基準值	模式	結果	
2	30	4	0	28	
3	-30	4	0	-32	
4	30	4	1	28	
5	-30	4	1	-28	
6					

公式 =FLOOR.MATH(A2,B2,C2)

說明 依照 C2 儲存格設定的方法，將 A2 儲存格的值無條件捨去至最接近 B2 儲存格的倍數。如果 [數值] 為正，不論模式為何，都傳回相同結果。若 [數值] 為負，當模式為 0 時，傳回背離 0 的結果，模式為 0 以外的情況，傳回趨近 0 的結果。

相關 CEILING.MATH 依指定的方法將數值無條件進位成基準值的倍數 ➡ p.48

TRUNC

將數值無條件捨去成設定的位數

傳回將數值依指定位數無條件捨去後的值。如果數值為負值，就計算數值的絕對值，傳回加上負號的結果。可以獲得與 ROUNDDOWN 函數相同的結果。

格式： **TRUNC(數值,[位數])**

- 在 [數值] 設定要處理的數值。
- 在 [位數] 設定無條件捨去後的位數。省略時，預設為「0」。

數學與三角函數　整數運算(無條件捨去)　365 2019 2016 2013

INT

小數點以下無條件捨去

傳回將小數點以下無條件捨去後的數值。如果數值為負值，傳回不超過該數值的最大整數。

格式： **INT(數值)**

在 [數值] 設定要處理的數值。如果是正值，傳回無條件捨去小數點以下的結果。若是負值，則傳回小於 [數值] 的最大整數。例如「=INT(-1.4)」傳回「-2」。

COLUMN

比較 INT 函數與 TRUNC 函數

INT 函數與 TRUNC 函數分別更改 [數值] 後的結果如下圖所示。如果 [數值] 為負值，TRUNC 函數會計算數值的絕對值，傳回加上負號的結果，但是 INT 函數會傳回不超過 [數值] 的最大整數。

	A	B	C	D
1	數值	INT	TRUNC	
2		=INT(數值)	=TRUNC(數值)	
3	3.84	3	3	
4	-2.4	-3	-2	
5				

相關　ROOUNDDOWN　將數值無條件捨去至指定位數 ➡ p.45

數學與三角函數 | 整數運算(商) | 365 | 2019 | 2016 | 2013

QUOTIENT

計算除法結果的整數部分

傳回數值除以除數後，商數的整數部分。

格式： QUOTIENT(數值, 除數)

- 在 [數值] 設定被除數。
- 在 [除數] 設定除數。

數學與三角函數 | 整數運算(餘數) | 365 | 2019 | 2016 | 2013

MOD

計算除法結果的餘數

傳回數值除以除數時的餘數。傳回值與除數同符號。

格式： MOD(數值, 除數)

- 在 [數值] 設定被除數。
- 在 [除數] 設定除數。

範例 1 計算除法的商數與餘數

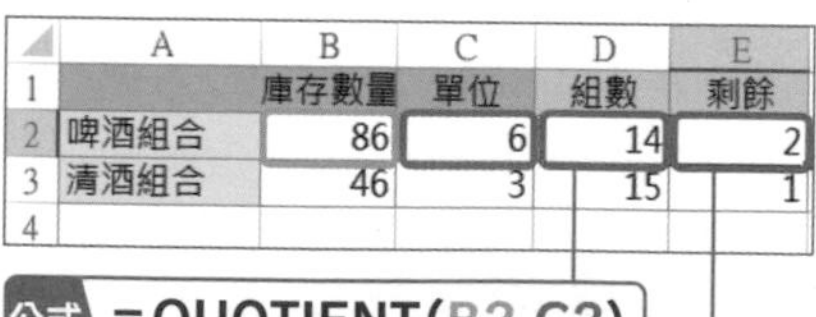

	A	B	C	D	E
1		庫存數量	單位	組數	剩餘
2	啤酒組合	86	6	14	2
3	清酒組合	46	3	15	1
4					

公式 =QUOTIENT(B2,C2)

公式 =MOD(B2,C2)

說明 在 D2 儲存格使用 QUOTIENT 函數，根據庫存數量(B2)除以單位(C2)的商，計算出可以準備幾組商品。在 E2 儲存格使用 MOD 函數，利用庫存數量除以單位的餘數，計算剩餘的數量。

GCD

計算最大公約數

傳回指定數值中的最大公約數。最大公約數是指兩個以上的正整數共同的最大約數(整除數)。

格式： **GCD(數值 1,[數值 2],…)**

在 [數值] 設定數值或儲存格範圍。設定了儲存格範圍時，把範圍內的數值當作計算對象，忽略字串或空白。設定了整數以外的數值時，無條件捨去小數點以下的部分。不可以設定負值。

LCM

計算最小公倍數

傳回指定數值中的最小公倍數。最小公倍數是指兩個以上的正整數共同的最小倍數。

格式： **LCM(數值 1,[數值 2],…)**

在 [數值] 設定數值或儲存格範圍時，把範圍內的數值當作計算對象，忽略字串或空白。設定了整數以外的數值時，無條件捨去小數點以下的部分。不可以設定負值。

範例 1 計算最大公約數與最小公倍數

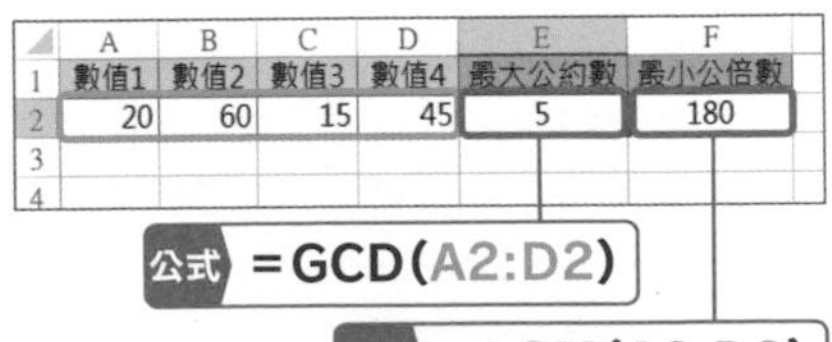

	A	B	C	D	E	F
1	數值1	數值2	數值3	數值4	最大公約數	最小公倍數
2	20	60	15	45	5	180
3						
4						

公式 =GCD(A2:D2)

公式 =LCM(A2:D2)

說明 在 E2 儲存格使用 GCD 函數，計算 A2～D2 儲存格範圍內的最大公約數。在 F2 儲存格使用 LCM 函數，計算 A2～D2 儲存格範圍內的最小公倍數。

COMBIN

計算組合數量

傳回從 n 個項目取出 r 個不同項目的組合數量。例如，從三個字母「a、b、c」取出兩個字母的組合有「ab」、「ac」、「bc」等三種。

格式： COMBIN(總數, 取樣數)

- 在 [總數] 設定成為組合來源的項目總數(n)。
- 在 [取樣數] 設定要取出的組合數量(r)。

Hint 組合數量是以公式「$_nC_r = \frac{n!}{r!(n-r)!}$」表示。

COMBINA

計算含重複的組合數量

傳回從 n 個項目取出 r 個項目(允許重複)的組合數量。例如從三個字母「a、b、c」取出兩個字母的組合數量(含重複)，共有「aa」、「ab」、「ac」、「bb」、「bc」、「cc」等六種。

格式： COMBINA(總數, 取樣數)

- 在 [總數] 設定成為組合來源的項目總數(n)。
- 在 [取樣數] 設定要取出的組合數量(r)。

範例 1 計算不含重複與包含重複的項目組合數量

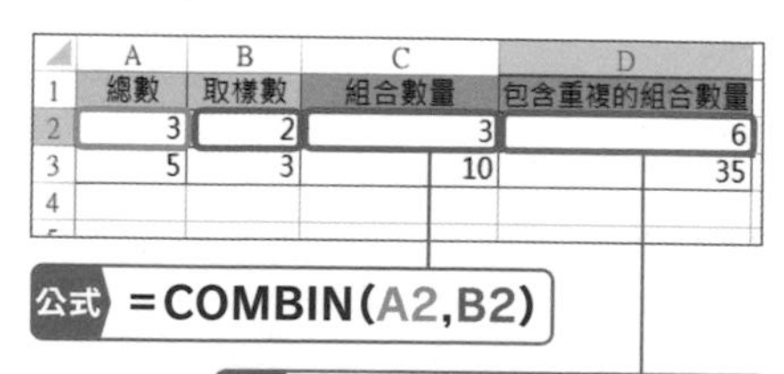

	A	B	C	D
1	總數	取樣數	組合數量	包含重複的組合數量
2	3	2	3	6
3	5	3	10	35
4				

說明 在 C2 儲存格使用 COMBIN 函數，以 A2 儲存格(3)為總數，B2 儲存格(2)為取樣數，計算不含重複的組合數量。在 D2 儲存格使用 COMBINA 函數，計算包含重複的組合數量。

相關

PERMUT　計算排列方式的數量 ➡ p.55
PERMUTATIONA　計算含重複的排列方式數量 ➡ p.55

數學與三角函數　排列／組合　365 2019 2016 2013

PERMUT

計算排列方式的數量

傳回從 n 個項目取出 r 個，並排成一行的排列方式數量。例如從三個字母「a、b、c」取出兩個字母時，排列方式有「ab」、「ba」、「ac」、「ca」、「bc」、「cb」等六種。

格式： PERMUT(總數, 取樣數)

- 在 [總數] 設定成為排列來源的項目總數(n)。
- 在 [取樣數] 設定依照排列組合取出的數量(r)。

Hint 排列方式的數量以公式「${}_nP_r = n(n-1)(n-2)\cdots(n-r+1)$」表示。

數學與三角函數　排列／組合　365 2019 2016 2013

PERMUTATIONA

計算含重複的排列方式數量

從 n 個項目取出 r 個項目(含重複)，傳回排列成一行的排列組合總數。例如，從三個字母「a、b、c」中，取出兩個(含重複)字母時，排列組合包括「aa」、「ab」、「ba」、「ac」、「ca」、「bb」、「bc」、「cb」、「cc」等九種。

格式： PERMUTATIONA(總數, 取樣數)

- 在 [總數] 設定成為排列來源的項目總數(n)。
- 在 [取樣數] 設定依照排列組合取出的數量(r)。

範例 1 計算不重複與包含重複的項目排列組合數量

	A	B	C	D
1	總數	取樣數	排列數量	包含重複的排列組合數量
2	3	2	6	9
3	5	3	60	125
4				
5				

公式 =PERMUT(A2,B2)

公式 =PERMUTATIONA(A2,B2)

說明 在 C2 儲存格使用 PERMUT 函數，A2 儲存格(3)為總數，B2 儲存格(2)為取樣數，計算不含重複的排列組合數量。D2 儲存格使用 PERMUTATIONA 函數，計算含重複的排列組合數量。

相關 COMBINA 計算含重複的組合數量 ➡ p.54

數學與三角函數 多項式 365 2019 2016 2013

MULTINOMIAL

計算多項式係數

MULTINOMIAL 函數可以計算多項式係數。多項式係數是指數值總和階乘與數值階乘的乘積之比率。

格式： MULTINOMIAL(數值 1,[數值 2],…)

在 [數值] 設定計算多項式 1 ～ 255 的數值。

數學與三角函數 冪級數 365 2019 2016 2013

SERIESSUM

計算冪級數

計算指定引數的冪級數。

格式： SERIESSUM (變數值 x, 預設值 n, 增加量 m, 係數 a)

- 在 [變數值 x] 設定要代入冪級數公式的變數值。
- 在 [預設值 n] 設定出現在冪級數第一項的變數值次數。
- 在 [增加量 m] 設定變數值次數的增加量。
- 在 [係數 a] 設定冪級數的各項係數。使用儲存格範圍或陣列常數設定。這裡設定的陣列數量會成為冪級數的項數 (i)。

Hint 假設冪級數的公式是變數 x、預設值 n、增加量 m、係數 a、項數 i 時，由以下公式定義。

$a_1 x^n + a_2 x^{(n+m)} + a_3 x^{(n+2m)} + \cdots + a_i x^{(n+(i-1)m)}$

數學與三角函數 次方 365 2019 2016 2013

POWER

計算次方

傳回數值乘 n 次後的結果。數值稱作「底數」，n 稱作「指數」。假設底數為「2」，指數為「4」，會變成「2^4」，傳回「16」。

格式： POWER(數值, 指數)

- 在 [數值] 設定成為次方底數的數值。
- 在 [指數] 設定 [數值] 要乘的次數。

Hint POWER 函數會傳回和使用算術運算子「^」的次方相同的計算結果。例如「=2^3」與「=POWER(2,3)」都是計算 2 的 3 次方，因此會傳回相同結果「8」。

數學與三角函數　次方　365 2019 2016 2013

EXP

計算自然對數的底數次方

傳回自然對數的底數e乘n次的結果。Excel的底數e是「2.71828182845904」。EXP函數是LN函數的反函數。

格式： EXP(指數)

在[指數]以數值設定自然對數e要乘幾次。假設「=EXP(2)」，會傳回自然對數e的二次方結果「7.389056099」。

數學與三角函數　階乘　365 2019 2016 2013

FACT

計算階乘

傳回指定數值的階乘。例如5的階乘會傳回「5×4×3×2×1」的結果。

格式： FACT(數值)

在[數值]設定計算階層的正整數。如果不是整數，將無條件捨去小數點以下的部分。

Hint 階層是1到整數n的整數乘積。數學顯示為「n!」，定義如下所示。此外0!為1。
n! = n×(n − 1)×(n − 2)×…×2×1

數學與三角函數　階乘　365 2019 2016 2013

FACTDOUBLE

計算雙階層

傳回指定數值的雙階層。

格式： FACTDOUBLE(數值)

在[數值]設定要計算雙階層的數值。若非整數，無條件捨去小數點以下的部分。例如「= FACTDOUBLE(6)」會傳回和「= 6×4×2×1」一樣的計算結果「48」。

Hint 雙階層是1到n為止，與n相同奇偶數的整數乘積，數學顯示為「n!!」。定義如下所示。此外，0!為1。
n為偶數時：n!!=n×(n−2)×(n−4)×…×4×2
n為奇數時：n!!=n×(n−2)×(n−4)×…×3×1

相關　LN　計算自然對數 ➡ p.59

數學與三角函數 | 絕對值

365 2019 2016 2013

ABS

計算絕對值

傳回指定數值的絕對值。絕對值是指去除「+」或「−」的數值，「-1.5」的絕對值就是「1.5」。

格式： ABS(數值)

在 [數值] 設定成為目標對象的數值。

數學與三角函數 | 檢查正負

365 2019 2016 2013

SIGN

檢查正負

檢查指定數值的符號(正「+」、負「−」)。若是正，傳回「1」，若是負，則傳回「-1」。倘若是「0」，就傳回「0」。

格式： SIGN(數值)

在 [數值] 設定要檢查正負的數值。

範例 1 檢查數值的正負與絕對值

	A	B	C	D
1	數值	正負	絕對值	
2	-8	-1	8	
3	0	0	0	
4	5	1	5	
5				

公式 =SIGN(A2)

公式 =ABS(A2)

說明 在 B2 儲存格使用 SIGN 函數，檢查 A2 儲存格的值(-8)是正還是負。在 C2 儲存格使用 ABS 函數，計算 A2 儲存格值(-8)的絕對值。

LN

計算自然對數

計算指定數值的自然對數。自然對數是指，把常數 e「2.71828182845904」當成底數的對數。LN 函數是 EXP 函數的反函數。

格式： **LN(數值)**

在 [數值] 設定計算自然對數的正實數。

LOG

計算把指定數值當作底數的對數

把指定數值變成底數，傳回數值的對數。假設底數為「2」，數值為「8」，對數為 a 時，公式「$8=2^a$」成立。LOG 函數是 POWER 函數的反函數。

格式： **LOG(數值,[底數])**

- 在 [數值] 設定正值（真數）。
- 在 [底數] 設定成為底數的數值。省略時，預設為「10」。例如「=LOG(8,2)」的結果是「3」。

Hint 對數是指「$y=x^a$」(x 乘 a 次後為 y) 時，對應 a 的數值。換句話說，就是代表乘幾次的數值。使用對數的符號 log 表示，會變成「$a=\log_x y$」，a 是對數，x 是底數，y 是真數。

LOG10

計算常用對數

計算以 10 為底數的對數。假設數值為「10000」，對數為 a 時，公式「$10000=10^a$」成立。以 10 為底數的對數稱作「常用對數」。

格式： **LOG10(數值)**

在 [數值] 設定正值（真數）。例如「=LOG10(10000)」會傳回「4」。

相關

POWER 計算次方 ➡ p.56
EXP 計算自然對數的底數次方 ➡ p.57

數學與三角函數　平方根　365 2019 2016 2013

SQRT

計算平方根

計算指定數值的正平方根。

格式： **SQRT(數值)**

在[數值]設定希望計算平方根的正數。例如「=SQRT(4)」傳回「2」。

Hint 平方根是指「平方後變成 x 的原始數值」。例如「平方後變成 9 的原始數值」是 3，3 是 9 的平方根。

數學與三角函數　平方根　365 2019 2016 2013

SQRTPI

計算圓周率倍數的平方根

傳回指定數值 π(圓周率)倍的平方根。

格式： **SQRTPI(數值)**

在 [數值] 設定 π 倍的正數。

數學與三角函數　三角函數　365 2019 2016 2013

PI

計算圓周率

傳回圓周率 π 的近似值「3.14159265358979」(精確度：15 位數)

格式： **PI()**

Hint 「=3^2*PI()」可以計算半徑 3 的圓形面積。

相關 RADIANS 將度數轉換成弧度 ➡ p.61

RADIANS

將度數轉換成弧度

傳回以度為單位的角度轉換成弧度的結果。

格式： **RADIANS(角度)**

在 [角度] 設定要轉換成弧度，以度為單位的角度。例如「=RADIANS(90)」傳回「1.570796327」(90×π÷180)。

數學與三角函數 三角函數 365 2019 2016 2013

DEGREES

將弧度轉換成度數

把以弧度為單位的角度轉換成以度為單位的角度。

格式： **DEGREES(角度)**

在 [角度] 設定以弧度為單位的角度。

COLUMN

角度的測量方法：「度數法」與「弧度法」

角度包括度數法與弧度法。度數法是以度為單位的角度測量方法，如 45°或 90°。然而，弧度法是利用「圓弧的長度 ÷ 圓的半徑」計算角度的測量方法，單位是 rad（弧度）。例如半徑 1 的圓形，圓弧的長度為 2 時，角度是 2rad。

度數法與弧度法的關係是「180° = π rad」，1rad 是「180° / π」。

弧度法的計算方法

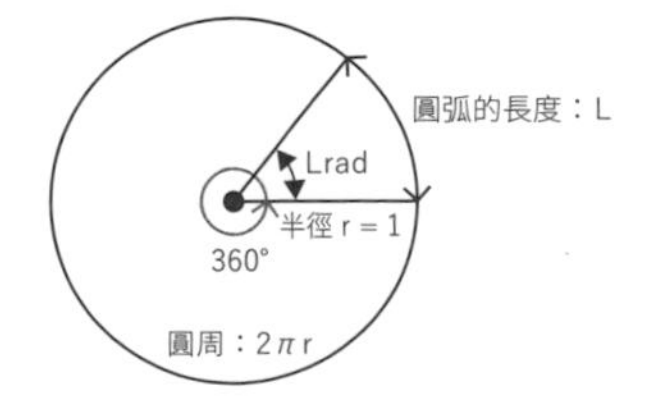

半徑為 1 時的圓弧長度 L 即為弧度的角度。

圓周是以 2πr 計算出來，所以 360° = 2π[rad] 的關係成立，1[rad] =180°/π。

相關 PI 計算圓周率 ➡ p.60

數學與三角函數 三角函數 365 2019 2016 2013

SIN

計算正弦（sine）

傳回指定數值(弧度)的正弦(sine)值。

格式： SIN(數值)

在 [數值] 設定以弧度為單位的角度。絕對值設定為小於 2^{27} 的數值。

Hint 若想以度數法，如 45°設定數值時，可以使用 RADIANS 函數，或在引數 [角度] 設定角度乘上「PI()/180」，轉換成以弧度為單位的值。

數學與三角函數 三角函數 365 2019 2016 2013

COS

計算餘弦（cosine）

傳回指定數值(角度)的餘弦(cosine)值。

格式： COS(數值)

在 [數值] 設定以弧度為單位的角度。絕對值設定為小於 2^{27} 的數值。

Hint 若想以度數法，如 45°設定數值時，可以使用 RADIANS 函數，或在引數 [角度] 設定角度乘上「PI()/180」，轉換成以弧度為單位的值。

數學與三角函數 三角函數 365 2019 2016 2013

TAN

計算正切（tangent）

傳回指定數值(弧度)的正切(tangent)值。

格式： TAN(數值)

在 [數值] 設定以弧度為單位的角度。絕對值設定為小於 2^{27} 的數值。

Hint 若想以度數法，如 45°設定數值時，可以使用 RADIANS 函數，或在引數 [角度] 設定角度乘上「PI()/180」，轉換成以弧度為單位的值。

相關

PI 計算圓周率 ➡ p.60
RADIANS 將度數轉換成弧度 ➡ p.61

COLUMN

三角函數

三角函數是以直角三角形各邊比值表示的函數，如下表所示。csc 函數、sec 函數、cot 函數分別是 sin 函數、cos 函數、tan 函數的反函數。

正弦 (sine)	$\sin\theta = \frac{b}{c}$
餘弦 (cosine)	$\cos\theta = \frac{a}{c}$
正切 (tangent)	$\tan\theta = \frac{b}{a}$

餘割 (cosecant)	$\csc\theta = \frac{c}{b} = \frac{1}{\sin\theta}$
正割 (secant)	$\sec\theta = \frac{c}{a} = \frac{1}{\cos\theta}$
餘切 (cotangent)	$\cot\theta = \frac{a}{b} = \frac{1}{\tan\theta}$

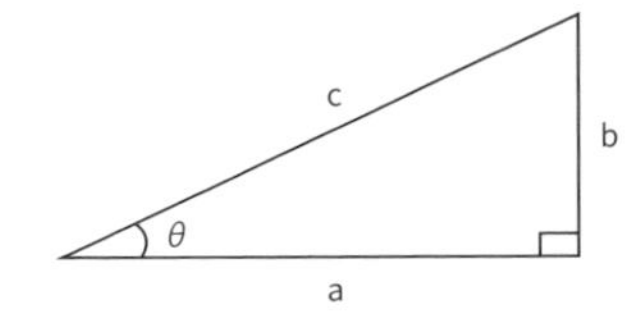

三角比

角度	弧度	正弦 SIN	餘弦 COS	正切 TAN
30°	$\frac{\pi}{6}$	$\frac{1}{2}$	$\frac{\sqrt{3}}{2}$	$\frac{1}{\sqrt{3}}$
45°	$\frac{\pi}{4}$	$\frac{\sqrt{2}}{2}$	$\frac{\sqrt{2}}{2}$	1
60°	$\frac{\pi}{3}$	$\frac{\sqrt{3}}{2}$	$\frac{1}{2}$	$\sqrt{3}$
90°	$\frac{\pi}{2}$	1	0	未定義

數學與三角函數 三角函數 365 2019 2016 2013

CSC

計算餘割（cosecant）

傳回指定數值(弧度)的餘割(cosecant)。餘割是正弦(sine)的倒數(請參考 p.63 的表格)。

格式： CSC(數值)

在 [數值] 設定以弧度為單位的角度。絕對值設定為小於 2^{27} 的數值。

數學與三角函數 三角函數 365 2019 2016 2013

SEC

計算正割（secant）

傳回指定數值(弧度)的正割(secant)。正割是餘弦(cosine)的倒數(請參考 p.63 的表格)。

格式： SEC(數值)

在 [數值] 設定以弧度為單位的角度。絕對值設定為小於 2^{27} 的數值。

數學與三角函數 三角函數 365 2019 2016 2013

COT

計算餘切（cotangent）

傳回指定數值(弧度)的餘切(cotangent)。餘切是正切(tangent)的倒數(請參考 p.63 的表格)。

格式： COT(數值)

在 [數值] 設定以弧度為單位的角度。絕對值設定為小於 2^{27} 的數值。

ASIN

計算反正弦（arcsine）

以弧度傳回指定正弦(sine)的反正弦(arcsine)。傳回值的角度是介於 –π/2 ～ π/2 的弧度。

格式：　**ASIN(數值)**

在 [數值] 以絕對值 1 以下的數值設定要計算角度的正弦(sine)值。

Hint 若要以度數顯示傳回值，可以將傳回值乘以「180/PI()」，或使用 DEGREES 函數把傳回值轉換成度數。

數學與三角函數　三角函數　365 2019 2016 2013

ACOS

計算反餘弦（arccosine）

以弧度傳回指定餘弦(cosine)的反餘弦(arccosine)。傳回值的角度是介於 π 的弧度。

格式：　**ACOS(數值)**

在 [數值] 以絕對值 1 以下的數值設定要計算角度的餘弦(cosine)值。

數學與三角函數　三角函數　365 2019 2016 2013

ATAN

計算反正切（arctangent）

以弧度傳回指定正切(tangent)的反正切(arctangent)。傳回值的角度是介於 –π/2 ～ π/2 的弧度。

格式：　**ATAN(數值)**

在 [數值] 以絕對值 1 以下的數值設定要計算角度的正切(tangent)值。

相關　DEGREES　將弧度轉換成度數 ➡ p.61

數學與三角函數 | 三角函數 | 365 | 2019 | 2016 | 2013

ATAN2

由 x、y 座標計算反正切（arctangent）

傳回 x 座標與 y 座標的反正切(arctangent)。傳回值的角度是介於 –π ～ π (不包括 –π) 的弧度。

格式： ATAN2(x 座標, y 座標)

- 在 [x 座標] 設定 x 座標值。
- 在 [y 座標] 設定 y 座標值。

Hint ATAN2(c,b) 與 ATAN(b/c) 會傳回相同的結果。

數學與三角函數 | 三角函數 | 365 | 2019 | 2016 | 2013

ACOT

計算反餘切（arccotangent）

傳回指定餘切(cotangent)數值的反餘切值(arccotangent)，單位為弧度。傳回值的角度介於 0 ～ π 之間。

格式： ACOT(數值)

在 [數值] 設定餘切(cotangent)值。

COLUMN

反三角函數

三角函數是由角度求值，而反三角函數是由值求角度。下表整理了反函數的說明。

反三角函數	功能
ASIN(數值)	由 SIN 函數的值求角度
ACOS(數值)	由 COS 函數的值求角度
ATAN(數值)	由 TAN 函數的值求角度

數學與三角函數 雙曲函數 365 2019 2016 2013

SINH

計算雙曲正弦

傳回指定數值的雙曲正弦(hyperbolic sine)值。

格式： **SINH(數值)**

在 [數值] 設定數值。

Hint 雙曲正弦函數是由以下公式定義。

$$SINH(t)=\frac{e^{t}-e^{-t}}{2}$$

數學與三角函數 雙曲函數 365 2019 2016 2013

COSH

計算雙曲餘弦

傳回指定數值的雙曲餘弦(hyperbolic cosine)。

格式： **COSH(數值)**

在 [數值] 設定數值。

Hint 雙曲餘弦函數是由以下公式定義。

$$COSH(t)=\frac{e^{t}+e^{-t}}{2}$$

數學與三角函數 雙曲函數 365 2019 2016 2013

TANH

計算雙曲正切

傳回指定數值的雙曲正切(hyperbolic tangent)。

格式： **TANH(數值)**

在 [數值] 設定數值。

Hint 雙曲正切函數是由以下公式定義。

$$TANH(t)=\frac{SINH(t)}{COSH(t)}$$

數學與三角函數 雙曲函數 365 2019 2016 2013

CSCH

計算雙曲餘割

傳回指定數值的雙曲餘割（hyperbolic cosecant）值。雙曲餘割是雙曲正弦的倒數。

格式： **CSCH(數值)**

在 [數值] 設定絕對值小於 2^{27} 的數值。

數學與三角函數 雙曲函數 365 2019 2016 2013

SECH

計算雙曲正割

傳回指定數值的雙曲正割（hyperbolic secant）值。雙曲正割是雙曲餘弦的倒數。

格式： **SECH(數值)**

在 [數值] 以絕對值小於 2^{27} 的數值設定要計算正割的角度，單位為弧度。

數學與三角函數 雙曲函數 365 2019 2016 2013

COTH

計算雙曲餘切

傳回指定數值的雙曲餘切（hyperbolic cotangent）值。雙曲餘切是雙曲正切的倒數。

格式： **COTH(數值)**

在 [數值] 以絕對值小於 2^{27} 的數值設定要計算雙曲餘切的角度，單位為弧度。

Hint 雙曲餘切函數由以下公式定義。

$$COTH(t)=\frac{1}{TANH(t)}=\frac{COSH(t)}{SINH(t)}=\frac{e^{t}+e^{-t}}{e^{t}-e^{-t}}$$

相關

SINH 計算雙曲正弦 ➡ p.67
COSH 計算雙曲餘弦 ➡ p.67
TANH 計算雙曲正切 ➡ p.67

數學與三角函數　雙曲函數　365 2019 2016 2013

ASINH

計算反雙曲正弦

傳回指定數值的反雙曲正弦(hyperbolic arcsine)值。反雙曲正弦是雙曲正弦的反函數。

格式： **ASINH(數值)**

在 [數值] 設定數值。

數學與三角函數　雙曲函數　365 2019 2016 2013

ACOSH

計算反雙曲餘弦

傳回指定數值的反雙曲餘弦(hyperbolic arccosine)值。反雙曲餘弦是雙曲餘弦的反函數。

格式： **ACOSH(數值)**

在 [數值] 設定 1 以上的數值。

數學與三角函數　雙曲函數　365 2019 2016 2013

ATANH

計算反雙曲正切

傳回指定數值的反雙曲正切(hyperbolic arctangent)值。反雙曲正切是雙曲正切的反函數。

格式： **ATANH(數值)**

在 [數值] 設定絕對值小於 1 的數值。

相關

SINH　計算雙曲正弦 ➡ p.67
COSH　計算雙曲餘弦 ➡ p.67
TANH　計算雙曲正切 ➡ p.67

數學與三角函數 雙曲函數 365 2019 2016 2013

ACOTH

計算反雙曲餘切

傳回指定數值的反雙曲餘切(hyperbolic arccotangent)值。

格式： **ACOTH(數值)**

在 [數值] 設定絕對值大於 1 的數值。

數學與三角函數 陣列／矩陣 365 2019 2016 2013

MDETERM

計算矩陣行列式

傳回指定陣列的矩陣行列式。
矩陣行列式是指從陣列內的值導出的數值。

格式： **MDETERM (陣列)**

在 [陣列] 以儲存格範圍或陣列常數設定矩陣。必須設定為方形矩陣(列數與欄數相等的陣列)。

範例 1 計算矩陣行列式

	A	B	C	D	E
1	3	4	5		矩陣行列式
2	5	4	4		15
3	4	3	1		
4					

公式 =MDETERM(A1:C3)

說明 計算儲存格範圍(A3:C3)的矩陣行列式。

Hint 假設 A1：C3 儲存格範圍為「=MDETERM(A1:C3)」，矩陣行列式會傳回和以下公式一樣的結果。
=A1*(B2*C3-B3*C2)+A2*(B3*C1-B1*C3)+A3*(B1*C2-B2*C1)

相關
陣列常數 ➡ p.365
陣列公式 ➡ p.367

數學與三角函數 陣列／矩陣 365 2019 2016 2013

MINVERSE

計算反矩陣

傳回當作陣列而指定的正矩陣之反矩陣。
由於傳回值是陣列，所以要選取與 [陣列] 相同大小的儲存格範圍，當作陣列公式輸入。

格式： MINVERSE(陣列)

在 [陣列] 以儲存格範圍或陣列常數設定要計算反矩陣的陣列。必須設定為方形矩陣(列數與行數相等的陣列)。

數學與三角函數 陣列／矩陣 365 2019 2016 2013

MMULT

計算矩陣乘積

傳回兩個陣列的矩陣乘積。
計算結果是列數與 [陣列 1] 一樣，欄數與 [陣列 2] 一樣的陣列。由於傳回值為陣列，所以當作陣列公式輸入。

格式： MMULT(陣列 1, 陣列 2)

在 [陣列 1]、[陣列 2] 以儲存格範圍或陣列常數設定計算矩陣乘積的兩個陣列。
[陣列 1] 的欄數與 [陣列 2] 的列數相同。

數學與三角函數 陣列／矩陣 365 2019 2016 2013

MUNIT

計算單位矩陣

傳回指定維度的單位矩陣。傳回值為陣列，所以當作陣列公式輸入。

格式： MUNIT(數值)

在 [數值] 設定 1 以上的整數。如果是 0 以下，會傳回錯誤值「#VALUE!」。

相關

陣列常數 ➡ p.365
陣列公式 ➡ p.367

SEQUENCE

建立包含連續數值的陣列表格

建立選取儲存格範圍內連續數值的清單。

格式：**SEQUENCE(列數, 欄數, 起始值, 增加量)**

- 從 [起始值] 開始逐漸加上 [增加量]，同時在 [列數]×[欄數] 的陣列建立連續數值清單。
- 在 [列數] 設定陣列的列數。
- 在 [欄數] 設定陣列的欄數。
- 在 [起始值] 設定第一個數值。
- 在 [增加量] 設定要加上的數值。

範例 1 建立 5 列 5 欄從 101 開始持續加 1 的陣列表格

	A	B	C	D	E	F	G
1		1	2	3	4	5	
2	1	101	102	103	104	105	
3	2	106	107	108	109	110	
4	3	111	112	113	114	115	
5	4	116	117	118	119	120	
6	5	121	122	123	124	125	

公式 =SEQUENCE(5,5,101,1)

說明 設定 SEQUENCE 函數，建立起始值為 101，增加量為 1 的 5 列 ×5 欄陣列表格。在 B2 儲存格輸入 SEQUENCE 函數，按下 [Enter] 鍵，確定公式後，會在 5 列、5 欄自動顯示結果。Microsoft 365 是利用溢出功能，自動輸入必要的動態陣列公式。

相關

陣列常數 ➡ p.365
陣列公式 ➡ p.367
RANDARRAY 建立含亂數的陣列表格 ➡ p.75

RAND

以大於 0 小於 1 的實數產生亂數

傳回大於 0 小於 1 的實數亂數。開啟活頁簿，按下 [F9] 鍵，每次工作表重新計算時，就會產生新的亂數。
若要在最小值 x 以上，最大值不到 y 的欄位內產生亂數，可以使用「=RAND()*(y-x)*x」公式。

格式： **RAND()**

範例 1 產生各種亂數

公式 =RAND()*(50-10)+10

	A	B	C	D
1	大於0小於1的亂數	大於0小於100的亂數	大於10小於50的亂數	
2	0.757723246	4.500407705	33.94954098	
3	0.460204177	73.32529067	32.83346017	
4	0.229004531	16.7331143	25.97782177	
5	0.803119158	49.5777209	28.88365267	
6	0.592761321	6.070730382	32.51324638	
7				

公式 =RAND()

公式 =RAND()*100

說明 在 A2～A6 儲存格範圍產生大於 0 小於 1 的亂數。在 B2～C7 儲存格範圍產生大於 0 小於 100 的亂數。RAND 函數乘上 100，可以產生小於 100 的亂數。在 C2～C6 儲存格產生大於 10 小於 50 的亂數。RAND 函數乘以「(最大值－最小值)＋最小值」，產生介於最小值與最大值範圍內的亂數。

相關 RANDBETWEEN 產生整數亂數 ➡ p.74

RANDBETWEEN

產生整數亂數

傳回指定範圍內的整數亂數。開啟活頁簿，按下 [F9] 鍵，每次工作表重新計算時，就會隨機產生新的整數。

格式： **RANDBETWEEN(最小值, 最大值)**

- 在 [最小值] 以整數設定亂數的最小值。
- 在 [最大值] 以整數設定亂數的最大值。

範例 1 產生大於 10 小於 50 的亂數

	A	B	C	D
1	大於10小於50的整數亂數			
2	18	20	20	
3	35	21	22	
4	13	50	14	
5	17	28	38	
6	20	36	48	
7				

公式 =RANDBETWEEN(10,50)

說明 在 A2～C6 儲存格範圍內輸入「=RANDBETWEEN(10,50)」，分別在儲存格內隨機顯示大於 10 小於 50 的整數。

相關
RAND 以大於 0 小於 1 的實數產生亂數 ➡ p.73

RANDARRAY

建立含亂數的陣列表格

傳回隨機數值的陣列。開啟活頁簿，按下 [F9] 鍵，每次重新計算工作表時，就會產生新的亂數。

格式： RANDARRAY([列數],[欄數],[最小值],[最大值],[整數])

- 在 [列數]×[欄數] 的陣列中，於 [最小值] 與 [最大值] 的範圍內，在 [整數] 設定整數或小數，建立亂數清單。
- 在 [列數] 設定陣列的列數。
- 在 [欄數] 設定陣列的欄數。
- 在 [最小值] 設定亂數的最小值。省略時，預設為 0。
- 在 [最大值] 設定亂數的最大值。省略時，預設為 1。
- 在 [整數] 設定是否將亂數變成整數。TRUE 是整數，FALSE 或省略時是實數亂數。

範例 1 建立 3 列 3 欄由 10 到 100 的亂數表

	A	B	C	D	E	F	G	H	I
1	整數亂數表					實數亂數表			
2		1	2	3			1	2	3
3	1	37	70	57		1	10.372	66.538	10.938
4	2	80	34	95		2	65.797	89.412	54.561
5	3	40	31	52		3	15.49	76.736	77.965
6									

公式 =RANDARRAY(3,3,10,100,TRUE)

公式 =RANDARRAY(3,3,10,100,FALSE)

說明 以最小值為 10，最大值為 100 建立 3 列 ×3 欄的亂數陣列表格。B3 儲存格的第 5 引數 [整數] 為 True，所以產生整數亂數，G3 儲存格為 FALSE，因而產生小數亂數。在 B3 儲存格、G3 儲存格輸入 RANDARRAY 函數，按下 [Enter] 鍵，確定公式後，會自動以陣列顯示結果。Microsoft 365 是利用溢出功能，自動輸入必要的動態陣列公式。

相關

RAND　以大於 0 小於 1 的實數產生亂數 ➡ p.73
RANDBETWEEN　產生整數亂數 ➡ p.74

LET

將名稱指派給計算結果

將名稱指派給公式內的計算結果，並傳回同公式內其他使用該名稱的結果。

格式： LET(名稱 1, 值 1,[名稱 2, 值 2],…, 計算)

- 定義 [名稱] 代入 [值]，在 [計算] 中使用代入值的 [名稱] 進行計算。傳回值為 [計算] 結果。
- 在 [名稱] 設定要代入值的字串。不能使用和數值或儲存格參照相同的字串。依照儲存格範圍的命名規則設定名稱。
- 在 [值] 設定要代入 [名稱] 的值。可以設定數值、公式、儲存格參照。[名稱] 與 [值] 的設定一定要成對，最大可以設定到 126 個。
- 在 [計算] 設定傳回結果的計算公式。在公式內可以用 [名稱] 取代值。

Hint 在 LET 函數中，[名稱] 的功用相當於程式設計語言的變數。例如「=LET(a,1+2,b,3+4,a*b)」，在 a 代入「1 ＋ 2」，在 b 代入「3 ＋ 4」，傳回 a*b 的結果「21」。中途的計算結果，如「1 ＋ 2」或「3 ＋ 4」可以代入 a 或 b，並使用在 [計算] 的公式內，就能簡化複雜的公式。這裡定義的 [名稱] 只在 LET 函數內有效。

※Windows 環境可以使用 Microsoft365 Version 2009(Build 13231.20262)之後的 Excel 版本，而 macOS 環境可以使用 Version16.42(20101102)之後的版本。

範例 1 代入計算結果

	A	B	C	D	E	F
1		原宿	新宿	澀谷		平均購買金額/人
2	金額	12,000	20,000	40,000		8,000
3	人數	3	2	4		
4						

公式 =LET(x,SUM(B2:D2),y,SUM(B3:D3),x/y)

說明 將 SUM(B2:D2) 的結果代入「x」，SUM(B3:D3) 的結果代入「y」，計算「x/y」的結果。

日期和時間函數

使用日期和時間函數，可以計算現在的日期或時間，或從日期取出年、月、日，甚至可以計算下下個月月底的日期，能以各種形式處理日期或時間。此外，日期與時間是以稱作序列值的數值來管理。請在本章一併學會關於序列值的概念。

TODAY

計算目前的日期

傳回對應目前日期的序列值。

格式： **TODAY()**

Hint 輸入函數後，會自動以「2022/5/19」(yyyy/m/d) 的格式顯示日期。開啟活頁簿，或按下 [F9] 鍵，重新計算工作表時，將更新成最新日期。改變顯示格式可以更改日期的顯示方法。

範例 1 在送貨單顯示目前的日期

	A	B	C	D	E	F	G	H
1					製單日期	2022/5/19		
2	送貨單							
3								
4					訂單NO			
5					接單日期			
6	SB文具		敬啟					

公式 =TODAY()

說明 顯示目前的日期。設定自動顯示成「2022/5/19」的日期格式。

相關
NOW 計算目前的日期與時間 ➡ p.79
何謂序列值 ➡ p.81

NOW

計算目前的日期與時間

NOW 函數會傳回對應目前日期與時間的序列值。

格式： **NOW()**

Hint 輸入函數後，自動以「2022/5/20 01:05」(yyyy/m/d h:mm) 的格式顯示日期。開啟活頁簿，或按下 [F9] 鍵，重新計算工作表時，會更新成最新日期。

範例 1 顯示目前的日期與時間

	A	B	C	D	E	F	G
1	目前的日期時間 (yyyy/m/d h:mm)	目前的時間 (h"時"mm"分"ss"秒")					
2	2022/5/20 01:05	01時05分26秒					
3							
4							
5							

公式 =NOW()

說明 在 A2、B2 儲存格輸入「=NOW()」，計算目前的日期與時間。A2 儲存格使用的是輸入函數時，自動設定的顯示格式，而 B2 儲存格將顯示格式改成「h" 時 "mm" 分 "ss" 秒 "」只顯示時間。

Hint TODAY 函數、NOW 函數會從電腦系統取得日期與時間。假如顯示的日期與時間錯誤，就得調整系統的時鐘。在工作列右邊的日期時間按一下右鍵，執行「調整日期 / 時間」命令，可以在顯示的畫面中進行設定。

相關

TODAY 計算目前的日期 ➡ p.78
何謂序列值 ➡ p.81
設定顯示格式 ➡ p.372

日期和時間　日期　365　2019　2016　2013

YEAR

從日期取得年份

從日期取得年份。傳回值是西元 1900 ～ 9999 之間的整數。

格式：　YEAR(序列值)

在 [序列值] 以序列值或「"2022/5/20"」這樣的字串設定日期。參照儲存格內輸入的日期或使用 DATE 函數，可以設定日期的序列值。

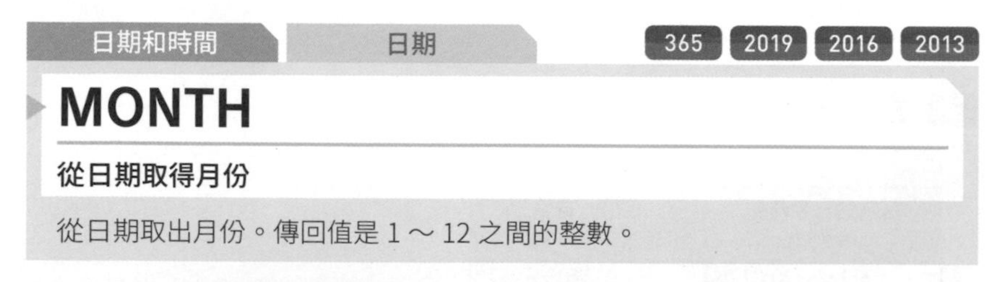

日期和時間　日期　365　2019　2016　2013

MONTH

從日期取得月份

從日期取出月份。傳回值是 1 ～ 12 之間的整數。

格式：　MONTH(序列值)

在 [序列值] 以序列值或「"2022/5/20"」這樣的字串設定日期。參照儲存格內輸入的日期或使用 DATE 函數，可以設定日期的序列值。

日期和時間　日期　365　2019　2016　2013

DAY

從日期取得日的部分

從日期取得日的部分。傳回值是 1 ～ 31 之間的整數。

格式：　DAY(序列值)

在 [序列值] 以序列值或「"2022/5/20"」這樣的字串設定日期。參照儲存格內輸入的日期或使用 DATE 函數，可以設定日期的序列值。

相關　DATE　從年、月、日取得日期 ➡ p.82

COLUMN

何謂序列值

Excel 是使用序列值來管理日期與時間。輸入 TODAY 函數，或直接在儲存格輸入「5/20」或「09:03」等日期、時間格式，一旦判斷為日期和時間資料，就會在儲存格內轉換成序列值，並設定日期和時間的顯示格式。將輸入了日期、時間的儲存格顯示格式設定為「一般格式」，可以確認實際儲存資料的序列值。部分 Excel 的日期和時間函數會傳回序列值。顯示序列值時，會設定成日期或時間的顯示格式。

- **以序列值顯示日期或時間**

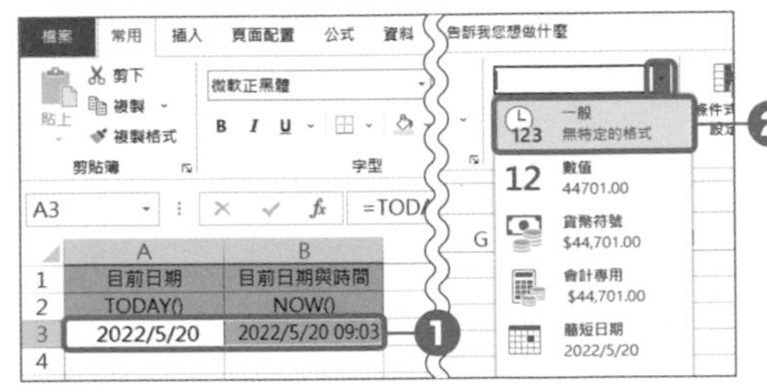

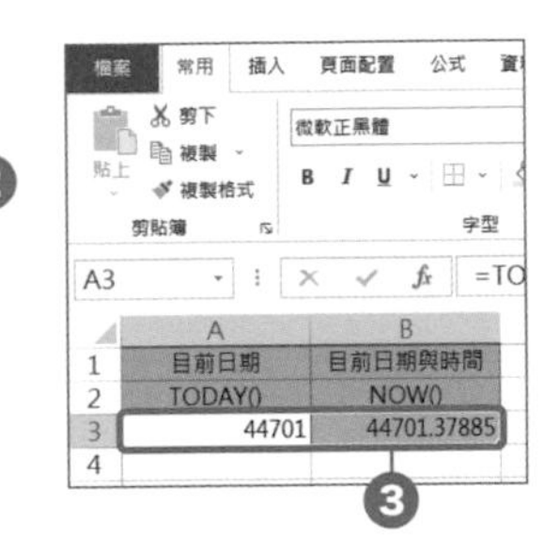

❶ 選取日期與時間的儲存格。

❷ 按一下「常用→數值格式→一般格式」。

❸ 顯示日期與時間的序列值。

- 日期序列值

  日期序列值是指預設 1900 年 1 月 1 日為「1」，每過一天加 1 的整數。2022/05/20 是從 1900 年 1 月 1 日開始，經過 44701 天，所以序列值為「44701」。

- 時間序列值

  時間序列值是 0 時為「0」，24 時為「1」，24 小時是以 0 到 1 之間的小數管理。過了半天的 12 時是「0.5」、18 時是「0.75」，到了 24 時會變成「1」，前進一天變成「0」。

日　　期：**2022/5/20 18:00:00**

序 列 值：**44701.75**

整數部分：日期序列值　　小數部分：時間序列值

日期和時間 日期 365 2019 2016 2013

DATE

從年、月、日取得日期

組合年、月、日，傳回日期的序列值。

格式： DATE(年, 月, 日)

- 在 [年] 設定 0 ～ 9999 之間的整數。如果是 0 ～ 1899，就加上 1900。例如「=DATE(21,3,3)」的年份是「1921」(1900+21)，傳回「1921/3/3」。若是 1900 ～ 9999，該值就是實際的年份。
- 在 [月] 設定 1 ～ 12 之間的整數。如果設定了超出這個範圍的數值，會自動調整日期。例如「=DATE(2020,13,1)」是 12 月的一個月後，變成「2021/1/1」，而「=DATE(2020,0,1)」是 1 月的一個月前，因此傳回「2019/12/1」。
- 在 [日] 設定 1 ～ 31 之間的整數。如果設定了超出這個範圍的數值，會自動調整日期。例如「=DATE(2020/4/0)」是 1 日的前一天，變成上個月的月底「2020/3/31」。

範例 1 從出生年月日取出年、月、日，顯示今年的生日

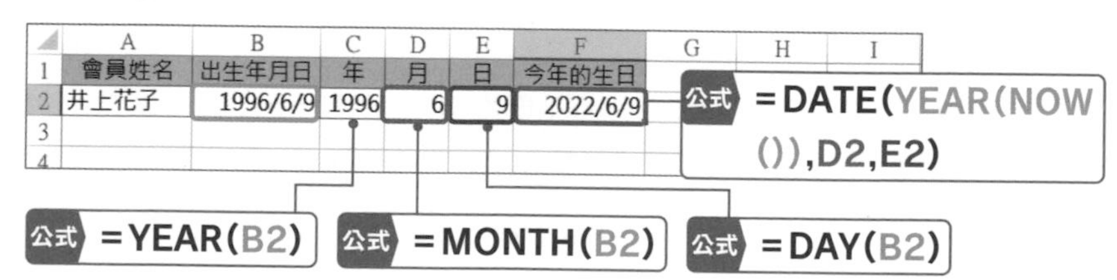

	A	B	C	D	E	F	G	H	I
1	會員姓名	出生年月日	年	月	日	今年的生日			
2	井上花子	1996/6/9	1996	6	9	2022/6/9			
3									
4									

說明 根據 B2 儲存格輸入的日期，在 C2 儲存格使用 YEAR 函數，在 D2 儲存格使用 MONTH 函數，在 E2 儲存格使用 DAY 函數，分別取出年、月、日。在 F2 儲存格使用 DATE 函數，利用「YEAR(NOW())」，從現在的日期取出今年的年份，在 D2 儲存格設定月，E2 設定日，計算出今年的生日。

日期和時間　時間　365　2019　2016　2013

HOUR

從時間取得小時數

從時間取得小時數。傳回值是 0 ～ 23 之間的整數。

格式： **HOUR(序列值)**

在 [序列值] 以序列值或「"8:45 AM"」這樣的字串設定時間。
參照在儲存格內輸入的時間，或使用 TIME 函數、TIMEVALUE 函數等，可以設定時間的序列值。

日期和時間　時間　365　2019　2016　2013

MINUTE

從時間取得分鐘數

從時間取得分鐘數。傳回值是 0 ～ 59 之間的整數。

格式： **MINUTE(序列)**

在 [序列值] 以序列值或「"8:45 AM"」這樣的字串設定時間。
參照在儲存格內輸入的時間，或使用 TIME 函數、TIMEVALUE 函數等，可以設定時間的序列值。

日期和時間　時間　365　2019　2016　2013

SECOND

從時間取得秒數

從時間取得秒數。傳回值是 0 ～ 59 之間的整數。

格式： **SECOND(序列值)**

在 [序列值] 以序列值或「"8:45:15 AM"」這樣的字串設定時間。
參照在儲存格內輸入的時間，或使用 TIME 函數、TIMEVALUE 函數等，可以設定時間的序列值。

相關

TIME　從時、分、秒取得時間 ➡ p.84
TIMEVALUE　把代表時間的字串轉換成序列值 ➡ p.97

TIME

從時、分、秒取得時間

組合時、分、秒傳回時間的序列值。傳回值為序列值，是 0(0:00:00) ～ 0.99988426(23:59:59) 之間的小數。

格式： TIME(時, 分, 秒)

- 在 [時] 設定 0 ～ 32767 之間的數值。如果設定了 24 以上的數值，會將除以 24 後的餘數設定成時間。例如「=TIME(30,0,0)」會視為「=TIME(6,0,0)」，傳回「6:00 AM」(序列值：0.25)。
- 在 [分] 設定 0 ～ 32767 之間的數值。如果設定了 60 以上的數值，將轉換成時與分。例如「=TIME(0,90,0)」會視為「=TIME(1,30,0)」，傳回「1:30 AM」(序列值：0.0625)。
- 在 [秒] 設定 0 ～ 32767 之間的數值。如果設定了 60 以上的數值，將轉換成時、分、秒。例如「=TIME(0,0,1800)」會視為「=TIME(0,30,0)」，傳回「12:30 AM」(序列值：0.020833333)。

範例 1 計算扣除休息時間後的實質時間

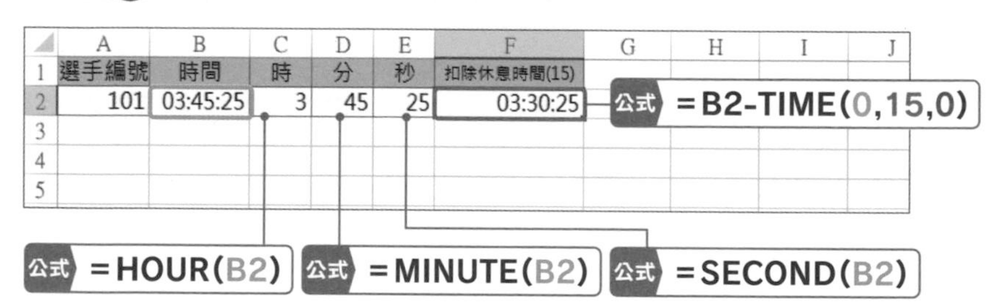

	A	B	C	D	E	F	G	H	I	J
1	選手編號	時間	時	分	秒	扣除休息時間(15)				
2	101	03:45:25	3	45	25	03:30:25				
3										
4										
5										

說明 根據 B2 儲存格輸入的時間，在 C2 儲存格使用 HOUR 函數，在 D2 儲存格使用 MINUTE 函數，在 E2 儲存格使用 SECOND 函數，分別取出時、分、秒。在 F2 儲存格使用 TIME 函數，將 B2 儲存格的時間減去 15 分鐘，計算出扣除休息時間後的實質時間。

EDATE

計算指定月數前或後的日期

從開始日期起算，傳回與指定月數前、後的日期對應的序列值。例如，從生產日期或保固期間計算保存期限、每月定期購買的配送日。

格式： EDATE(開始日期, 月)

- 在 [開始日期] 設定起算日的日期。日期可以設定成序列值、日期字串(如「"2022/5/20"」)、儲存格內輸入的日期參照、使用了 DATE 函數的日期序列值。
- 在 [月] 設定正值，會傳回 [開始日期] 之前的日期。若設定成負值，會傳回 [開始日期] 之後的日期。

範例 1 建立定期購買的每月配送日清單

	A	B	C	D	E	F	G	H
1	配送次數	日期						
2	1	1月15日						
3	2	2月15日						
4	3	3月15日						
5	4	4月15日						
6	5	5月15日						
7	6	6月15日						
8								
9								

公式 =EDATE(B2,1)

說明 把 B2 儲存格設定為開始日期，計算一個月後的日期。

相關 EOMONTH 計算指定月數之前或之後的月底 ➡ p.86

EOMONTH

計算指定月數之前或之後的月底

從開始日期起算，傳回指定月數前、後的月底對應的序列值。可以用來計算發生在月底的到期日或付款日。

格式： EOMONTH(開始日期, 月)

- 在 [開始日期] 設定成為起算日的日期。日期可以設定為序列值、日期字串(如「"2022/5/20"」)、儲存格內輸入的日期參照、使用了 DATE 函數的日期序列值。
- 在 [月] 設定正值，會傳回 [開始日期] 之後的月底日期。若設定為負值，會傳回 [開始日期] 之前的月底日期。

範例 1 計算從交易日開始下下個月底的付款日

	A	B	C	D	E	F	G
1	交易日	付款日(下下個月底)					
2	2020/10/20	2020/12/31					
3	2020/11/3	2021/1/31					
4	2020/12/12	2021/2/28					
5							
6							

公式 =EOMONTH(A2,2)

說明 把 A2 儲存格當作開始日期，計算兩個月後的月底日期。

 相關 EDATE 計算指定月數前或後的日期 ➡ p.85

WORKDAY

計算指定天數前後不包括六日及假日的日期

從開始日期起算，傳回對應指定工作天數前、後日期的序列值。工作日是指不包括週六、週日及假日的日子。

格式：　WORKDAY(開始日期, 天數,[假日])

- 在 [開始日期] 設定當作起算日的日期。日期可以設定為序列值、日期字串(如「"2022/5/20"」)、儲存格內輸入的日期參照、使用了 DATE 函數的日期序列值。
- 在 [天數] 設定從 [開始日期] 起算，不包括六日及假日的天數。設定成正值，會傳回開始日期之後的日期，設定為負值，會傳回開始日期之前的日期。
- 在 [假日] 設定春節、端午節、中秋節、臨時公休等不包括在工作天數的日期。可以在儲存格範圍輸入日期清單進行參照，或設定顯示日期序列值的陣列常數。

範例 1 計算不包括六日及假日，五個工作天之後的日期

	A	B	C
1	配送預定表：自訂單成立日起，扣除六日及假日後的工作日		
2	NO	訂單成立日	預定配送日
3	1	2021/1/7	2021/1/15
4	2	2021/1/15	2021/1/25
5	3	2021/1/21	2021/1/28
6			
7	國定假日	2021/1/1	
8		2021/1/11	
9	臨時公休	2021/1/18	

2021/1月 行事曆

日	一	二	三	四	五	六
					1	2
3	4	5	6	7	8	9
10	11	12	13	14	15	16
17	18	19	20	21	22	23
24	25	26	27	28	29	30
31						

公式 =WORKDAY(B3,5,$B$7:$B$9)

說明 從 B3 儲存格的開始日期起，不包括六日及 B7～B9 儲存格的日期，計算五天之後的日期。

Hint 如果直接在 WORKDAY 函數的 [假日] 設定要排除的日子，可以使用陣列常數。陣列常數的元素能設定成日期字串或序列值。例如設定成「=WORKDAY(A2,7,{"2021/3/3","2021/3/10"})」、「=WORKDAY(A2,7,{44258,44265})」。

相關 陣列常數 ➡ p.365

WORKDAY.INTL

計算不包括指定假日的天數前或後的日期

以使用者指定的星期或日期為非工作日，從開始日期起算，傳回與指定工作天數前或後的日期對應的序列值。

格式： WORKDAY.INTL(開始日期, 天數, [週末], [假日])

- 在 [開始日期] 設定當作起算日的日期。日期可以設定為序列值、日期字串(如「"2022/5/20"」)、儲存格內輸入的日期參照、使用了 DATE 函數的日期序列值。
- 在 [天數] 設定從 [開始日期] 起算，不包括週末及假日的天數。設定成正值，會傳回開始日期之後的日期，設定為負值，會傳回開始日期之前的日期。
- 在 [週末] 使用週末編號設定一週內非工作日的日子(請參考下表)。
- 在 [假日] 設定春節、端午節、中秋節、臨時公休等不包括在工作天數的日期。可以在儲存格範圍輸入日期清單進行參照，或設定顯示日期序列值的陣列常數。

週末編號

週末編號	週末
1 或省略	週六與週日
2	週日與週一
3	週一與週二
4	週二與週三
5	週三與週四
6	週四與週五
7	週五與週六

週末編號	週末
11	只有週日
12	只有週一
13	只有週二
14	只有週三
15	只有週四
16	只有週五
17	只有週六

範例 1 計算不包括公休日(週一)與假日，五個工作日後的日期

	A	B	C	D	E	F	G	H
1	配送預定表：自訂單成立日起，扣除週一公休、假日後的工作日							
2	NO	訂單成立日	預定配送日					
3	1	2021/1/7	2021/1/13					
4	2	2021/1/15	2021/1/22					
5	3	2021/1/21	2021/1/27					
6								
7	國定假日	2021/1/1						
8		2021/1/11						
9	臨時公休	2021/1/19						
10								

2021/1月 行事曆

日	一	二	三	四	五	六
					1	2
3	4	5	6	7	8	9
10	11	12	13	14	15	16
17	18	19	20	21	22	23
24	25	26	27	28	29	30
31						

公式 =WORKDAY.INTL(B3,5,12,$B$7:$B$9)

說明 計算從 B3 儲存格的開始日期起，計算扣除週一與 B7～B9 儲存格，五天後的日期。

Hint 如果要將沒有週末編號的日子變成非工作日，可以將工作日設定為 0，非工作日設定為 1，從週一到週日依序設定 0 與 1 等 7 個字元。假設週二與週日為公休日，編號為「0100001」，可設定成「=WORKDAY.INTL(B3,5,"0100001",$B$7:$B$9)」。

COLUMN

在函數內設定日期的注意事項

如果要在函數內設定日期，可以使用序列值、儲存格內輸入的日期、使用了 DATE 函數的日期序列值、日期字串。但是使用日期字串有時會發生錯誤，因此建議設定成使用 DATE 函數的日期。例如與字串「"2020/12/24"」相比，比較適合使用 DATE 函數，設定成「DATE(2020,12,24)」。

NETWORKDAYS

計算不包括指定星期與假日的天數

傳回在開始日期到結束日期內的工作日天數。工作日是指除了週六、週日及指定假日以外的日子。

格式： NETWORKDAYS(開始日期, 結束日期, [假日])

- 在 [開始日期] 設定當作起算日的日期。日期可以設定為序列值、日期字串(如「"2022/5/20"」)、儲存格內輸入的日期參照、使用了 DATE 函數的日期序列值。
- 在 [結束日期] 設定期間內最後一天的日期。設定方法與 [開始日期] 一樣。
- 在 [假日] 設定春節、端午節、中秋節、臨時公休等不包括在工作天數的日期。可以在儲存格範圍輸入日期清單進行參照，或設定顯示日期序列值的陣列常數。

範例 1 計算不包括指定星期與假日的工作天數

	A	B	C	D	E	F	G	H	I
1	工作期間（除六日及假日之外的工作天數）								
2	NO	工作開始日	工作結束日	工作天數					
3	施工1	2021/1/4	2021/1/22	13					
4	施工2	2021/1/12	2021/1/20	6					
5	施工3	2021/1/21	2021/2/1	8					
6									
7	國定假日	2021/1/1							
8		2021/1/11							
9	臨時公休	2021/1/18							
10									
11									
12									

2021/1月行事曆

日	一	二	三	四	五	六
					1	2
3	4	5	6	7	8	9
10	11	12	13	14	15	16
17	18	19	20	21	22	23
24	25	26	27	28	29	30
31						

公式 =NETWORKDAYS(B3,C3,$B$7:$B$9)

說明 計算開始日期(B3)與結束日期(C3)之間，不包括六日與 B7～B9 儲存格的天數。

NETWORKDAYS.INTL

計算不包括指定公休日與假日的天數

以使用者設定的星期或日期為非工作日，傳回開始日期到結束日期之間的工作天數。

格式：**NETWORKDAYS.INTL(開始日期, 結束日期, [週末], [假日])**

- 在 [開始日期] 設定當作起算日的日期。日期可以設定為序列值、日期字串(如「"2022/5/20"」)、儲存格內輸入的日期參照、使用了 DATE 函數的日期序列值。
- 在 [結束日期] 設定期間內最後一天的日期。設定方法與 [開始日期] 一樣。
- 在 [週末] 使用週末編號設定成為非工作日的日子(請參考 p.88 的表格)。
- 在 [假日] 設定春節、端午節、中秋節、臨時公休等不包括在工作天數的日期。可以在儲存格範圍輸入日期清單進行參照，或設定顯示日期序列值的陣列常數。

範例 ① 計算不包括週一公休日與假日的工作天數

	A	B	C	D	E	F	G	H	I
1	工作期間(除週一公休及假日之外的工作天數)								
2	NO	工作開始日	工作結束日	工作天數					
3	施工1	2021/1/4	2021/1/22	16					
4	施工2	2021/1/12	2021/1/20	8					
5	施工3	2021/1/21	2021/2/1	10					
6									
7	國定假日	2021/1/1							
8		2021/1/11							
9	臨時公休	2021/1/18							
10									
11									

2021/1月行事曆

日	一	二	三	四	五	六
					1	2
3	4	5	6	7	8	9
10	11	12	13	14	15	16
17	18	19	20	21	22	23
24	25	26	27	28	29	30
31						

公式 =NETWORKDAYS.INTL(B3,C3,12,$B$7:$B$9)

說明　計算在開始日期(B3)與結束日期(C3)之間，不包括週一與 B7～B9 儲存格的天數。

DATEDIF

計算指定期間的年數、月數、天數

傳回開始日期到結束日期之間的天數、月數、年數。

格式： **DATEDIF(開始日期, 結束日期, 單位)**

- 在 [開始日期] 設定當作起算日的日期。日期可以設定為序列值、日期字串(如「"2022/5/20"」)、儲存格內輸入的日期參照、使用了 DATE 函數的日期序列值。
- 在 [結束日期] 設定期間內最後一天的日期。設定方法與 [開始日期] 一樣。
- 在 [單位] 設定計算期間的單位(請參考下表)。

單位

單位	內容
"Y"	計算期間內整年的年數
"M"	計算期間內整年的月數
"D"	計算期間內整年的天數
"YM"	計算不到一年的月數。傳回值是 0 ～ 11 之間的整數
"YD"	計算不到一年的天數。傳回值是 0 ～ 364 之間的整數
"MD"	計算不到一個月的天數。傳回值是 0 ～ 30 之間的整數

範例 1 從生日計算年齡

	A	B	C	D
1	會員姓名	生日	年齡	
2	宮本 啟二	1986/11/9	35	
3	鈴木 佳穗	1994/4/8	28	
4	山崎 紀子	2000/3/24	22	
5				
6				

公式 **=DATEDIF(B2,TODAY(),"Y")**

說明 開始日期設定為 B2 儲存格的生日，結束日期用 TODAY 函數設定成今天的日期，以「年」為單位，計算年齡。

Hint 這個函數無法從函數庫中選取，必須手動輸入公式。

YEARFRAC

計算指定期間占一年的比例

按照指定基準，計算開始日期與結束日期的完整天數占一整年的比例，並傳回計算結果。

格式：**YEARFRAC(開始日期, 結束日期, [基準])**

- 在 [開始日期] 設定開始日期。
- 在 [結束日期] 設定結束日期。
- 在 [基準] 以數值設定計算用的基準天數(請參考下表)。

基準	基準天數（月 / 年）
0 或省略	30 天 /360 天（NASD 方法）
1	實際天數 / 實際天數
2	實際天數 /360 天
3	實際天數 /365 天
4	30 天 /360 天（歐制方法）

※NASD 方法：美國 NASD「美國證券商協會」採用的計算天數方式。

DAYS

計算兩個日期之間的天數

DAYS 函數會傳回兩個日期之間的天數。
例如「=DAYS("2020/11/1","2020/11/5")傳回「4」。

格式：**DAYS(結束日期, 開始日期)**

- 在 [結束日期] 設定結束日期。
- 在 [開始日期] 設定開始日期。

DAYS360

計算一年為 360 天，兩個日期之間的天數

按照部分會計計算採用的一年 360 天(30 天 ×12)計算方式，傳回開始日期與結束日期之間的天數。

格式：**DAYS360(開始日期, 結束日期, [方法])**

- 在 [開始日期] 設定期間內第一天的日期。
- 在 [結束日期] 設定期間內最後一天的日期。
- 當 [方法] 設定為 FALSE 或省略時，使用 NASD(美國證券商協會)方法計算天數。若設定成 TRUE，則以歐制方法計算天數。

WEEKDAY

計算日期的星期編號

以整數傳回與指定日期對應的星期編號。預設是依照週日～週六的順序傳回 1～7 的數字。

格式：　WEEKDAY(序列值, [一週基準])

- 在 [序列值] 設定日期。日期可設定為序列值、日期字串(如「"2022/5/20"」)、儲存格內輸入的日期參照、使用了 DATE 函數的日期序列值。
- 在 [一週基準] 用數值設定傳回值的種類(請參考下表)。

一週基準

一週基準	傳回值
1 或省略	1（週日）～7（週六）
2	1（週一）～7（週六）
3	0（週一）～6（週日）
11	1（週一）～7（週日）
12	1（週二）～7（週一）

一週基準	傳回值
13	1（週三）～7（週二）
14	1（週四）～7（週三）
15	1（週五）～7（週四）
16	1（週六）～7（週五）
17	1（週日）～7（週六）

範例 ① 在日期為六日的儲存格顯示「公休日」

	A	B
1	日期	公休日
2	2021/1/1(Fri)	
3	2021/1/2(Sat)	公休日
4	2021/1/3(Sun)	公休日
5	2021/1/4(Mon)	
6	2021/1/5(Tue)	
7	2021/1/6(Wed)	
8		

公式 =IF(WEEKDAY(A2,2)>=6," 公休日 ","")

說明 將一週基準設定為「2」(週一～週日：1～7)，計算 A2 儲存格的日期對應的星期編號，使用 IF 函數，如果值超過 6(六、日)，顯示為「公休日」，否則顯示為空白。這個範例在日期儲存格(A2～A7)設定了顯示格式(yyyy/m/d (ddd))，一併顯示星期。

WEEKNUM

計算日期是一年的第幾週

根據指定的一週基準，傳回該日期為該年的第幾週。

格式： **WEEKNUM(序列值, [一週基準])**

- 在 [序列值] 設定日期。日期可設定為序列值、日期字串(如「"2022/5/20"」)、儲存格內輸入的日期參照、使用了 DATE 函數的日期序列值。
- 在 [一週基準] 用數值設定星期幾為一週的開始日期(請參考下表)。

一週基準

一週基準	一週的開始	系統
1 或省略	週日	1
2	週一	1
11	週一	1
12	週二	1
13	週三	1
14	週四	1
15	週五	1
16	週六	1
17	週日	1
21	週一	2

※ 系統：「1」是指包含了 1 月 1 日的那一週是該年的第一週。「2」是指包含該年第一個週四的那一週為第一週（歐洲式週數編號系統（ISO8601））。

ISOWEEKNUM

以 ISO8601 方式計算日期為該年的第幾週

以 ISO 編號傳回日期是該年的第幾週。ISO 週數編號是一種週數編號的設定方法，把週一當作一週的開始，包含該年第一個週四的那一週為第一週。

格式： ISOWEEKNUM(序列值)

在 [序列值] 設定日期。日期可以設定為序列值、日期字串(如「"2022/5/20"」)、儲存格內輸入的日期參照、使用了 DATE 函數的日期序列值。

範例 1 查詢日期為第幾週

	A	B	C	D	E	F	G
1	日期	週數編號	ISO週數編號				
2	2021/1/15	3	2				
3	2021/2/1	6	5				
4							
5							

公式 =WEEKNUM(A2,1)

公式 =ISOWEEKNUM(A2)

說明 在與 A2 儲存格日期對應的 B2 儲存格，查詢一週的開頭為週日，包含 1 月 1 日的那一週為第一週的週數編號，在 C2 儲存格查詢包含年初第一個週四的那一週為第一週的週數編號。

相關 WEEKNUM 計算日期是一年的第幾週 ➡ p.95

日期和時間 | 日期和時間轉換 | 365 | 2019 | 2016 | 2013

TIMEVALUE

把代表時間的字串轉換成序列值

把以字串設定的時間轉換成小數(時間序列值)。

格式： TIMEVALUE(時間字串)

在 [時間字串] 設定代表時間的字串。如果直接用字串設定時，必須使用「"」包圍字串。

時間字串的設定範例

設定範例	傳回值
=TIMEVALUE("6:00 PM")	0.75
=TIMEVALUE("18:30:30")	0.771180556
=TIMEVALUE("18 時 30 分 30 秒 ")	

Hint 時間序列值是以 0 ～ 0.99988426 之間的值表示 0:00:0(上午 0 時)到 23:59:59(下午 11 時 59 分 59 秒)的時間。

日期和時間 | 日期和時間轉換 | 365 | 2019 | 2016 | 2013

DATEVALUE

把代表日期的字串轉換成序列值

把用字串設定的日期轉換成日期序列值。

格式： DATEVALUE(日期字串)

在 [日期字串] 設定代表日期的字串。此時，必須設定介於 1900 年 1 月 1 日～ 9999 年 12 月 31 日之間的日期。在函數內直接設定日期字串時，要使用「"」包圍日期字串。省略年份時，會套用電腦系統的年份。

日期字串的設定範例

設定範例	傳回值
=DATEVALUE("2021/1/15")	44211
=DATEVALUE("15-JAN-2021")	
=DATEVALUE("3/3")	44258（系統時間為 2021 年時)

相關 序列值 ➡ p.81

DATESTRING

將西元日期轉換成民國日期

把日期以「民國 110 年 01 月 01 日」的形式轉換成代表民國的字串。

格式： DATESTRING(序列值)

在 [序列值] 設定日期。日期可以設定為序列值、日期字串(如「"2022/5/20"」)、儲存格內輸入的日期參照、使用了 DATE 函數的日期序列值。

範例 1 以民國顯示日期

	A	B	C	D	E	F	G
1	日期	轉換成民國					
2	1900/1/1	民國前12年01月01日					
3	1915/11/14	民國4年11月14日					
4	1985/8/8	民國74年08月08日					
5	1996/9/12	民國85年09月12日					
6	2020/12/25	民國109年12月25日					
7	2021/4/8	民國110年04月08日					
8							

公式 =DATESTRING(A2)

說明 以民國顯示 A2 儲存格的日期。

Hint 這個函數無法從函數庫中選取，必須手動輸入。

統計函數

統計函數準備了許多用來分析資料數量、最大值、最小值、中位數、眾數、平均值、排序等資料的函數。不僅如此，還有統計分析資料用的專用函數，包括變異數、標準差、常態分布、二項式分布、卡方分布、t 分布等。

統計 資料個數 365 2019 2016 2013

COUNT

計算數值的個數

傳回數值的個數。即使是日期和時間，或「"10"」這種代表數值的字串也可以當作數值計數。

格式： COUNT(值 1,[值 2],…)

在 [值] 設定要計算個數的數值、儲存格參照、儲存格範圍。設定了儲存格範圍時，只有範圍內的數值成為計算對象，會忽略字串、空白儲存格、邏輯值、錯誤值。當作直接引數設定的邏輯值(TRUE/FALSE) 也會成為計算對象。例如「=COUNT(TRUE,"2021/1/1",100)」傳回「3」。

統計 資料個數 365 2019 2016 2013

COUNTBLANK

計算空白儲存格的個數

傳回儲存格範圍內的空白儲存格個數。如果公式的結果為「""」，但外觀為空白時，會當作空白儲存格，納入計算。輸入了半形或全形空格時，即使外觀為空白，也不會計算在內。

格式： COUNTBLANK(範圍)

在 [範圍] 設定要計算空白儲存格數量的儲存格範圍。

範例 1 計算已付款與未付款的數量

	A	B	C	D	E
1	顧客NO	付款日		已付款	未付款
2	A1001	2021/1/10		3	1
3	A1002	2021/1/12			
4	A1003	取消			
5	A1004	2021/1/18			
6	A1005				
7					

公式 =COUNTBLANK(B2:B6)

公式 =COUNT(B2:B6)

說明 在 D2 儲存格使用 COUNT 函數，計算 B2～B6 儲存格範圍的日期，取得已付款的數量。由於日期視為數值，所以能用 COUNT 函數計算數量。在 E2 儲存格使用 COUNTBLANK，計算 B2～B6 儲存格範圍內的空白儲存格數量，算出未輸入日期或字串的空白儲存格。

COUNTA

計算資料個數

傳回範圍內非空白的儲存格個數。公式結果為「""」時，即使外觀為空白，也因為輸入了公式，而會計算在內。

格式： COUNTA(值 1,[值 2]…)

在 [值] 設定希望計算儲存格個數的儲存格範圍。包括錯誤值、空字元("")在內，含有任何資料的儲存格都會納入計算。

範例 1 計算整體數量

	A	B	C	D
1	顧客NO	付款日		整體數量
2	A1001	2021/1/10		5
3	A1002	2021/1/12		
4	A1003	取消		
5	A1004	2021/1/18		
6	A1005			
7				

公式 =COUNTA(A2:A6)

說明 計算 A2～A6 儲存格範圍內的資料個數，取得整體的數量。

COLUMN

使用 COUNTA 函數與 COUNTBLANK 函數計算空白儲存格時的注意事項

COUNTA 函數是傳回輸入了值的儲存格數量，而 COUNTBLANK 函數是計算空白儲存格的數量。COUNTA 函數如下圖②～④所示，即使外觀為空白，若輸入了任何資料時，也會當作非空白而計算在內。然而，COUNTBLANK 函數如②或④所示，即使實際輸入了資料，也當作空白而計算在內，而空格則不列入計算。使用時，必須注意兩者的差別。

	A	B	C	D	E
1	值		COUNTA	COUNTBLANK	
2	①空白儲存格		0	1	
3	②前綴詞 (')		1	1	
4	③空格		1	0	
5	④公式		1	1	
6					

COUNTIF

計算符合條件的資料個數

傳回指定儲存格範圍內與搜尋條件一致的資料個數。

格式： COUNTIF(範圍, 搜尋條件)

- 傳回 [範圍] 中與 [搜尋條件] 一致的資料個數。
- 在 [範圍] 設定要計算儲存格個數的儲存格範圍。
- 在 [搜尋條件] 設定想在 [範圍] 內計算個數的資料條件。如果設定值不是數值或儲存格範圍，要使用「"」包圍。可以設定使用比較運算子、萬用字元的條件。

範例 1 由總分計算及格人數

	A	B	C	D	E
1	及格分數	150	及格人數	3	
2					
3	考生NO	測驗A	測驗B	總分	
4	R001	80	75	155	
5	R002	68	70	138	
6	R003	92	100	192	
7	R004	80	60	140	
8	R005	75	95	170	
9					

公式 =COUNTIF(D4:D8,">="&B1)

說明 在 [範圍](D4～D8) 尋找 [搜尋條件](超過 B1 儲存格的值)，計算找到的資料數量。

=COUNTIF(D4:D8,">="&B1)

範圍：「總分」欄

搜尋條件：">="&B1

計算「總分」欄的值超過 B1 儲存格的儲存格數量

範例 2 計算出生地的人數

	A	B	C	D	E	F
1	參加者NO	出生地		出生地	人數	
2	1001	神奈川		東京	2	
3	1002	千葉		千葉	2	
4	1003	東京		神奈川	1	
5	1004	埼玉		埼玉	2	
6	1005	東京				
7	1006	埼玉				
8	1007	千葉				
9						

公式 =COUNTIF($B$2:$B$8,D2)

說明 在［範圍］(B2～B8)尋找［搜尋條件］(與 D2 儲存格同值)，計算找到的資料數量。為了避免因拷貝公式而超出［範圍］內設定的儲存格範圍，所以設定成絕對參照「$B$2:$B$8」。

範例 3 檢查同分(重複)

	A	B	C	D	E
1	考生NO	分數	排名	檢查同分	
2	1001	90	3	1	
3	1002	92	2	1	
4	1003	73	5	1	
5	1004	86	4	1	
6	1005	73	5	2	
7	1006	42	7	1	
8	1007	99	1	1	
9					

公式 =COUNTIF($B$2:B2,B2)

因為有重複的分數「73」，所以列入計算

說明 在［範圍］($B$2:B2)尋找［搜尋條件］(與 B2 儲存格同值)，計算資料的數量。在［範圍］內，將起點設定為絕對參照，終點設定為相對參照，拷貝公式時，會一行一行增加當作搜尋對象的儲存格範圍，如果有相同分數(重複)的資料，就列入計算。因此當傳回大於 1 的數值時，可以瞭解該值重複了。這一點可以運用在檢查重複資料的情況。

相關

SUMIF 加總符合條件的數值 ➡ p.30
COUNTIFS 計算與多個條件一致的資料數量 ➡ p.104

COUNTIFS

計算與多個條件一致的資料數量

設定多個範圍的條件，傳回符合所有條件的資料數量。

格式： **COUNTIFS(條件範圍 1, 條件 1,[條件範圍 2, 條件 2],…)**

- 傳回 [條件範圍] 內，與 [條件] 一致的資料數量。[條件範圍] 與 [條件] 一定是成對設定，最大可以設定到 127。增加 [條件範圍] 與 [條件] 組合時，會傳回符合所有條件的資料數量。
- 在 [條件範圍] 設定當作搜尋對象的儲存格範圍。
- 在 [條件] 設定要在 [條件範圍] 計算數量的資料條件。可以使用數值、字串、儲存格範圍、比較運算子、萬用字元。如果設定了非數值或儲存格範圍的值，要使用「"」包圍。

範例 1 計算兩科皆為 70 分以上的人數

	A	B	C	D
1	兩科70分以上	3		
2				
3	考生NO	測驗A	測驗B	總分
4	R001	80	75	155
5	R002	68	70	138
6	R003	92	100	192
7	R004	80	60	140
8	R005	75	95	170
9				

公式 **=COUNTIFS(B4:B8,">=70",C4:C8,">=70")**

說明 尋找在 [條件範圍 1](B4～B8) 符合 [條件 1](70 分以上) 且在 [條件範圍 2](C4～C8) 符合 [條件 2](70 分以上) 的資料，計算找到的資料數量。

相關

COUNTIF 計算符合條件的資料個數 ➡ p.102
SUMIF 加總符合條件的數值 ➡ p.30

FREQUENCY

計算頻率分布

傳回指定值的區間內所包含的數值數量。例如，可以用來製作年齡層或分數的分布表。傳回值為陣列，因此必須輸入垂直陣列公式。此外，當作結果傳回的元素數會比區間陣列中的元素數多一個。最下面的元素會傳回超過區間陣列最大值的資料數量。

格式： **FREQUENCY(資料陣列, 區間陣列)**

- 在 [資料陣列] 設定輸入了數值的儲存格範圍或陣列常數。
- 在 [區間陣列] 設定區間內的儲存格範圍。先在儲存格輸入各區間的上限值。

範例 1 建立各年齡層的頻率分布表

	A	B	C	D	E	F
1	顧客NO	年齡		上限值	年齡層	人數
2	1001	23		19	10歲	0
3	1002	42		29	20歲	3
4	1003	33		39	30歲	4
5	1004	26		49	40歲	2
6	1005	36			以上	1
7	1006	32				
8	1007	41				
9	1008	53				
10	1009	33				
11	1010	20				
12						

選取 F2 ～ F6 儲存格，輸入函數之後，按下 [Ctrl] ＋ [Shift] ＋ [Enter] 鍵確定

公式 =FREQUENCY(B2:B11,D2:D5)

說明 從年齡清單(B2～B11 儲存格)計算出包含在上限值(D2～D5 儲存格)內的數值數量。引數 [區間陣列] 的各個儲存格設定了區間的上限值為 19、29、39、49，可以分別計算 10 幾歲、20 幾歲、30 幾歲、40 幾歲的數量。超過 49 的數值數量會顯示在 49 區間之下，因此 F6 儲存格顯示為 1。此外，Microsoft 365 在開頭的儲存格輸入函數，可以利用溢出功能，自動輸入必要的動態陣列公式。

相關 陣列公式 ➡ p.367

統計 中位數 365 2019 2016 2013

MEDIAN

計算中位數

傳回指定數值中，位於中央的數值(中位數)。中位數(MEDIAN)是指由小到大排列數值時，位於中央的值。倘若資料的數量為偶數，會傳回中央兩個數值的平均值。

格式： **MEDIAN(數值 1,[數值 2],…)**

在[數值]設定數值、儲存格範圍或陣列常數。直接在引數輸入代表邏輯值或數值的字串時，會納入計算對象。包含在儲存格範圍內的字串、邏輯值、空白儲存格會被忽略。

統計 眾數 365 2019 2016 2013

MODE.SNGL

計算眾數

傳回指定陣列或儲存格範圍內數值的眾數。眾數是指最頻繁出現的數值。如果有多個眾數，只會傳回第一個找到的眾數。若要取得所有眾數，請使用 MODE.MULT 函數。

格式： **MODE.SNGL(數值 1,[數值 2]…)**

在[數值]設定成為計算對象的數值、包含數值的儲存格範圍、陣列常數。儲存格範圍內的字串、邏輯值、空白儲存格不納入計算對象。如果數值清單中沒有重複的值時，會傳回錯誤值「#N/A」。

範例 1 計算年齡的中位數及眾數

	A	B	C	D	E
1	顧客NO	年齡		中位數	眾數
2	1001	23		36	40
3	1002	42			
4	1003	40			
5	1004	26			
6	1005	36			
7	1006	32			
8	1007	40			
9					

公式 =MEDIAN(B2:B8)

公式 =MODE.SNGL(B2:B8)

說明 在 D2 儲存格使用 MEDIAN 函數，計算年齡清單(B2～B8 儲存格)的中位數。這裡有 7 個資料，因此把由小到大排序的第 4 個值「36」當作中位數傳回。在 E2 儲存格使用 MODE.SNGL 函數，計算眾數。由於「40」有兩個，所以傳回「40」。

相關
AVERAGE 計算數值的平均值 ➡ p.112
MODE 相容性函數 ➡ p.413
MODE.MULT 計算多個眾數 ➡ p.107

MODE.MULT

計算多個眾數

傳回指定陣列或儲存格範圍內數值中的所有眾數。選取多個儲存格，輸入陣列公式時，會顯示在選取範圍內找到的所有眾數。如果沒有找到眾數，會傳回錯誤值「#N/A」。

格式： MODE.MULT(數值 1,[數值 2]…)

在 [數值] 設定成為計算對象的數值、包含數值的儲存格範圍、陣列常數。

範例 1 計算所有的眾數

	A	B	C	D
1	學號	分數		眾數
2	1	140		180
3	2	180		165
4	3	165		#N/A
5	4	170		#N/A
6	5	165		
7	6	180		
8	7	210		
9	8	110		
10	9	135		
11	10	200		
12				

公式 {=MODE.MULT(B2:B11)}

說明 計算分數清單(B2～B11 儲存格)中的眾數。選取要顯示眾數的儲存格範圍(D2～D5)，輸入函數「=MODE.MULT(B2:B11)」，按下 [Ctrl] ＋ [Shift] ＋ [Enter] 鍵，分別找到兩個 180 與 165，因此當作眾數顯示在 D2 與 D3 儲存格。D4 與 D5 儲存格沒有眾數，所以顯示為「#N/A」。

相關

MODE.SNGL 計算眾數 ➡ p.106
MODE 相容性函數 ➡ p.413

統計 | 最大 / 最小 | 365 | 2019 | 2016 | 2013

MIN

計算數值的最小值

傳回指定數值中的最小數值。儲存格範圍內的字串、邏輯值、空白儲存格會被忽略。

格式：　MIN(數值 1,[數值 2],…)

在 [數值] 設定要計算最小值的數值、儲存格範圍、陣列常數。最大可以設定到 255。

統計 | 最大 / 最小 | 365 | 2019 | 2016 | 2013

MINA

計算資料的最小值

傳回指定數值中的最小值。儲存格範圍內的字串會視為 0，TRUE 是 1，FALSE 是 0。

格式：　MINA(數值 1,[數值 2],…)

在 [值] 設定要計算最小值的數值、儲存格範圍、陣列常數。

範例 1 計算分數中的最小值

	A	B	C	D	E
1	學號	分數		最小值 MIN	最小值 MINA
2	1	140		110	0
3	2	180			
4	3	180			
5	4	210			
6	5	110			
7	6	缺考			
8	7	200			

公式 =MINA(B2:B8)

公式 =MIN(B2:B8)

說明 在 D2 儲存格使用 MIN 函數計算分數(B2～B8) 的最小值，傳回結果「110」。在 E2 儲存格使用 MINA 函數計算分數(B2～B8)的最小值。字串視為 0，所以傳回最小值「0」。

相關

MAX　計算數值的最大值 ➡ p.110
MAXA　計算資料的最大值 ➡ p.110

MINIFS

計算多個條件的最小值

在多個範圍設定條件，傳回符合所有條件的數值最小值。

格式： **MINIFS(最小範圍, 條件範圍 1, 條件 1, [條件範圍 2, 條件 2],…)**

- 在 [條件範圍] 尋找與 [條件] 一致的值，傳回該列 [最小範圍] 內的最小值。[條件範圍] 與 [條件] 一定要成對設定，最大可以設定到 126 組。增加 [條件範圍] 與 [條件] 組合時，會傳回符合所有條件的資料最小值。
- 在 [最小範圍] 設定要計算最小值的範圍。
- 在 [條件範圍] 設定當作搜尋對象的儲存格範圍。
- 在 [條件] 設定要在 [條件範圍] 內計算最小值的資料條件。可以使用數值、字串、儲存格範圍、比較運算子、萬用字元，除了數值與儲存格範圍，其餘要使用「"」包圍。

範例 1 計算指定分類內的最小金額

	A	B	C	D	E	F	G
1	訂單編號	分類	金額		分類	最小金額	
2	1001	個人電腦	36,800		個人電腦	36,800	
3	1002	平板電腦	17,500				
4	1003	筆記型電腦	22,500				
5	1004	個人電腦	68,000				
6	1005	平板電腦	39,500				
7	1006	筆記型電腦	45,000				
8	1007	筆記型電腦	28,000				
9	1008	平板電腦	56,500				
10	1009	個人電腦	45,500				
11	1010	個人電腦	55,000				
12							

公式 =MINIFS(C2:C11,B2:B11,E2)

說明 在分類(B2～B11)搜尋與 E2 儲存格相同的值(個人電腦)，計算該列金額(C2～C11)的最小值。

相關 MAXIFS 計算多個條件的最大值 ➡ p.111

統計 | 最大 / 最小 | 365 | 2019 | 2016 | 2013

MAX

計算數值的最大值

傳回指定數值中的最大數值。儲存格範圍內的字串、邏輯值、空白儲存格會被忽略。

格式： **MAX(數值 1,[數值 2],…)**

在 [數值] 設定要計算最大值的數值、儲存格範圍、陣列常數。最大可以設定到 255。

統計 | 最大 / 最小 | 365 | 2019 | 2016 | 2013

MAXA

計算資料的最大值

傳回指定數值中的最大值。儲存格範圍內的字串會視為 0，TRUE 是 1，FALSE 是 0。

格式： **MAXA(數值 1,[數值 2],…)**

在 [值] 設定要計算最大值的數值、儲存格範圍、陣列常數。

範例 1 計算分數中的最大值

	A	B	C	D	E
1	學號	分數		最大值 MAX	最大值 MAXA
2	1	140		210	210
3	2	180			
4	3	180			
5	4	210			
6	5	110			
7	6	缺考			
8	7	200			
9					

公式 =MAXA(B2:B8)

公式 =MAX(B2:B8)

說明 在 D2 儲存格使用 MAX 函數計算分數(B2～B8)的最大值，傳回「210」。在 E2 儲存格使用 MAXA 函數計算分數(B2～B8)的最大值。字串會當作 0，因此傳回最大值「210」。

相關

MINA 計算資料的最小值 ➡ p.108
MIN 計算數值的最小值 ➡ p.108

MAXIFS

計算多個條件的最大值

依照每個範圍設定條件，傳回符合所有條件的數值最大值。

格式：MAXIFS(最大範圍, 條件範圍 1, 條件 1, [條件範圍 2, 條件 2],…)

- 在 [條件範圍] 尋找與 [條件] 一致的值，傳回該列 [最大範圍] 內的最大值。
- [條件範圍] 與 [條件] 一定要成對設定，最大可以設定到 126 組。增加 [條件範圍] 與 [條件] 組合時，傳回符合所有條件的資料最大值。
- 在 [最大範圍] 設定要計算最大值的範圍。
- 在 [條件範圍] 設定當作搜尋對象的儲存格範圍。
- 在 [條件] 設定要在 [條件範圍] 內計算最大值的資料條件。可以使用數值、字串、儲存格範圍、比較運算子、萬用字元，除了數值與儲存格範圍，其餘要用「"」包圍。

範例 1 計算指定分類內的最大金額

	A	B	C	D	E	F
1	訂單號碼	分類	金額		分類	最大金額
2	1001	個人電腦	36,800		平板電腦	56,500
3	1002	平板電腦	17,500			
4	1003	筆記型電腦	22,500			
5	1004	個人電腦	68,000			
6	1005	平板電腦	39,500			
7	1006	筆記型電腦	45,000			
8	1007	筆記型電腦	28,000			
9	1008	平板電腦	56,500			
10	1009	個人電腦	45,500			
11	1010	個人電腦	55,000			
12						

公式 =MAXIFS(C2:C11,B2:B11,E2)

說明 在分類(B2～B11)尋找和 E2 儲存格相同的值(平板電腦)，計算該列金額(C2～C11)中的最大值。

統計 平均值 365 2019 2016 2013

AVERAGE

計算數值的平均值

傳回指定數值的平均(算術平均值)。儲存格範圍內的字串、邏輯值、空白儲存格會被忽略。直接在引數設定邏輯值時，TRUE 會當作 1，FALSE 當作 0。

格式：　AVERAGE(數值 1,[數值 2],…)

在 [數值] 設定要計算平均值的數值或儲存格範圍。

統計 平均值 365 2019 2016 2013

AVERAGEA

計算資料的平均值

計算指定值的平均值。在儲存格內輸入的字串會當作 0，TRUE 是 1，FALSE 是 0。儲存格範圍內的空白儲存格會被忽略。

格式：　AVERAGEA(數值 1,[數值 2],…)

在 [值] 設定要計算平均值的數值或儲存格範圍。

範例 1 計算測驗的平均分數

	A	B	C	D	E
1	學號	分數		平均值 AVERAGE	平均值 AVERAGEA
2	1	140		168	140
3	2				
4	3	180			
5	4	210			
6	5	110			
7	6	缺考			
8	7	200			
9					

公式 =AVERAGE(B2:B8)

公式 =AVERAGEA(B2:B8)

說明 在 D2 儲存格使用 AVERAGE 函數計算分數(B2～B8)的數值平均。空白儲存格與字串不會納入計算對象。在 E2 儲存格使用 AVERAGEA 函數同樣計算平均值。空白儲存格會排除在計算對象之外，但是字串會當作 0，納入計算，結果傳回「140」。

COLUMN

平均值的種類

平均值包括算術平均值、幾何平均值、調和平均值等三種。針對 0 以上 x_1、x_2、…、x_n 的 n 個數，分別利用以下公式，就能計算出各種平均值。

- 算術平均值（A）又稱作相加平均值，屬於一般的平均值。比方說，可以用來計算測驗的平均分數。（AVERAGE 函數）

$$A = \frac{x_1+x_2+\cdots+x_n}{n}$$

- 幾何平均值（G）又稱相乘平均值，這是用來計算變化率的平均值。例如，可以計算產品銷售的年成長率（%）平均。（GEOMEAN 函數）

$$G=n\sqrt{x_1 x_2 \cdots x_n}$$

- 調和平均值（H）是各資料倒數的算術平均值之倒數。例如可以計算往返的平均時速。（HARMEAN 函數）

$$\frac{1}{H} = \frac{1}{n}\left(\frac{1}{x_1}+\frac{1}{x_2}+\cdots+\frac{1}{x_n}\right)$$

相關

AVERAGE　計算數值的平均值 ➡ p.112
GEOMEAN　計算幾何平均值（相乘平均值）➡ p.116
HARMEAN　計算調和平均值 ➡ p.117
TRIMMEAN　計算排除極端資料的平均值 ➡ p.118

統計　平均值　365 2019 2016 2013

AVERAGEIF

計算符合條件的數值平均值

傳回指定儲存格範圍內，與搜尋條件一致的資料平均值。

格式：　AVERAGEIF(範圍, 搜尋條件, [平均範圍])

- 在 [範圍] 內尋找與 [搜尋條件] 一致的值，計算找到該列 [平均範圍] 的平均值。
- 在 [範圍] 設定成為搜尋對象的儲存格範圍。
- 在 [搜尋條件] 設定要在 [範圍] 內計算平均值的資料條件。如果設定了數值或儲存格範圍以外的值時，必須使用「"」包圍。可以設定使用了比較運算子、萬用字元的條件。
- 在 [平均範圍] 設定輸入了要計算平均值的資料儲存格範圍。省略時，會計算 [範圍] 內的數值平均。

範例 1 計算「新宿」門市的平均數量

	A	B	C	D	E
1	日期	門市	數量		新宿平均
2	2020/10/1	新宿	10		17.5
3	2020/10/2	青山	20		
4	2020/10/3	原宿	15		
5	2020/11/1	青山	10		
6	2020/11/2	新宿	25		
7	2020/11/3	原宿	30		
8					

公式 =AVERAGEIF(B2:B7,"新宿",C2:C7)

說明　在 [範圍](B2～B7) 內尋找 [搜尋條件](新宿)，計算該列 [平均範圍](C2～C7) 的平均值。

AVERAGEIFS

計算符合多個條件的平均值

依照各個範圍設定條件，傳回符合所有條件的數值平均值。

格式： **AVERAGEIFS(平均範圍, 條件範圍 1, 條件 1, [條件範圍 2, 條件 2],…)**

- 在 [條件範圍] 尋找與 [條件] 一致的值，傳回該列 [平均範圍] 內的平均值。[條件範圍] 與 [條件] 一定要成對設定，最大可以設定到 127 組。增加 [條件範圍] 與 [條件] 組合時，會傳回符合所有條件的資料平均值。
- 在 [平均範圍] 設定要計算平均值的範圍。
- 在 [條件範圍] 設定成為搜尋對象的儲存格範圍。
- 在 [條件] 設定在 [條件範圍] 內要計算平均值的資料條件。可以使用數值、字串、儲存格範圍、比較運算子、萬用字元，除了數值與儲存格範圍，其餘要用「"」包圍。

範例 1 計算門市為「原宿」且類別為「100」的平均營業額

	A	B	C	D	E	F	G
1	日期	門市	類別	商品	金額		原宿且類別為100的平均營業額
2	2020/10/1	新宿	100	巧克力禮盒	45,000		32,500
3	2020/10/2	青山	200	馬卡龍禮盒	20,000		
4	2020/10/3	原宿	100	巧克力蛋糕	35,000		
5	2020/11/1	青山	200	限量馬卡龍	20,000		
6	2020/11/2	新宿	300	餅乾罐	25,000		
7	2020/11/3	原宿	100	糖果罐	30,000		
8							

公式 =AVERAGEIFS(E2:E7,B2:B7,"原宿",C2:C7,100)

說明 在 [條件範圍 1](B2～B7) 搜尋 [條件 1](原宿)，在 [條件範圍 2](C2～C7) 搜尋 [條件 2](100)，計算符合這兩個條件的該列 [平均範圍](E2～E7) 之平均值。

相關 SUMIF 加總符合條件的數值 ➡ p.30

GEOMEAN

計算幾何平均值（相乘平均值）

傳回指定數值相乘後的平均值。幾何平均又稱作相乘平均，可以用來計算成長率或利率平均值。

格式： GEOMEAN(數值 1,[數值 2],…)

在［數值］設定要計算幾何平均值的數值或儲存格範圍。儲存格內輸入的字串、邏輯值、空白儲存格會被忽略。

範例 1 由過去四年的毛利去年同期比計算平均成長率

	A	B	C	D	E	F
1	年度	毛利去年同期比		平均成長率	105.3%	
2	2017	120%				
3	2018	102%				
4	2019	96%				
5	2020	105%				
6						

公式 =GEOMEAN(B2:B5)

說明 由各年度的毛利去年同期比（B2～B5）計算平均成長率。

相關 平均值的種類 ➡ p.113

HARMEAN

計算調和平均值

傳回指定數值的調和平均值。調和平均值常用來計算平均速度。

格式： **HARMEAN(數值 1,[數值 2],…)**

在 [數值] 設定數值或儲存格範圍。儲存格內的字串、邏輯值、空白儲存格會被忽略。

範例 1 由三個區間的平均速度計算整體的平均速度

	A	B	C	D	E
1		平均時速		整體的平均時速	
2	第1區間10Km	80		84.8	
3	第2區間10Km	90			
4	第3區間10Km	85			
5					

公式 =HARMEAN(B2:B4)

說明 由三個區間的平均時速(B2～B4 儲存格)計算整體的平均速度。

相關 平均值的種類 ➡ p.113

統計 | 平均值 | 365 | 2019 | 2016 | 2013

TRIMMEAN

計算排除極端資料的平均值

傳回在指定數值範圍的上限與下限中，去除一定比例資料後的數值平均值。可以排除相對於整體資料而言的極大與極小數值，計算平均值。

格式： TRIMMEAN(陣列, 比例)

- 在 [陣列] 設定要計算平均值的陣列或儲存格範圍。
- 在 [比例] 設定不納入計算的比例。如果設定為 0.2，將排除整體 20% 的資料，上限與下限分別排除 10%。

範例 1 分別排除上限 10% 與下限 10%，計算平均值

	A	B	C	D	E	F
1	NO	投球(m)		去除上下10%的平均值	25.5	
2	1001	3		整體平均值	25.9	
3	1002	18				
4	1003	22				
5	1004	30				
6	1005	52				
7	1006	32				
8	1007	22				
9	1008	36				
10	1009	24				
11	1010	20				
12						

公式 =AVERAGE(B2:B11)

公式 =TRIMMEAN(B2:B11,0.2)

說明 在投球(m)(B2～B11)之中，去除整體的 20%，亦即上限與下限各 10% 的資料，計算平均值。

RANK.EQ

計算排名

傳回範圍內指定數值依大到小或小到大排序的排名。如果出現相同數字，會視為相同排名。

格式： **RANK.EQ(數值, 範圍,[順序])**

- 在 [數值] 設定要查詢排名的數值。
- 在 [範圍] 設定數值的陣列或儲存格範圍。範圍內的字串、邏輯值、空白儲存格會被忽略。
- 在 [排序] 設定 0 或省略時，依照遞減（由大到小）排序。設定為 1 時，依照遞增（由小到大）排序，從 1 開始排名。

範例 1 依照測驗分數計算排名

	A	B	C	D	E
1	學號	分數	排名	重複連號	不重複的排名
2	1	140	6	1	6
3	2	180	3	1	3
4	3	150	5	1	5
5	4	210	1	1	1
6	5	110	7	1	7
7	6	180	3	2	4
8	7	200	2	1	2
9					

公式 =COUNTIF($C$2:C2,C2)

公式 =RANK.EQ(B2,$B$2:$B$8,0)

公式 =C2+D2-1

Hint 若要避免重複排名，可以利用 COUNTIF 函數，在重複的數字加上連續編號，如 D 欄所示（請參考 p.103 COUNTIF 範例）。「排名＋重複連號 -1」的結果如 E 欄所示，可以取得不重複的排名。如果希望在以不重複排名的狀態來搜尋學號，就可以使用這種方法。

說明 按照分數（B2～B8）計算 B2 儲存格（140）以遞增排序時是第幾位。由於有兩個第 3 名 180 分，所以 150 分變成第 5 名。

相關

COUNTIF 計算符合條件的資料個數 ➡ p.102

RANK.AVG 排名相同時取平均值計算排名 ➡ p.120

RANK 相容性函數 ➡ p.413

RANK.AVG

排名相同時取平均值計算排名

計算範圍內指定數值依大到小或小到大排序時，排名為第幾名。如果有相同數字，會傳回排名的平均值，且排名相同。

格式： RANK.AVG(數值, 範圍, [排名])

- 在 [數值] 設定要查詢排名的數值。
- 在 [範圍] 設定數值的陣列或儲存格範圍。範圍內的字串、邏輯值、空白儲存格會被忽略。
- 在 [排名] 設定 0 或省略時，依照遞減(由大到小)排序。設定為 1 時，依照遞增(由小到大)排序，從 1 開始排名。

範例 1 根據測驗分數計算排名(同分以平均值排序)

	A	B	C
1	學號	分數	排名
2	1	140	6
3	2	180	3.5
4	3	150	5
5	4	210	1
6	5	110	7
7	6	180	3.5
8	7	200	2
9			

公式 =RANK.AVG(B2,$B$2:$B$8,0)

說明 按照分數(B2～B8)計算 B2 儲存格(140)在遞增排序時是第幾名。由於有兩個 180 分，第 3 名與第 4 名的平均值為第 3.5 名，所以 140 分變成第 6 名。

相關 RANK.EQ 計算排名 ➡ p.119

SMALL ／ LARGE

由最小值或最大值計算指定排名的值

SMALL 函數是在範圍內以遞增排序時，計算指定排名的值。LARGE 函數是在範圍內以遞減排序時，計算指定排名的值。

格式： **SMALL(範圍, 排名)**
LARGE(範圍, 排名)

- 在 [範圍] 設定數值的陣列或儲存格範圍。範圍內的字串、邏輯值、空白儲存格會被忽略。
- 在 [排名] 以數值設定遞增或遞減排序時，要計算第幾名的值。

範例 1 計算 50 公尺賽跑與投球的排名

	A	B	C	D	E	F	G	H
1	學號	50公尺賽跑	投球		排名	50公尺賽跑	投球	
2	1001	9.27	3		1	8.15	30	
3	1002	11.33	18		2	9.27	22	
4	1003	8.15	22					
5	1004	10.05	30					
6								

公式 =SMALL($B$2:$B$5,E2)

公式 =LARGE($C$2:$C$5,E2)

說明 在 F2 儲存格使用 SMALL 函數，計算 50 公尺賽跑(B2～B5)第 1 名(E2 儲存格)的時間。在 G2 儲存格使用 LARGE 函數，計算投球(C2～C5)第 1 名(E2 儲存格)距離。

相關

MIN　計算數值的最小值 ➡ p.108
MINA　計算資料的最小值 ➡ p.108

統計　分位數　365　2019　2016　2013

PERCENTRANK.INC ／ PERCENTRANK.EXC

計算百分比的排名

PERCENTRANK.INC 函數是以 0 以上 1 以下(包括 0 和 1)的值，傳回由最小值開始，計算陣列內值的排名位於幾 % 的位置。PERCENTRANK.EXC 函數是以大於 0 小於 1(不包括 0 和 1)的值，傳回由最小值開始，計算陣列內值的排名位於幾 % 的位置。

格式：**PERCENTRANK.INC(陣列,x,[有效位數])**
PERCENTRANK.EXC(陣列,x,[有效位數])

- 在 [陣列] 設定數值的陣列常數或儲存格範圍。儲存格範圍內的字串、邏輯值、空白儲存格會被忽略。
- 在 [x] 設定要查詢排名的數值。如果 [陣列] 的範圍內不含 [x] 時，會將該值新增至 [陣列] 再計算。
- 在 [有效位數] 設定計算結果顯示到百分比的小數點以下第幾位。省略時，會計算到小數點以下第 3 位。

範例 1 依照百分比的排名計算測驗結果

	A	B	C	D	E
1	學號	分數	百分比排名		
2			包含0%與100%	不含0%與100%	
3	1	140	0.16	0.25	
4	2	180	0.5	0.5	
5	3	150	0.33	0.37	
6	4	210	1	0.87	
7	5	110	0	0.12	
8	6	180	0.5	0.5	
9	7	200	0.83	0.75	
10					

公式 =PERCENTRANK.EXC($B$3:$B$9,B3,2)

公式 =PERCENTRANK.INC($B$3:$B$9,B3,2)

說明 在 C3 儲存格使用 PERCENTRANK.INC 函數，計算分數($B$3～$B$9)中的 B3 儲存格(140)在 0% 以上 100% 以下的範圍內，位於整體幾 % 的位置，計算到小數點第 2 位。在 D3 儲存格使用 PERCENTRANK.EXC 函數，在大於 0% 小於 100% 的範圍內，計算位於整體幾 % 的位置。

PERCENTILE.INC / PERCENTILE.EXC

計算百分位數

PERCENTILE.INC 函數是由小到大計算陣列內值的排名，在 0 以上 1 以下的範圍內，傳回指定百分比位置的值。PERCENTILE.EXC 函數是由小到大計算陣列內值的排名，在大於 0 小於 1 的範圍內，傳回指定百分比位置的值。

格式： **PERCENTILE.INC(陣列, 百分比率)**
PERCENTILE.EXC(陣列, 百分比率)

- 在 [陣列] 設定要調查百分位數的數值陣列常數或儲存格範圍。儲存格範圍內的字串、邏輯值、空白儲存格會被忽略。
- [百分比率] 是 PERCENTILE.INC 函數在 0 以上 1 以下的範圍內，設定查詢值的位置。設定為 0 時，傳回 [陣列] 的最小值，設定為 1 時，傳回最大值。如果 [百分比率] 不是 1÷(資料數量－ 1) 的倍數，會內插指定值，以百分比計算位於 [百分比率] 位置的值。PERCENTILE.EXC 函數是在大於 0 小於 1 的範圍內，設定查詢值的位置。在 [百分比率] 設定的百分比率為陣列內的兩個值之間時，會在百分比率內插指定值。如果無法內插指定的百分比率時，將傳回錯誤值「#NUM!」。例如 0.1 或 0.9 等接近 0 或 1 的百分比率，有時會出現錯誤。計算時，不包含 0 與 1 這一點與 PERCENTILE.INC 函數不同。

範例 1 根據測驗分數，計算位於前 10% 與後 10% 位置的值

	A	B	C	D	E
1	學號	分數		前10%	204
2	1	140		後10%	128
3	2	180			
4	3	150			
5	4	210			
6	5	110			
7	6	180			
8	7	200			

公式 **=PERCENTILE.INC(B2:B8,0.9)**

公式 **=PERCENTILE.INC(B2:B8,0.1)**

說明 在 E1 儲存格計算分數欄(B2～B8)符合前 10%(由大到小的 10% 是 0.9)的分數，在 E2 儲存格計算符合後 10%(由小到大是 0.1)的分數。由於在分數欄沒有一致的數值，所以傳回內插了指定值後，與每個位置相當的對應值。

統計 分位數 365 2019 2016 2013

QUARTILE.INC ／ QUARTILE.EXC

計算四分位數

QUARTILE.INC 函數是由小到大計算陣列內值的排名，傳回指定四分位(0 %、25 %、50 %、75 %、100 %)位置的值。假如陣列內沒有該值，就內插指定值。QUARTILE.EXC 函數是傳回四分位(25 %、50 %、75 %)位置的值。與 QUARTILE.INC 函數不一樣的部分是不包括 0% 與 100%。

格式： **QUARTILE.INC(陣列, 傳回值)**
QUARTILE.EXC(陣列, 傳回值)

- 在 [陣列] 設定要計算四分位數的陣列常數或儲存格範圍。
- 在 [傳回值] 以 0 ～ 4 的數值設定要當作傳回值傳回的四分位數。QUARTILE.INC 函數是以 1 ～ 3 的數值來設定(請參考下表)。

引數	傳回值	同等函數
0	最小值（0%）	MIN 函數
1	第一四分位數（25%）	
2	第二四分位數（50%）	MEDIAN 函數
3	第三四分位數（75%）	
4	最大值（100%）	MAX 函數

範例 1 把位於前 25% 的分數當作及格標準

	A	B	C	D	E
1	學號	分數		及格標準	
2	1	140		前25%	190
3	2	180			
4	3	150			
5	4	210			
6	5	110			
7	6	180			
8	7	200			
9					

公式 =QUARTILE.INC(B2:B8,3)

說明 計算在分數(B2～B8)的範圍內，符合前 25%(四分位的 3)的分數。分數愈前面，得分愈高，所以前 25% 等於由小開始的 75%，第二引數設定成 3。

VAR.P

根據數值計算變異數

把指定數值當成整個母體，傳回母體的變異數。計算時，會忽略儲存格範圍內的邏輯值與字串。

格式： VAR.P(數值 1,[數值 2],…)

在 [數值] 設定數值、陣列常數、儲存格範圍。只有陣列或儲存格範圍內的數值會成為計算對象，而空白儲存格、邏輯值、字串、錯誤值會被忽略。直接在引數設定的邏輯值(TRUE 是 1，FALSE 是 0)與代表數值的字串會納入計算對象。

Hint

- 變異數是指代表資料分散程度的值，表示各個資料與平均值之間的差異。變異數愈大，代表偏離平均值的資料愈多。把各個資料與平均值的差，平方之後相加再除以資料數量，就能計算出變異數。假設各個資料為 x，平均值為 μ、數量為 n，公式如下所示。

$$\frac{\Sigma (x-\mu)^2}{n}$$

- 整個母體是指統計時的所有資料。從所有資料中取出的部分資料稱作樣本。

範例 1 由測驗結果計算國語及數學的變異數

	A	B	C	D	E	F
1	學號	國語	數學		國語的變異數	數學的變異數
2	1	50	100		150	1275
3	2	50	20			
4	3	70	40			
5	4	60	20			
6	5	60	90			
7	6	40	20			
8	7	70	90			
9	8	80	100			
10	平均	60	60			
11						

公式 =VAR.P(B2:B9)

公式 =VAR.P(C2:C9)

說明 在 E2 儲存格計算國語分數(B2～B9)的變異數，在 F2 儲存格計算數學分數(C2～C9)的變異數。由結果可知，國語和數學的平均值一樣，但是數學的變異數較大，與平均值差異較大的資料比國語多。

統計 變異數 365 2019 2016 2013

VARPA

根據資料計算變異數

將指定數值視為整個母體，傳回整個母體的變異數。範圍內的邏輯值及字串會納入計算範圍，這點與 VAR.P 函數不同。

格式： VARPA(值 1,[值 2],…)

在 [值] 設定數值、陣列常數、儲存格範圍。引數內的邏輯值 TRUE 為 1，FALE 為 0，字串為 0。陣列常數及儲存格內的空白儲存格、字串會被忽略。

統計 變異數 365 2019 2016 2013

VAR.S

根據數值計算不偏變異數

把指定數值當作常態母體，根據樣本傳回母體變異數的估計量(不偏變異數)。計算時，會忽略儲存格範圍內的邏輯值與字串。

格式： VAR.S(數值 1,[數值 2],…)

在 [數值] 設定對應母體樣本的數值、陣列常數、儲存格範圍。直接在引數中設定的邏輯值(TRUE 是 1，FALSE 是 0)與代表數值的字串會納入計算對象，但是陣列常數、儲存格範圍內的字串、邏輯值、空白儲存格、錯誤值會被忽略。

Hint 不偏變異數是假設各個資料為 x，平均值為 μ、數量為 n，公式如下所示。

$$\frac{\Sigma\,(x-\mu)^2}{n-1}$$

範例 1 從取出的資料計算不偏變異數

	A	B	C	D	E
1	抽出號碼	分數		不偏變異數	
2	1011	50		171.4286	
3	1023	50			
4	2018	70			
5	2230	60			
6	3520	60			
7	3670	40			
8	4550	70			
9	5672	80			
10					
11					

公式 =VAR.S(B2:B9)

說明 把分數欄(B2～B9)當作母體樣本，計算不偏變異數。

統計 變異數 365 2019 2016 2013

VARA

根據資料計算不偏變異數

把指定數值當作常態母體，根據樣本傳回母體變異數的估計量(不偏變異數)。計算時，儲存格範圍內的邏輯值與字串會納入計算對象，這一點與VAR.P 函數不同。

格式： **VARA(值 1,[值 2],…)**

在 [值] 設定數值、陣列常數、儲存格範圍。引數內的邏輯值 TRUE 為 1，FALE 為 0，字串為 0，會忽略空白儲存格。

統計 標準差 365 2019 2016 2013

STDEV.P

根據數值計算標準差

把指定數值視為整個母體，傳回母體的標準差。計算時，會忽略儲存格範圍內的邏輯值與字串。

格式： **STDEV.P(數值 1,[數值 2],…)**

在 [數值] 設定對應整個母體的數值、陣列常數、儲存格範圍。直接在引數中設定的邏輯值(TRUE 是 1，FALSE 是 0)與代表數值的字串會納入計算對象，但是陣列常數、儲存格範圍內的字串、邏輯值、空白儲存格、錯誤值會被忽略。

Hint 標準差是用來評估資料自平均值分散開來的程度。假設資料為 x，平均值為 μ，數量為 n 時，公式如下。標準差 = √變異數的關係成立。如果數值集中在平均值附近，代表標準差小，若遠離平均值，表示標準差大。

$$\sqrt{\frac{\Sigma(x-\mu)^2}{n}}$$

使用標準差可以計算偏差值。偏差值是指距離平均值有多遠的數值，假設平均值為 50，可以利用以下公式計算出偏差值。

偏差值＝(個人分數－平均分數)÷(標準差)× 10 ＋ 50

範例 1 以所有學生為對象計算標準差

	A	B	C	D	E	F	G	H	I
1	NO	1組	2組	3組	4組	5組		平均值	63.1
2	1	33	86	36	41	81		標準差	17.99509
3	2	56	45	44	59	63			
4	3	21	69	63	81	78		偏差值	
5	4	44	61	96	73	74		2組3號：69分	53.27867
6	5	58	69	77	76	99		5組5號：99分	69.94988
7	6	62	70	60	50	68			
8									

說明 根據第 1 組～第 5 組所有學生的分數計算標準差。

公式 =STDEV.P(B2:F7)

統計　標準差　365　2019　2016　2013

STDEVPA

根據資料計算標準差

把指定數值當作整個母體，傳回母體的標準差。計算時，會把儲存格範圍內的邏輯值與字串納入計算對象，這點與 STDEV.P 函數不同。

格式： STDEVPA(值 1,[值 2],…)

[值] 可以設定對應整個母體的值、數值、數值陣列、參照含數值範圍的名稱或儲存格參照、代表數值的字串、TRUE 或 FALSE 等邏輯值。TRUE 為 1，FALSE 為 0。儲存格內的字串為 0，空白儲存格會被忽略。

統計　標準差　365　2019　2016　2013

STDEV.S

根據數值計算不偏標準差

把指定數值當作母體樣本，傳回母體的不偏標準差。計算時，會忽略儲存格範圍內的邏輯值與字串。

格式： STDEV.S(數值 1,[數值 2],…)

在 [數值] 設定對應母體樣本的數值、陣列常數、儲存格範圍。當作引數直接設定的邏輯值與代表數值的字串會納入計算對象，但是陣列常數、儲存格範圍內的字串、邏輯值、空白儲存格、錯誤值會被忽略。

範例 1 從所有學生中取樣部分資料計算不偏標準差

	A	B	C	D	E	F	G	H	I
1	NO	1組	2組	3組	4組	5組		平均值	57.06667
2	1	33	86	36	41	81		標準差	19.88706
3	2	56	45	44	59	63			
4	3	21	69	63	81	78		偏差值	
5								2組3號：69分	56.00055
6									

公式 =STDEV.S(B2:F4)

說明 從 1 組～5 組取樣學生的分數，計算不偏標準差。

Hint 不偏標準差是母體標準差的估計值。假設各個資料為 x，平均值為 μ，數量為 n，公式如下所示。

$$\sqrt{\frac{\Sigma(x-\mu)^2}{n-1}}$$

統計 標準差 365 2019 2016 2013

STDEVA

根據資料計算不偏標準差

把指定數值當作母體樣本，傳回不偏標準差。計算時，會把儲存格範圍內的邏輯值與字串納入計算對象，這點與 STDEV.S 函數不同。

格式： STDEVA(值 1,[值 2],…)

在 [值] 設定對應母體樣本的數值、陣列常數、儲存格範圍。可以設定代表數值的字串、TRUE 或 FALSE 等邏輯值。TRUE 為 1，FALSE 為 0。儲存格內的字串為 0，空白儲存格會被忽略。

統計 平均差 365 2019 2016 2013

AVEDEV

根據數值計算平均差

傳回以指定數值為基礎的平均差。平均差是指一種資料分散程度的指標，為各個資料與平均值差距的絕對值加總後除以數量的值。

格式： AVEDEV(數值 1,[數值 2],…)

在 [數值] 設定要計算平均差的數值、陣列常數、儲存格範圍。直接在引數設定的邏輯值與代表數值的字串會納入計算對象，但是陣列常數、儲存格範圍內的字串、邏輯值、空白儲存格會被忽略。

Hint 平均差是假設各個資料為 x，平均值為 μ，數量為 n 時，以下公式成立。

$$\frac{1}{n}\sum|x-\mu|$$

統計 誤差 365 2019 2016 2013

DEVSQ

根據數值計算誤差平方和

傳回指定數值的誤差平方和。誤差平方和是指各個資料與平均值的差(誤差)平方再相加。

格式： DEVSQ(數值 1,[數值 2],…)

在 [數值] 設定要計算平方和總和的數值、陣列常數、儲存格範圍。直接在引數設定的邏輯值與代表數值的字串會納入計算對象，但是會忽略陣列常數、儲存格範圍內的字串、邏輯值、空白儲存格。

Hint 假設各個資料為 x，平均值為 μ，數量為 n，平均誤差的公式如下所示。

$$\sum(x-\mu)^2$$

統計　偏度／峰度　365 2019 2016 2013

SKEW

計算偏度

傳回指定數值的偏度。偏度是表示資料分布的左右對稱性指標。

格式：　SKEW(數值 1,[數值 2],…)

在 [數值] 設定要計算偏度的數值、陣列常數、儲存格範圍。直接在引數設定的邏輯值與代表數值的字串會納入計算對象，但是陣列常數、儲存格範圍內的字串、邏輯值、空白儲存格會被忽略。指定的 [數值] 數量低於兩個時，或樣本的標準差為 0 時，會傳回錯誤值「#DIV/0!」。

Hint 若偏度的結果為正時，眾數往左偏，右邊分布較長，代表有極端小於平均值的趨勢。若偏度的結果為負時，眾數往右偏，左邊分布較長，代表有極端大於平均值的趨勢。如果為 0，代表左右對稱，呈現常態分布。常態分布是指，以平均值為中心，形狀左右對稱，彷彿吊鐘般往左右分散的曲線。常態分布中的平均值、眾數、中位數一致。

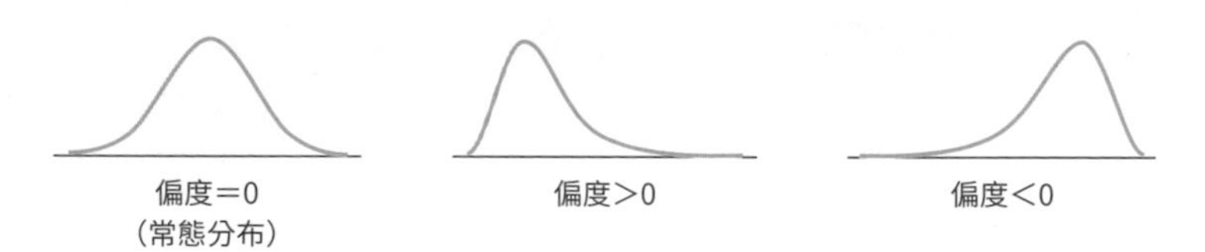

統計　偏度／峰度　365 2019 2016 2013

SKEW.P

計算母體的分布偏度

傳回母體的分布偏度。這個函數與 SKEW 函數的差異是，使用整個母體的標準差來進行計算。

格式：　SKEW.P(數值 1,[數值 2],…)

在 [數值] 設定要計算偏度的數值、陣列常數、儲存格範圍。直接在引數設定的邏輯值與代表數值的字串會納入計算對象，但是陣列常數、儲存格範圍內的字串、邏輯值、空白儲存格會被忽略。

KURT

計算峰度

傳回指定數值的峰度。峰度是指與常態分布比較，顯示資料相對集中程度的指標。

格式： **KURT(數值 1,[數值 2],…)**

在 [數值] 設定要計算峰度的數值、陣列常數、儲存格範圍。直接在引數設定的邏輯值與代表數字的字串會納入計算對象，但是陣列常數、儲存格範圍內的字串、邏輯值、空白儲存格會被忽略。

Hint 常態分布的峰度為 0，與常態分布相比，資料集中在平均值附近而變尖時為正值，資料分散在平均值附近，比常態分布平坦時，峰度為負值。

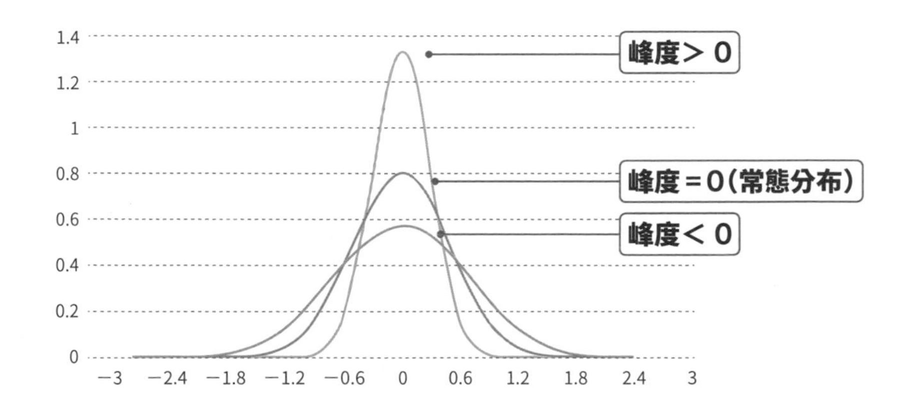

統計　相關　365　2019　2016　2013

CORREL

計算相關係數

傳回兩組資料的相關係數。相關係數是調查兩組值有何關聯性的標準，可以取得介於 -1.0 ～ 1.0 之間的值。絕對值愈接近 1，關聯性愈強，愈接近 0，關聯性愈弱。正相關(兩個變數的其中一方增加時，其他也會增加)的相關係數接近 1，負相關(兩個變數的其中一方增加時，其他會減少)的相關係數接近 -1。

格式： CORREL(陣列 1, 陣列 2)

在 [陣列] 設定要調查相關性的陣列常數，或以相同大小設定儲存格範圍，會忽略字串、邏輯值、空白儲存格。

範例 1 計算兩組資料的相關係數

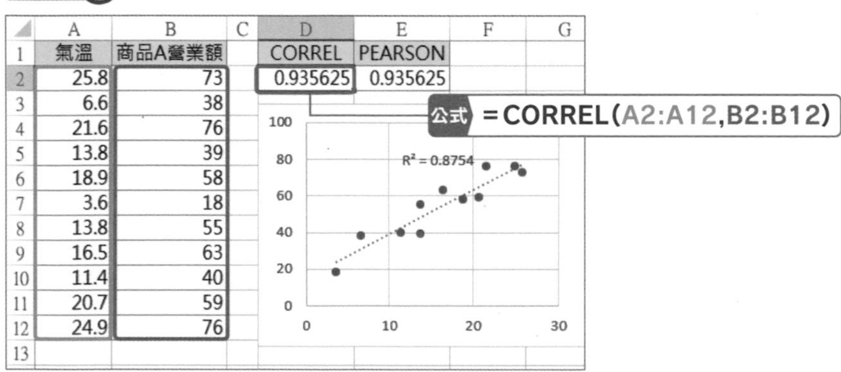

	A	B	C	D	E	F	G
1	氣溫	商品A營業額		CORREL	PEARSON		
2	25.8	73		0.935625	0.935625		
3	6.6	38					
4	21.6	76					
5	13.8	39					
6	18.9	58					
7	3.6	18					
8	13.8	55					
9	16.5	63					
10	11.4	40					
11	20.7	59					
12	24.9	76					
13							

說明 計算氣溫(A2～A12)與商品 A 營業額(B2～B12)的關聯性。傳回值 0.93 接近 1，可以判斷有著較強的正相關。這個範例依照 A1～B12 建立了散布圖，並加上線性趨勢線，顯示趨勢線的 R 平方(與 RSQ 函數的結果同值)。

統計　相關　365　2019　2016　2013

PEARSON

計算皮耳森積差相關係數

傳回皮耳森積差相關係數 r(-1.0 ～ 1.0)。r 表示兩組資料之間的線性相關程度，結果與 CORREL 函數一樣。

格式： PEARSON(陣列 1, 陣列 2)

在 [陣列] 設定要調查相關係數的陣列常數，或以相同大小設定儲存格範圍，會忽略字串、邏輯值、空白儲存格。

統計 相關 365 2019 2016 2013

RSQ

計算迴歸直線的決定係數

傳回皮耳森積差相關係數 r 的平方值(決定係數)。決定係數代表迴歸直線的契合程度(準確度)。取得介於 0 ～ 1 的值，愈接近 1，準確度愈高。

格式： **RSQ(已知的 y, 已知的 x)**

- 在 [已知的 y] 設定包含直線迴歸資料的儲存格範圍或陣列常數。
- 在 [已知的 x] 設定包含直線迴歸資料的儲存格範圍或陣列常數。

統計 相關 365 2019 2016 2013

COVARIANCE.P

計算共變數

把指定的兩種資料當作母體，傳回共變數。共變數是代表兩種資料關係的指標，也就是對應兩組資料差異(與平均值的差)乘積的平均值。共變數是相關係數的基礎值。

格式： **COVARIANCE.P(陣列 1, 陣列 2)**

- 在 [陣列 1] 設定要調查關聯性的資料。
- 在 [陣列 2] 設定要調查關聯性的另一個資料。

Hint 假設兩種資料為 x、y，x 的平均值為 μ1，y 的平均值為 μ2，資料的數量為 n，可以利用以下公式計算共變數。

$$\frac{1}{n}\sum(x-\mu_1)(y-\mu_2)$$

統計 相關 365 2019 2016 2013

COVARIANCE.S

計算樣本共變數

把指定的兩種資料當作母體樣本，傳回不偏共變數。

格式： **COVARIANCE.S(陣列 1, 陣列 2)**

- 在 [陣列 1] 設定其中一個輸入了資料的儲存格範圍。
- 在 [陣列 2] 設定另一個輸入了資料的儲存格範圍。

Hint 假設兩種資料為 x、y，x 的平均值為 μ1，y 的平均值為 μ2，資料的數量為 n，可以利用以下公式計算不偏共變數。

$$\frac{1}{n-1}\sum(x-\mu_1)(y-\mu_2)$$

NORM.DIST

計算常態分布的機率密度與累積機率

傳回以指定平均值及標準差表現的常態分布函數值(機率密度與累積機率)。可以廣泛運用在假設檢定等統計學上。例如可以設定平均值與標準差，製作常態分布圖，或計算 60 分以上的考生比例。

格式： NORM.DIST(x, 平均, 標準差, 函數格式)

- 在 [x] 設定要代入常態分布函數的值。
- 在 [平均] 設定要當作計算對象的分布平均值(算術平均值)。
- 在 [標準差] 設定成為計算對象的分布標準差。
- 在 [函數格式] 以邏輯值設定計算用的函數格式。若是 TRUE，傳回累積分布函數的值，若是 FALSE，傳回機率密度函數的值。

Hint
- 機率密度是代表是否容易產生機率變數 x 的相對值。
- 累積分布函數是代表機率變數在某個值以下的機率。

範例 1 根據常態分布，計算從平均值與標準差找到指定值的機率密度

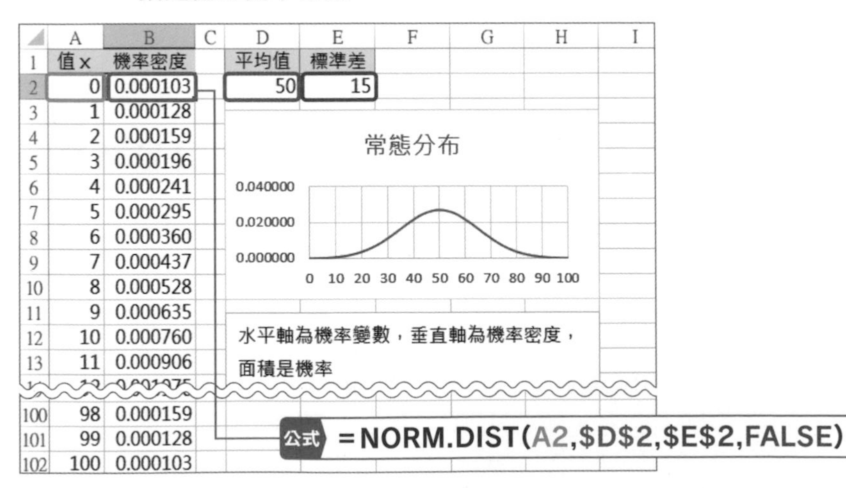

	A	B	C	D	E
1	值x	機率密度		平均值	標準差
2	0	0.000103		50	15
3	1	0.000128			
4	2	0.000159			
5	3	0.000196			
6	4	0.000241			
7	5	0.000295			
8	6	0.000360			
9	7	0.000437			
10	8	0.000528			
11	9	0.000635			
12	10	0.000760			
13	11	0.000906			
100	98	0.000159			
101	99	0.000128			
102	100	0.000103			

公式 =NORM.DIST(A2,$D$2,$E$2,FALSE)

說明 根據平均值 50，標準差 15 的常態分布，計算值(機率變數)為 A2 儲存格(0)時的機率密度。在 A2～A102 儲存格輸入 0 到 100 的數值，將 B2 的公式拷貝至 B102 儲存格為止，顯示各個值的機率密度。選取 A2～B102 儲存格範圍，建立散布圖(平滑線)，可以產生如上圖的常態分布圖。

範例 2 根據常態分布，由平均值與標準差計算 60 分以上的人數比例

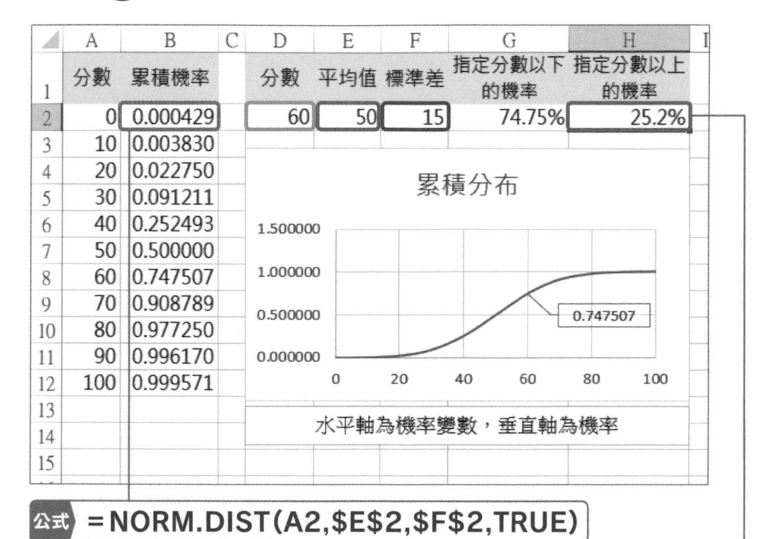

	A	B	C	D	E	F	G	H
1	分數	累積機率		分數	平均值	標準差	指定分數以下的機率	指定分數以上的機率
2	0	0.000429		60	50	15	74.75%	25.2%
3	10	0.003830						
4	20	0.022750						
5	30	0.091211						
6	40	0.252493						
7	50	0.500000						
8	60	0.747507						
9	70	0.908789						
10	80	0.977250						
11	90	0.996170						
12	100	0.999571						
13								
14								
15								

公式 =NORM.DIST(A2,$E$2,$F$2,TRUE)

公式 =1-NORM.DIST(D2,E2,F2,TRUE)

說明 在平均值 50，標準差 15 的常態分布中，把由 1 開始的 NORM.DIST 函數第 4 引數 [函數格式] 設定 TRUE，減去累積機率，計算超過 D2 儲存格(60)分數的人數比例。

NORM.INV

計算常態分布的累積分布函數之反函數值

傳回指定平均值及標準差的常態分布之累積分布函數的反函數值。例如可以反算累積機率 85% 的分數。平均值為 0，標準差為 1 時，傳回標準常態分布函數的反函數值。

格式： NORM.INV(機率, 平均, 標準差)

- 在 [機率] 設定常態分布的累積機率。
- 在 [平均] 設定分布的平均值(算術平均值)。
- 在 [標準差] 設定分布的標準差。

範例 1 計算累積機率為 80% 時的分數

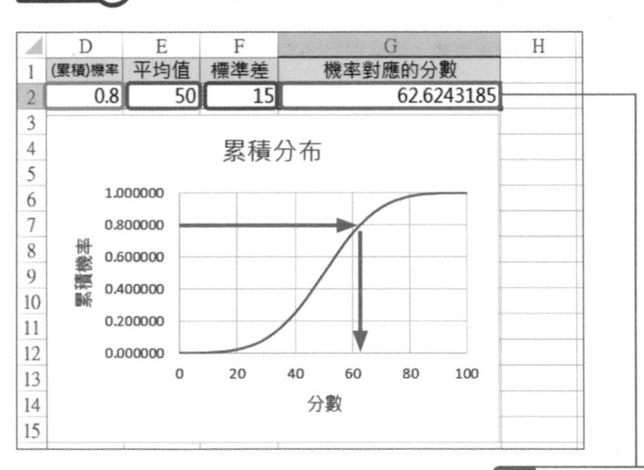

公式 =NORM.INV(D2,E2,F2)

說明 以平均值 50(E2 儲存格)，標準差 15(F2 儲存格)的常態分布，計算累積機率為 80%(D2 儲存格)時的分數，結果為 62.6 分。因此可以瞭解如果要達到前 20%，需要 62.6 分。

NORM.S.DIST

計算標準常態分布的機率密度與累積機率

傳回在標準常態分布函數代入值時的機率密度函數值或累積分布函數值。標準常態分布是指平均值為 0，標準差為 1 的常態分布，統計學上很常用。

格式：　NORM.S.DIST(z, 函數格式)

- 在 [z] 設定要代入標準常態分布函數的值。
- 在 [函數格式] 以邏輯值設定計算用的函數格式。若是 TRUE，就傳回累積分布函數的值；若是 FALSE，則傳回機率密度函數的值。

範例 1 建立標準常態分布的機率密度與累積機率表

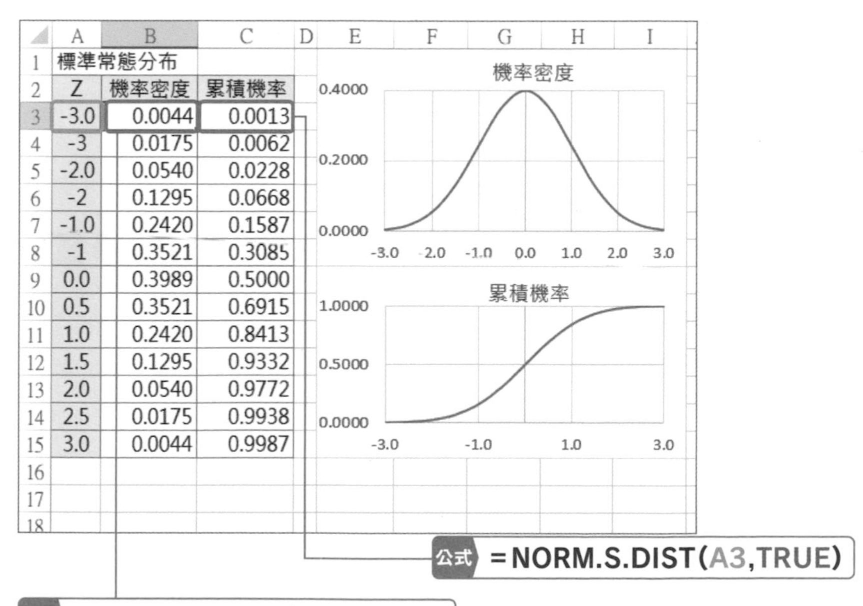

	A	B	C
1	標準常態分布		
2	Z	機率密度	累積機率
3	-3.0	0.0044	0.0013
4	-3	0.0175	0.0062
5	-2.0	0.0540	0.0228
6	-2	0.1295	0.0668
7	-1.0	0.2420	0.1587
8	-1	0.3521	0.3085
9	0.0	0.3989	0.5000
10	0.5	0.3521	0.6915
11	1.0	0.2420	0.8413
12	1.5	0.1295	0.9332
13	2.0	0.0540	0.9772
14	2.5	0.0175	0.9938
15	3.0	0.0044	0.9987

公式 =NORM.S.DIST(A3,TRUE)

公式 =NORM.S.DIST(A3,FALSE)

說明　在標準常態分布，建立值 Z 為 -3～3 時的機率密度與累積機率表。按照表格建立機率密度與累積機率的散布圖(平滑線)。

統計 常態分布 365 2019 2016 2013

NORM.S.INV

計算標準常態分布的累積分布函數之反函數值

傳回標準常態分布的累積分布函數之反函數值。可以由累積機率反算對應的Z值。

格式：　NORM.S.INV(機率)

在[機率]以標準常態分布反算值時，在0～1範圍內，設定指定的累積機率。例如「=NORM.S.INV(0.85)」時，傳回對應累積機率(85%)的值「1.036433」。

統計 常態分布 365 2019 2016 2013

PHI

計算標準常態分布的機率密度

傳回標準常態分布的機率密度函數值。與NORM.S.DIST函數的第2引數[函數格式]設定為FALSE時的結果相同。

格式：　PHI(x)

在[x]設定要計算標準常態分布的機率密度之數值。

統計 常態分布 365 2019 2016 2013

STANDARDIZE

將資料標準化（常態化）

傳回以平均值與標準差顯示的常態分布值轉換成平均值0，標準差1的標準常態分布值(標準化變量)。這稱作標準化或常態化。

格式：　STANDARDIZE(x, 平均, 標準差)

- 在[x]設定要標準化(常態化)的值。
- 在[平均]設定分布的平均值(算術平均值)。
- 在[標準差]設定分布的標準差。

Hint 值為x，平均值為μ，標準差為s時，可以用以下公式定義標準化變量。

$$\frac{x-\mu}{s}$$

統計　常態分布　365 2019 2016 2013

GAUSS

計算成為指定標準差範圍的機率

在標準常態分布下，由母體隨機取出的值，包含在平均值到標準差幾倍範圍內的機率。

格式： **GAUSS(值)**

在 [值] 設定要計算分布的值。

Hint 傳回比標準常態分布的累積分布函數小 0.5 的值。假設值為「10」，「=GAUSS(10)」傳回「0.5」。此時，「=NORM.S.DIST(10,TRUE)」會傳回「1.0」。

統計　對數分布　365 2019 2016 2013

LOGNORM.DIST

計算對數常態分布的機率密度與累積機率

在以平均值及標準差顯示的對數常態分布中，計算值為 x 時的機率密度函數及累積分布函數值。

格式： **LOGNORM.DIST(x, 平均, 標準差, 函數格式)**

- 在 [x] 設定要代入函數的值。
- 在 [平均] 設定 ln(x) 的平均值(算術平均值)。
- 在 [標準差] 設定 ln(x) 的標準差。
- [函數格式] 設定為 TRUE 時，會計算累積分布函數的值，設定為 FALSE 時，會計算機率密度函數的值。

統計　對數分布　365 2019 2016 2013

LOGNORM.INV

計算對數常態分布的累積分布函數之反函數值

在以平均值及標準差顯示的對數常態分布中，計算累積機率的原始值。傳回 LOGNORM.DIST 函數設定為 TRUE 時(累積分布函數)的反函數值。

格式： **LOGNORM.INV(機率, 平均值, 標準差)**

- 在 [機率] 設定對數常態型分布的機率。
- 在 [平均值] 設定 ln(x) 的平均值(算術平均值)。
- 在 [標準差] 設定 ln(x) 的標準差。

相關 NORM.S.DIST 計算標準常態分布的機率密度與累積機率➡ p.137

統計　上限與下限值的機率　365　2019　2016　2013

PROB

計算機率範圍由下限到上限的機率

在離散機率分布中，以指定範圍對應的機率分布，傳回介於上限與下限之間的機率。

格式： **PROB(x 範圍, 機率範圍, 下限, [上限])**

- 在 [x 範圍] 設定包含與機率範圍有對應關係的數值 x 之陣列常數或儲存格範圍。
- 在 [機率範圍] 設定陣列常數或儲存格範圍，讓與 [x 範圍] 內各個數值對應的機率加總為 1。[x 範圍] 與 [機率範圍] 的大小要一致。
- 在 [下限] 設定數值的下限。
- 在 [上限] 設定數值的上限。省略 [上限] 時，會計算 [x 範圍] 內的數值等於 [下限] 值的機率。

統計　指數分布　365　2019　2016　2013

EXPON.DIST

計算指數分布的機率密度與累積機率

傳回在指數分布的機率密度函數或累積分布函數代入值之後的結果。

格式： **EXPON.DIST(x,λ, 函數格式)**

- 在 [x] 設定要代入指數分布函數的值。
- 在 [λ] 設定單位期間內平均發生幾次事件。
- [函數格式] 若為 TRUE，傳回累積分布函數的值。若為 FALSE，則傳回機率密度函數的值。

Hint 指數分布的區間為 (0, ∞)，當母數 > 0，分別用以下公式表示機率密度函數及累積分布函數。
機率密度函數：$f(x;\lambda)=\lambda e^{-\lambda x}$　　累積分布函數：$F(x;\lambda)=1-e^{-\lambda x}$

範例 ① 計算每個小時平均來客數為 10 人的商店，10 分鐘以內有顧客的機率

	A	B	C
1	指數分布	每小時有10位顧客	
2	λ	10	/h
3	值x	累積機率	
4	0	0.00	
5	5	0.57	
6	10	0.81	
7	15	0.92	
8	20	0.96	
9	25	0.98	

說明 一間每小時平均有 10 名 (B2) 顧客的商店，10 分鐘 (1/6 小時) 以內 (A6) 的來客機率 (累積機率)，當值為 A6 儲存格，公式為 B3 儲存格時，機率是「0.81」。

公式 =EXPON.DIST(A6/60,$B$2,TRUE)

BINOM.DIST

計算二項式分布機率與累積機率

傳回二項式分布的機率。當事件以特定機率發生時，計算在實驗次數中，出現指定成功次數的機率或累積機率。二項式分布機率是固定實驗次數，任何實驗都只顯示二選一的結果。當每個實驗都是獨立的，且整個實驗的成功機率固定時，就會使用這個函數。

格式： **BINOM.DIST(成功次數, 實驗次數, 成功率, 函數格式)**

- 在 [成功次數] 設定實驗的成功次數。
- 在 [實驗次數] 設定獨立實驗的次數。
- 在 [成功率] 設定各個實驗的成功機率。
- [函數格式] 為 TRUE 時，會傳回累積分布函數，計算 0 ～成功次數之間的成功機率。若是 FALSE，則傳回機率質量函數，計算獲得成功次數的機率。

範例 1 假設成功機率 30%，實驗次數 10 次，計算成功次數 k 的二項式分布機率

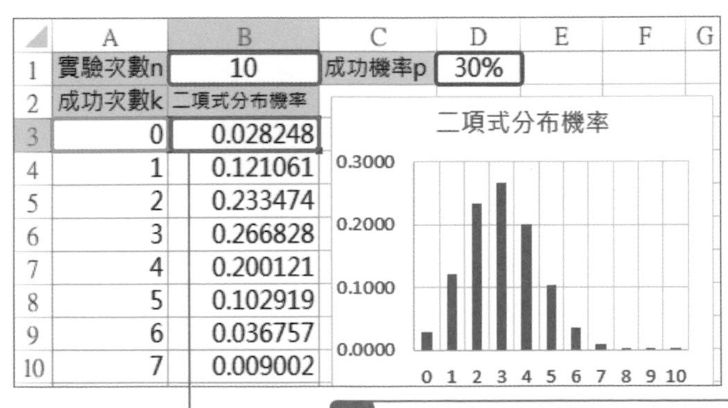

	A	B	C	D
1	實驗次數n	10	成功機率p	30%
2	成功次數k	二項式分布機率		
3	0	0.028248		
4	1	0.121061		
5	2	0.233474		
6	3	0.266828		
7	4	0.200121		
8	5	0.102919		
9	6	0.036757		
10	7	0.009002		

公式 =BINOM.DIST(A3,$B$1,$D$1,FALSE)

說明 針對某個事件，設定實驗次數 10(B1)，成功機率 30%(D1)，計算達到 A3 設定的成功次數之二項式分布機率。以 A2～B13 儲存格為範圍，建立群組直條圖，把二項式分布機率變成圖表(※ 詳細內容請參考範例檔)。

統計 二項式分布 365 2019 2016 2013

BINOM.DIST.RANGE

計算使用二項式分布傳回實驗結果的機率

傳回二項式分布指定區間的累積機率。例如成功次數為 3 ～ 5 次的機率，可以計算出指定區間的成功機率。

格式： **BINOM.DIST.RANGE(實驗次數, 成功率, 成功次數 1,[成功次數 2])**

- 在 [實驗次數] 以 0 以上的數值設定獨立實驗的次數。
- 在 [成功率] 以 0 以上 1 以下的數值設定各個實驗的成功機率。
- 在 [成功次數 1] 以 0 以上，實驗次數以下的數值設定實驗的成功次數。
- 在 [成功次數 2] 以 [成功次數 1] 以上，實驗次數以下的數值，設定實驗的成功次數。設定之後，傳回介於 [成功次數 1] 與 [成功次數 2] 之間的機率。

Hint 以 [實驗次數] 與 [成功率] 表示的二項式分布，可以計算 [成功次數 1] 以下 [成功次數 2] 以上的二項式分布累積機率。省略 [成功次數 2] 時，會傳回 [成功次數 1] 的機率。假設成功次數 10，成功機率 30% 的二項式分布，成功次數介於 3 ～ 5 次之間的機率是「=BINOM.DIST.RANGE(10,30%,3,5)」，結果傳回累積機率(各成功次數的機率加總)「約 0.57」。

(※ 詳細內容請參考範例檔)

BINOM.INV

計算累積二項式分布大於基準值的最小值

傳回累積二項式分布大於基準值的最小值。假設品質管理出現不良品的機率為 p，抽檢的實驗次數為 n，將不良品的累積機率控制在百分之 α，計算可以容許不良品的最小值。

格式： **BINOM.INV(實驗次數, 成功率,α)**

- 在 [實驗次數] 設定要實驗的次數。
- 在 [成功率] 設定各個實驗的成功機率。
- 在 [α] 設定成為基準值的累積機率。

範例 1 計算實驗次數 6 次，成功機率累積大於 0.5 的最小成功次數

	A	B	C	D	E	F
1	實驗次數n	6		成功次數k	機率	累積機率
2	成功機率p	50%		0	0.015625	0.015625
3	基準值	0.5		1	0.093750	0.109375
4				2	0.234375	0.343750
5	二項式分布的累積機率			3	0.312500	0.656250
6	超過基準值的最小值			4	0.234375	0.890625
7	3			5	0.093750	0.984375
8				6	0.015625	1.000000

公式 =BINOM.INV(B1,B2,B3)

0.5 以上の最小值

說明 計算實驗次數 6(B1)，成功機率 50%(B2) 的二項式分布，累積機率大於 0.5(B3) 的最小成功次數。

數學與三角 日期和時間 統計 文字 邏輯 查閱與參照、Web Cube 資訊 資料庫 財務 工程 基本知識 實用技巧

統計　二項式分布　365　2019　2016　2013

NEGBINOM.DIST

計算負的二項式分布機率

傳回負的二項式分布機率的函數值。當事件的成功率為固定時，在成功次數設定的實驗次數成功之前，計算按照失敗次數設定的次數執行實驗的失敗機率。

格式： **NEGBINOM.DIST(失敗次數, 成功次數, 成功率, 函數格式)**

- 在 [失敗次數] 設定實驗失敗的次數。
- 在 [成功次數] 設定實驗成功的次數。
- 在 [成功率] 設定實驗成功的機率。
- [函數格式] 為 TRUE，傳回累積分布函數的值。若是 FALSE，傳回機率質量函數的值。

Hint 二項式分布的實驗次數是固定的，成功次數為機率變數；相對而言，負二項式分布是成功次數固定，實驗次數為機率變數。假設投擲硬幣出現正面的機率為 30%，可以計算持續投擲硬幣，直到擲出 5 次正面為止時，出現 3 次反面的機率。此時，「=NEGBINOM.DIST(3,5,30%,FALSE)」，傳回「約 0.029」。負二項式分布若成功次數 k=1 時，會形成幾何分布(直到初次成功為止的次數分布)。(※ 詳細內容請參考範例檔)

統計　超幾何分布　365　2019　2016　2013

HYPGEOM.DIST

計算超幾何分布的機率

傳回超幾何分布。假設有 M 支中獎籤以及(N-M)支不會中獎的籤，組成 n 支籤，抽 n 次時，n 次抽籤中，有 x 次中獎的機率，這就是超幾何分布。

格式： **HYPGEOM.DIST(樣本的成功次數, 標本數, 母體的成功次數, 母體大小, 函數格式)**

- 在 [樣本的成功次數] 設定樣本內的成功次數。
- 在 [樣本數] 設定樣本的數量。
- 在 [母體的成功次數] 設定母體內的成功次數。
- 在 [母體大小] 設定整個母體的數量。
- [函數格式] 設定為 TRUE 時，利用 HYPGEOM.DIST 計算累積分布函數的值。若設定為 FALSE，則計算機率密度函數的值。

Hint 假設在 20 支籤之中加入 4 支中獎籤，如果要計算抽籤 5 次之中會中獎 1 次的機率時，就輸入「=HYPGEOM.DIST(1,5,4,20,FALSE)」，結果傳回「約 0.47」(※ 詳細內容請參考範例檔)。

POISSON.DIST

計算波式分布機率

傳回波式機率的值。波式分布是指，發生罕見事件的次數為機率變數 x 時，x 遵循(離散)的機率分布。

格式： POISSON.DIST(事件次數, 平均, 函數格式)

- 計算一定期間內，只發生 [平均] 次數的罕見事件發生 [事件次數] 的機率。
- 在 [事件次數] 設定發生事件的次數。
- 在 [平均] 設定一定期間內發生事件的平均值。
- [函數格式] 若為 TRUE，計算發生事件的次數為 0 ～事件次數的累積波式機率。若為 FALSE，計算發生事件的次數剛好等於事件次數的波式機率。

範例 ① 假設一個月平均發生 3 個不良品，分別計算一個月內發生 0 ～ 10 個不良品的機率

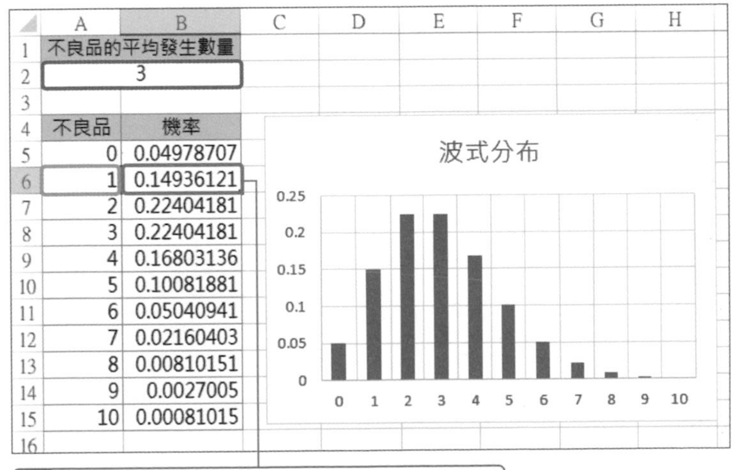

	A	B
1	不良品的平均發生數量	
2	3	
3		
4	不良品	機率
5	0	0.04978707
6	1	0.14936121
7	2	0.22404181
8	3	0.22404181
9	4	0.16803136
10	5	0.10081881
11	6	0.05040941
12	7	0.02160403
13	8	0.00810151
14	9	0.0027005
15	10	0.00081015
16		

公式 =POISSON.DIST(A6,$A$2,FALSE)

說明 一個月平均發生 3 個(A2)不良品時，計算一個月內發生 1 個(A6)不良品的機率。把不良品的數量及機率(A4～B15)製作成群組直條圖，就會變成平均發生 3 個不良品的波式分布圖。

Hint 假設一個月發生不良品的平均數量為 3 個，如果要計算一個月內發生 1 個不良品的機率是「=POISSON.DIST(1,3,FALSE)」，結果傳回「約 0.149」。

相關 POISSON 相容性函數 ➡ p.414

CHISQ.DIST

計算卡方分布的機率密度與累積機率

以設定的自由度，傳回卡方分布的機率密度函數及累積分布函數代入值後的結果。卡方分布的特色是左右不對稱，利用自由度大幅改變形狀。

格式：　CHISQ.DIST(x, 自由度, 函數格式)

- 在 [x] 設定評估分布用的值。
- 在 [自由度] 設定代表自由度的值。
- [函數格式] 若為 TRUE，計算累積分布函數的值(下尾機率)。若為 FALSE，則計算機率密度函數的值。

範 例 1 製作自由度為 5 的卡方分布圖

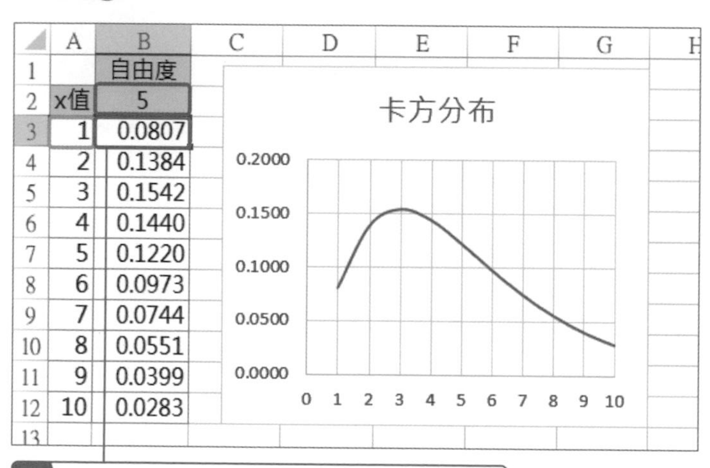

	A	B
1		自由度
2	x值	5
3	1	0.0807
4	2	0.1384
5	3	0.1542
6	4	0.1440
7	5	0.1220
8	6	0.0973
9	7	0.0744
10	8	0.0551
11	9	0.0399
12	10	0.0283

公式 =CHISQ.DIST(A3,$B$2,FALSE)

說明　自由度為5(B2)時，計算卡方分布值 x(A3)的機率密度。將 A2～B12 儲存格設定為圖表範圍，圖表的種類設定為「散布圖(平滑線)」，製作出卡方分布圖。

統計 | 卡方分布 | 365 | 2019 | 2016 | 2013

CHISQ.DIST.RT

計算卡方分布的右尾機率

傳回在卡方檢定使用的卡方分布右尾機率(上尾機率)值。

格式： CHISQ.DIST.RT(x, 自由度)

- 在 [x] 設定評估分布用的值。
- 在 [自由度] 設定代表自由度的值。例如 [x] 為 6，[自由度] 為 5 時的右尾機率是「=CHISQ.DIST.RT(6,5)」，傳回「約 0.306」(※ 詳細內容請參考範例檔)。

統計 | 卡方分布 | 365 | 2019 | 2016 | 2013

CHISQ.INV

由卡方分布的左尾機率計算機率變數

傳回卡方分布左尾機率的反函數值。換句話說，以設定自由度的卡方分布，計算指定左尾機率(下尾機率)的機率變數。

格式： CHISQ.INV(左尾機率, 自由度)

- 在 [左尾機率] 設定左尾機率的值。
- 在 [自由度] 設定卡方分布的自由度。假設卡方分布的自由度為 5，左尾機率為 0.3 時，「=CHISQ.INV(0.3,5)」傳回機率變數「約 3.0」(※ 詳細內容請參考範例檔)。

統計 | 卡方分布 | 365 | 2019 | 2016 | 2013

CHISQ.INV.RT

計算卡方分布右尾機率的反函數值

傳回卡方分布右尾機率的反函數值。換句話說，以設定自由度的卡方分布，計算指定右尾機率(上尾機率)的機率變數。

格式： CHISQ.INV.RT(右尾機率, 自由度)

- 在 [右尾機率] 設定右尾機率的值。
- 在 [自由度] 設定卡方分布的自由度。假設卡方分布的自由度為 5，右尾機率為 0.3 時，「=CHISQ.INV.RT(0.3,5)」傳回機率變數「約 6.0」(※ 詳細內容請參考範例檔)。

統計 | 卡方檢定 | 365 | 2019 | 2016 | 2013

CHISQ.TEST

執行卡方檢定

執行卡方檢定。

格式： CHISQ.TEST(實測值範圍, 期待值範圍)

- 在 [實測值範圍] 設定輸入了檢定實測值的資料範圍。
- 在 [期待值範圍] 設定輸入了期待值的資料範圍。實測值與期待值的各列總和與各欄總和分別相等。

Hint 卡方檢定是根據實測值建立的統計表（交叉表），用來瞭解表內的兩個變數是否相關（例如因男女產生不同結果），調查適合性或獨立性的檢定。除了要準備實測值的表格之外，還要準備期待值的表格，使用實測值與期待值，以 CHISQ.TEST 函數調查 P 值。函數的結果低於顯著水準 0.05，代表非獨立。換句話說，可以判斷有關。P 值是指沒有發生虛無假說的機率，值愈小，代表檢定統計量為該值的可能性愈小。

範例 1 使用卡方檢定調查「買」與「不買」新商品 A 的比例是否男女有別

	A	B	C	D	E	F	G	H
1	實測值							
2	新商品A	買	不買	小計				
3	男性	350	200	550				
4	女性	450	200	650				
5	總計	800	400	1200				
6	比例	67%	33%	100%				
7								
8	期待值（與性別無關時的值）							
9	新商品A	買	不買	小計				
10	男性	366.7	183.3	550				
11	女性	433.3	216.7	650				
12	總計	800	400	1200				
13								
14	檢定結果（P值）	0.0405	小於0.05判斷為有顯著性差異（關聯）					
15								

公式 =CHISQ.TEST(B3:C4,B10:C11)

說明 根據男性 550 人、女性 650 人是否會購買新商品 A 的問卷調查統計表（實測值：B3～C4 儲存格），以及買或不買與性別無關計算出來的期待值表格（B10～C11 儲存格），傳回卡方檢定結果「約 0.04」。由於顯著水準小於 0.05，可以判斷買或不買與性別有關。

統計 信賴區間 365 2019 2016 2013

CONFIDENCE.NORM

使用常態分布計算母體平均數的信賴區間

使用常態分布計算母體平均數的信賴區間。

格式： **CONFIDENCE.NORM(α, 標準差, 標本數)**

- 在 [α] 設定計算信賴度的顯著水準。信賴度是由 100*(1-α)% 計算出來。α = 0.05 時，信賴度為 95%。
- 在 [標準差] 設定資料範圍的母標準差。這是假定為已知。
- 在 [樣本數] 設定樣本數(資料數量)。

Hint 假設 α(顯著水準)為 0.05，標準差為「10」，樣本數為「50」，「=CONFIDENCE.NORM(0.05,10,50)」傳回「約 2.77」。平均值為 50 時，母體平均數的信賴區間為 50±2.77，亦即「47.23 ～ 52.77」。

統計 信賴區間 365 2019 2016 2013

CONFIDENCE.T

使用 t 分布計算母體平均數的信賴區間

使用 student 的 t 分布，傳回母體平均數的信賴區間。

格式： **CONFIDENCE.T(α, 標準差, 標本數)**

- [在 [α] 設定計算信賴度的顯著水準。信賴度是由 100*(1-α)% 計算出來。α = 0.05 時，信賴度為 95%。
- 在 [標準差] 設定資料範圍的母標準差。這是假定為已知。
- 在 [樣本數] 設定樣本數(資料數量)。

Hint 假設 α(顯著水準)為 0.05，標準差為「10」，樣本數為「50」，「=CONFIDENCE.T(0.05,10,50)」傳回「約 2.84」。平均值為 50 時，母體平均數的信賴區間為 50±2.84，亦即「47.16 ～ 52.84」。

相關 CONFIDENCE 相容性函數 ➡ p.413

T.DIST

計算 t 分布的機率密度與累積機率

傳回 t 分布的機率密度函數值或累積分布函數(左尾機率)值。

格式： T.DIST(x, 自由度, 函數格式)

- 在 [x] 設定要計算 t 分布的數值。
- 在 [自由度] 以整數設定分布的自由度。
- [函數格式] 設定為 TRUE 時，計算累積分布函數的值。設定為 FALSE 時，計算機率密度函數的值。

範例 1 計算自由度 3 的 t 分布機率密度

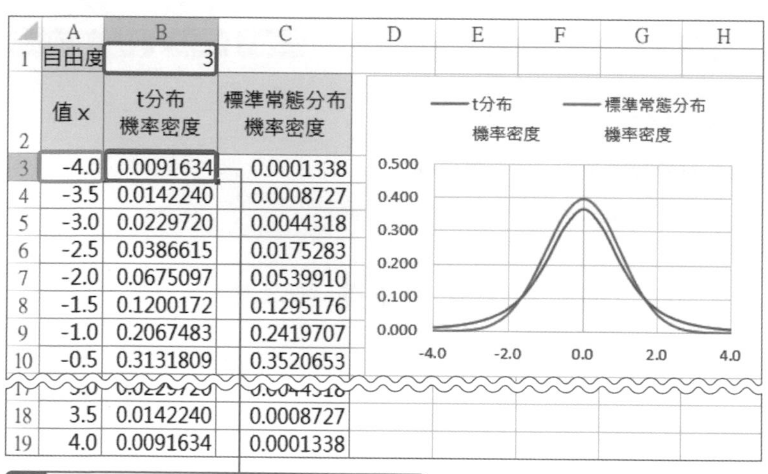

	A	B	C
1	自由度	3	
2	值 x	t分布 機率密度	標準常態分布 機率密度
3	-4.0	0.0091634	0.0001338
4	-3.5	0.0142240	0.0008727
5	-3.0	0.0229720	0.0044318
6	-2.5	0.0386615	0.0175283
7	-2.0	0.0675097	0.0539910
8	-1.5	0.1200172	0.1295176
9	-1.0	0.2067483	0.2419707
10	-0.5	0.3131809	0.3520653
18	3.5	0.0142240	0.0008727
19	4.0	0.0091634	0.0001338

公式 **=T.DIST(A3,$B$1,FALSE)**

說明 計算自由度 3(B1 儲存格)的 t 分布，值 x(A3 儲存格)的機率密度。t 分布的自由度(B1 儲存格)愈大，愈接近常態分布。

相關

T.DIST.RT 計算 t 分布的右尾機率 ➡ p.151
TDIST.2T 計算 t 分布的雙尾機率 ➡ p.151
T.TEST 進行 t 檢定 ➡ p.153

統計 | t 分布／檢定 | 365 | 2019 | 2016 | 2013

T.DIST.RT

計算 t 分布的右尾機率

傳回 t 分布的右尾機率值。

格式： T.DIST.RT (x, 自由度)

- 在 [x] 設定要計算 t 分布的數值。
- 在 [自由度] 設定 t 分布的自由度。

Hint 將 T.DIST 函數的函數格式設定為 TRUE 時，計算 t 分布的左尾機率(累積機率)，與 T.DIST.RT 值的和為 1。

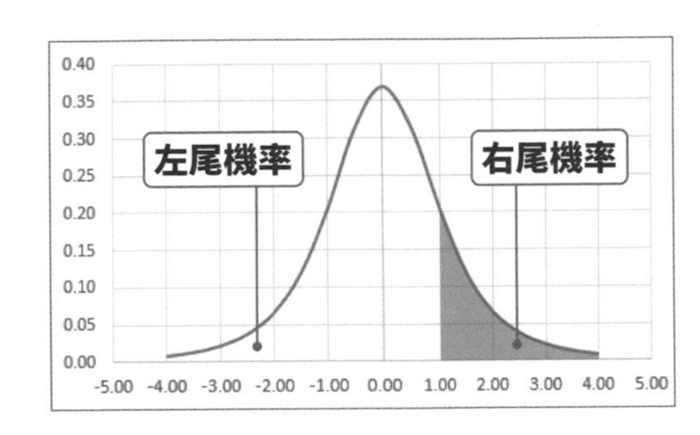

統計 | t 分布／檢定 | 365 | 2019 | 2016 | 2013

T.DIST.2T

計算 t 分布的雙尾機率

傳回 t 分布的雙尾機率值。

格式： T.DIST.2T(x, 自由度)

- 在 [x] 設定要計算 t 分布的數值。
- 在 [自由度] 設定 t 分布的自由度。

Hint 例如 x 為 1 的雙尾機率是，x 為 1 的右尾機率與 x 為 -1 的左尾機率相加後的總和。

相關 T.DIST 計算 t 分布的機率密度與累積機率 ➡ p.150

統計　t 分布／檢定　365 2019 2016 2013

T.INV

由 t 分布的左尾機率計算反函數的值

傳回與 t 分布左尾機率對應的 t 值。這是 T.DIST 函數的反函數。

格式： T.INV(機率, 自由度)

- 在 [機率] 設定 t 分布的機率(左尾機率)。
- 在 [自由度] 設定分布的自由度。

範例 1 計算對應自由度 3 的 t 分布左尾機率的值

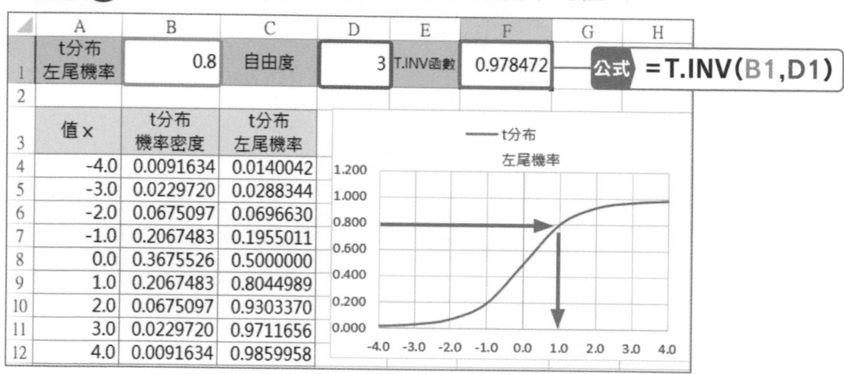

	A	B	C	D	E	F
1	t分布 左尾機率	0.8	自由度	3	T.INV函數	0.978472
2						
3	值 x	t分布 機率密度	t分布 左尾機率			
4	-4.0	0.0091634	0.0140042			
5	-3.0	0.0229720	0.0288344			
6	-2.0	0.0675097	0.0696630			
7	-1.0	0.2067483	0.1955011			
8	0.0	0.3675526	0.5000000			
9	1.0	0.2067483	0.8044989			
10	2.0	0.0675097	0.9303370			
11	3.0	0.0229720	0.9711656			
12	4.0	0.0091634	0.9859958			

說明 自由度 3(D1)的 t 分布左尾機率為 0.8(B1)時，計算 t 值。檢視 t 分布的左尾機率(累積)圖，可以確認是從機率 0.8 開始。

統計　t 分布／檢定　365 2019 2016 2013

T.INV.2T

由 t 分布的雙尾機率計算反函數的值

由 t 分布的雙尾機率傳回對應的 t 值。這是 T.DIST.2T 函數的反函數。

格式： T.INV.2T(機率, 自由度)

- 在 [機率] 設定 t 分布的雙尾機率。
- 在 [自由度] 設定分布的自由度。

T.TEST

進行 t 檢定

傳回 t 檢定的機率。可以判斷兩個樣本是否來自平均值相同的母體。

格式： T.TEST(陣列 1, 陣列 2, 尾部, 檢定的種類)

- 在 [陣列 1] 設定其中一個資料。
- 在 [陣列 2] 設定另一個資料。
- [尾部] 設定為 1 是單尾檢定，設定為 2 是雙尾檢定。
- 在 [檢定的種類] 以數值設定檢定的種類。

檢定的種類

檢定的種類	功用
1	成對資料的 t 檢定
2	兩個樣本有同一變異數的 t 檢定
3	兩個樣本沒有同一變異數的 t 檢定

範例 1 利用 t 檢定確認檢驗方式是否會造成平均值的差異

	A	B	C	D	E
1	考生	選擇題型	申論題型		t檢定結果：P值
2	1001	60	68		0.151432641
3	1002	70	75		
4	1003	82	60		
5	1004	66	53		
6	1005	80	60		
7	1006	95	66		
8	1007	60	76		
9	1008	75	55		
10	1009	85	50		
11	1010	50	66		
12	平均值	72.3	62.9		
13					

公式 **=T.TEST(B2:B11,C2:C11,2,1)**

說明 利用成對資料「選擇題型(B2～B11)」與申論題型(C2～C11)，以雙尾機率(2)計算 t 檢定的結果為「約 0.15」，顯著水準大於 0.05，接受虛無假說(沒有顯著差異)。

Hint 虛無假說是指兩者之間沒有差異的假說。顯著水準大於 0.05 時，接受虛無假說，代表無顯著差異。顯著水準小於 0.05 時，捨棄虛無假說，代表兩個之間有顯著差異(Significant Difference)。

統計 z 分布/檢定 365 2019 2016 2013

Z.TEST

計算 z 檢定的上尾機率

檢定指定樣本的平均值是否為按照常態分布的母體平均值。傳回 z 檢定的上尾機率(右尾機率)。

格式： Z.TEST(陣列,μ,[σ])

- 在 [陣列] 設定要當作樣本資料的陣列常數或儲存格範圍。
- 在 [μ] 設定檢定值(母體的平均值)。
- 在 [σ] 設定母體的標準差。省略時，使用以樣本為基礎的標準差(不偏標準差)。

Hint z 檢定是指，已知母體平均值及標準差時，可以判斷樣本的平均值與母體的平均值是否一致。Z.TEST 函數可以計算右尾機率(上尾機率)。如果要計算雙尾機率，可以使用「=2×MIN(Z.TEST(陣列,μ,σ),1-Z.TEST(陣列,μ,σ))」。

範例 1 檢定從樣本取出 17 歲男性的平均身高是否與全國平均值一致 —

	A	B	C	D
1	樣本			
2	17歲男性身高		母體平均值	170.5
3	172		母體標準差	5.8
4	170			
5	182		Z檢定的上尾機率	0.11399
6	166		Z檢定的雙尾機率	0.22798
7	175			
8	172			
9	175			
10	173.1			

公式 =Z.TEST(A3:A9,D2,D3)

公式 =2*MIN(Z.TEST(A3:A9,D2,D3),1-Z.TEST(A3:A9,D2,D3))

說明 假設虛無假說為「平均身高是 170.5cm」，對立假說為「平均身高不是 170.5cm」。如果顯著水準是 0.05，z 檢定的結果為上尾機率、雙尾機率皆大於 0.05。因此，接受虛無假說。

統計　F 分布／檢定　365　2019　2016　2013

F.DIST

計算 F 分布的機率密度與累積機率

傳回以兩個自由度表示 F 分布的機率函數（機率密度函數或累積分布函數）代入值的結果。

格式：　F.DIST(x, 自由度 1, 自由度 2, 函數格式)

- 在 [x] 設定要代入函數的值。
- 在 [自由度 1] 設定第一個自由度。
- 在 [自由度 2] 設定第二個自由度。
- [函數格式] 若為 TRUE，傳回累積分布函數的值。若為 FALSE，則傳回機率密度函數的值。

統計　F 分布／檢定　365　2019　2016　2013

F.DIST.RT

計算 F 分布的右尾機率

傳回在以兩個自由度表示的 F 分布中，已經代入值的右尾機率。

格式：　F.DIST.RT(x, 自由度 1, 自由度 2)

- 在 [x] 設定要代入函數的值。
- 在 [自由度 1] 設定第一個自由度。
- 在 [自由度 2] 設定第二個自由度。

Hint　當值為 [x] 時，F.DIST 函數的 [函數格式] 為 TRUE 的結果，與 F.DIST.RT 函數的結果之和為 1。

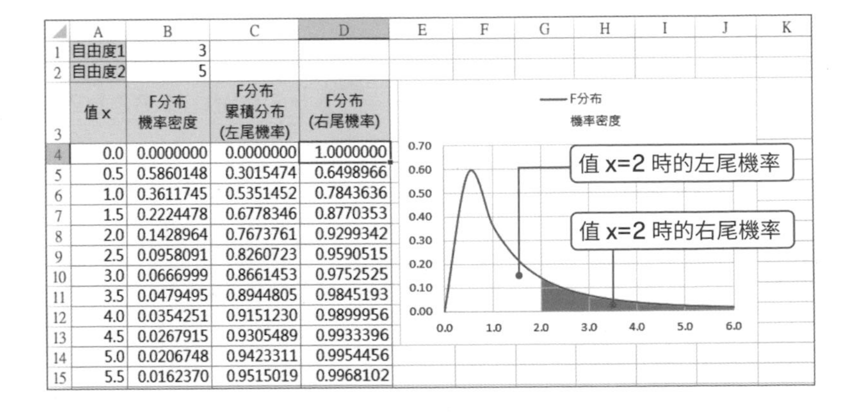

	A	B	C	D
1	自由度1	3		
2	自由度2	5		
3	值x	F分布 機率密度	F分布 累積分布 (左尾機率)	F分布 (右尾機率)
4	0.0	0.0000000	0.0000000	1.0000000
5	0.5	0.5860148	0.3015474	0.6498966
6	1.0	0.3611745	0.5351452	0.7843636
7	1.5	0.2224478	0.6778346	0.8770353
8	2.0	0.1428964	0.7673761	0.9299342
9	2.5	0.0958091	0.8260723	0.9590515
10	3.0	0.0666999	0.8661453	0.9752525
11	3.5	0.0479495	0.8944805	0.9845193
12	4.0	0.0354251	0.9151230	0.9899956
13	4.5	0.0267915	0.9305489	0.9933396
14	5.0	0.0206748	0.9423311	0.9954456
15	5.5	0.0162370	0.9515019	0.9968102

相關　F.INV　由 F 分布的左尾機率計算反函數的值 ➡ p.156

F.INV

由 F 分布的左尾機率計算反函數的值

傳回以兩個自由度表示的 F 分布，指定左尾機率時的 F 值(F.DIST 函數的 [函數格式] 為 TRUE 的反函數值)。

格式： F.INV(左尾機率, 自由度 1, 自由度 2)

- 在 [左尾機率] 設定要調查 F 分布的左尾機率(累積分布、下尾機率)。
- 在 [自由度 1] 設定第一個自由度。
- 在 [自由度 2] 設定第二個自由度。

範例 1 計算自由度為「3」、「5」的 F 分布，左尾機率是「0.6」時的 F 值

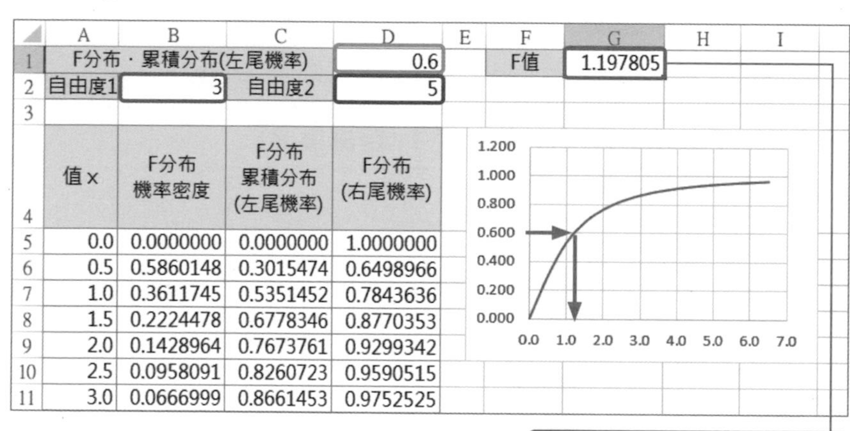

	A	B	C	D	E	F	G	H	I
1	F分布．累積分布(左尾機率)			0.6		F值	1.197805		
2	自由度1	3	自由度2	5					
3									
4	值 x	F分布 機率密度	F分布 累積分布 (左尾機率)	F分布 (右尾機率)					
5	0.0	0.0000000	0.0000000	1.0000000					
6	0.5	0.5860148	0.3015474	0.6498966					
7	1.0	0.3611745	0.5351452	0.7843636					
8	1.5	0.2224478	0.6778346	0.8770353					
9	2.0	0.1428964	0.7673761	0.9299342					
10	2.5	0.0958091	0.8260723	0.9590515					
11	3.0	0.0666999	0.8661453	0.9752525					

公式 =F.INV(D1,B2,D2)

說明 反算自由度為 3 和 5 的 F 分布，若左尾機率是 D1(0.6) 時的 F 值(1.197805)。

相關 F.DIST 計算 F 分布的機率密度與累積機率➡ p.155

F.INV.RT

由 F 分布的右尾機率計算反函數的值

傳回以兩個自由度表示的 F 分布，指定右尾機率時的 F 值(F.DIST.RT 的反函數值)。

格式： **F.INV.RT(右尾機率, 自由度 1, 自由度 2)**

- 在 [右尾機率] 設定想反算 F 值的 F 分布右尾機率。
- 在 [自由度 1] 設定第一個自由度。
- 在 [自由度 2] 設定第二個自由度。

統計　F 分布／檢定　365 2019 2016 2013

F.TEST

計算 F 檢定的雙尾機率

進行 F 檢定，檢查指定的兩個資料群(樣本)的母體變異數是否相等，傳回雙尾機率。

格式： **F.TEST(陣列 1, 陣列 2)**

- 在 [陣列 1] 設定其中一個要成為比較對象的陣列常數或儲存格範圍。
- 在 [陣列 2] 設定另一個要成為比較對象的陣列常數或儲存格範圍。

Hint F 檢定是指調查變異數是否相等的檢定。假設「虛無假說是兩個群組的變異數沒有差異，而對立假說是兩個群組的變異數有差異。」顯著水準為 0.05，機率為 5% 以下時，捨棄虛無假說。這裡要注意的重點是，F.TEST 函數會傳回雙尾機率。

統計　迴歸分析　365　2019　2016　2013

FORECAST.LINEAR

使用簡單線性迴歸分析計算預測值

使用一種獨立變數與從屬變數進行簡單線性迴歸分析，傳回預測值。例如，根據氣溫(獨立變數)與冷飲的營業額(從屬變數)清單，可以預測指定氣溫時的業績。

格式： FORECAST.LINEAR(x, 已知的 y, 已知的 x)

- 在 [x] 設定要計算預測值的值(獨立變數)。
- 在 [已知的 y] 設定輸入了已知從屬變數(目的變數)值的儲存格範圍或陣列。
- 在 [已知的 x] 設定輸入了已知獨立變數(說明變數)值的儲存格範圍或陣列。

範例 1 根據氣溫與冷飲的銷售數量，預測當氣溫達到 40 度時的業績

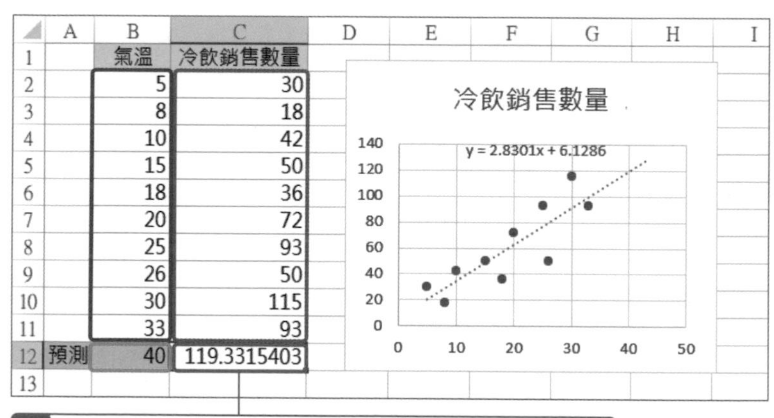

	A	B	C
1		氣溫	冷飲銷售數量
2		5	30
3		8	18
4		10	42
5		15	50
6		18	36
7		20	72
8		25	93
9		26	50
10		30	115
11		33	93
12	預測	40	119.3315403
13			

公式 =FORECAST.LINEAR(B12,C2:C11,B2:B11)

說明 根據氣溫(B2～B11)與冷飲的銷售數量(C2～C11)，預測氣溫 40 度(B12)時的業績。

相關 FORECAST 相容性函數 ➡ p.412

COLUMN

迴歸分析

迴歸分析是指，根據多個觀察值（x,y），使用最小平方法，計算係數（斜率）或常數（切片），以「y ＝ ax ＋ b」或「y ＝ a1x1 ＋ a2x2 ＋…＋ b」表示 x 與 y 的關係。可以由給予的 x 值預測 y 值。x 是「獨立變數（說明變數）」，y 是「從屬變數（目的變數）」。一個 x 預測一個 y 稱作「簡單線性迴歸分析」，顯示為「y ＝ ax ＋ b」。兩種以上的 x 預測一個 y，稱作「多元線性迴歸分析」，顯示為「y ＝ a1x1 ＋ a2x2 ＋…＋ b」。此時，a 是係數（斜率），b 是常數（切片）。

COLUMN

上述使用範例是根據 B2 ～ C11 儲存格建立散布圖，並新增線性趨勢線，在「趨勢線格式」操作視窗中，將正推設定為 10，延長趨勢線，表現預測值，勾選「在圖表上顯示方程式」，顯示簡單線性迴歸分析的公式（請參考右圖）。

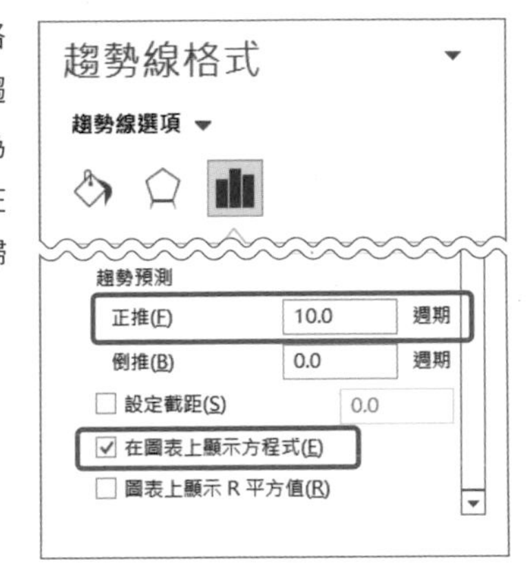

統計 迴歸分析 365 2019 2016 2013

SLOPE

計算簡單線性迴歸直線的斜率

傳回迴歸直線的斜率。斜率相當於簡單線性迴歸曲線公式「y=ax+b」中的「a」，是將直線上兩點的垂直距離除以水平距離的值，對應線性迴歸直線的變化率。

格式： **SLOPE(已知的 y, 已知的 x)**

- 在 [已知的 y] 設定輸入了已知從屬變數（目的變數）的儲存格範圍或陣列。
- 在 [已知的 x] 設定輸入了已知獨立變數（說明變數）的儲存格範圍或陣列。

統計 迴歸分析 365 2019 2016 2013

INTERCEPT

計算簡單線性迴歸直線的切片

傳回迴歸直線的切片。切片相當於簡單線性迴歸曲線公式「y=ax+b」中的「b」，x 為 0 時的 y 值。

格式： **INTERCEPT(已知的 y, 已知的 x)**

- 在 [已知的 y] 設定輸入了已知從屬變數（目的變數）的儲存格範圍或陣列。
- 在 [已知的 x] 設定輸入了已知獨立變數（說明變數）的儲存格範圍或陣列。

相關 FORECAST.LINEAR 使用簡單線性迴歸分析計算預測值 ➡ p.158

STEYX

計算簡單線性迴歸分析的迴歸直線標準差

傳回迴歸直線上的預測值與實際值之間的標準差。標準差是用來測量由個別 x 預測 y 值時的誤差程度。

格式： STEYX(已知的 y, 已知的 x)

- 在 [已知的 y] 設定輸入了已知從屬變數(目的變數)的儲存格範圍或陣列常數。
- 在 [已知的 x] 設定輸入了已知獨立變數(說明變數)的儲存格範圍或陣列常數。

範例 1 計算簡單線性迴歸直線的斜率、切片、標準差

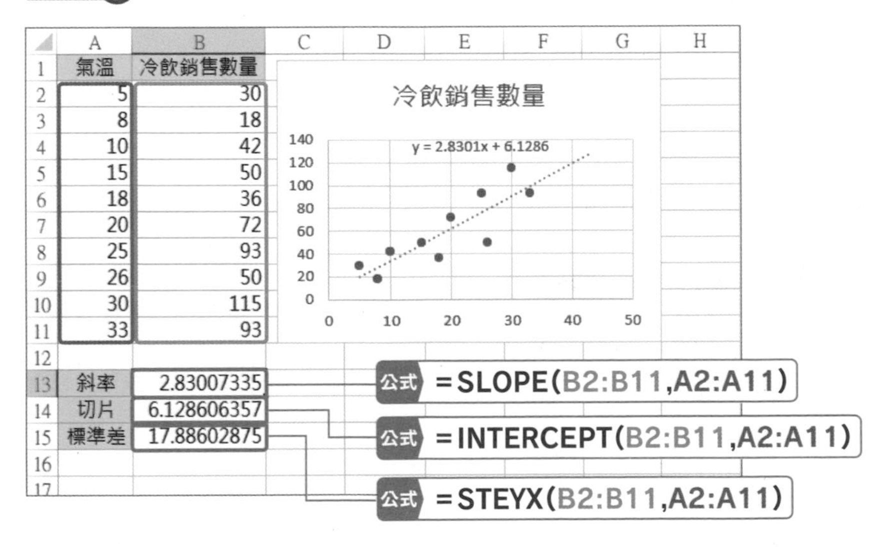

	A	B
1	氣溫	冷飲銷售數量
2	5	30
3	8	18
4	10	42
5	15	50
6	18	36
7	20	72
8	25	93
9	26	50
10	30	115
11	33	93
12		
13	斜率	2.83007335
14	切片	6.128606357
15	標準差	17.88602875
16		
17		

說明 獨立變數是氣溫(A2～A11)，從屬變數是銷售數量(B2～B11)，在 B13 儲存格使用 SLOPE 函數計算斜度，在 B14 儲存格使用 INTERCEPT 函數計算切片，在 B15 儲存格使用 STEYX 函數計算標準差。

TREND

使用多元線性迴歸分析計算預測值

使用兩種以上的獨立變數及一種從屬變數進行多元線性迴歸分析，傳回預測值。例如，氣溫、濕度（獨立變數）與冷飲的業績（從屬變數）可以預測指定氣溫與濕度的業績。

格式：TREND(已知的 y,[已知的 x],[新的 x],[常數])

- 在 [已知的 y] 設定輸入了已知從屬變數（目的變數）的儲存格範圍或陣列。
- 在 [已知的 x] 設定輸入了已知獨立變數（說明變數）的儲存格範圍或陣列。[已知的 y] 與 [已知的 x] 相同數量時，視為簡單線性迴歸分析，[已知的 x] 範圍是 [已知的 y] 範圍的兩倍以上時，視為多元線性迴歸分析。省略時，會當作設定了與 [已知的 y] 相同數量的「{1,2,3…}」陣列。
- 在 [新的 x] 設定要計算預測值的值（獨立變數）。
- [常數] 為 TRUE 或省略時，計算常數。若為 FALSE，設定成「0」。

範例 1 把氣溫與濕度當作獨立變數，使用多元線性迴歸分析預測銷售數量

	A	B	C	D
1	氣溫	濕度	冷飲銷售數量	
2	5	32.4	30	
3	8	40.3	18	
4	10	61.7	42	
5	15	55.1	50	
6	18	56.9	36	
7	20	72.3	72	
8	25	53.7	93	
9	26	66.9	50	
10	30	42.6	115	
11	33	70.7	93	
12	38	68.5	113.9526565	←預測
13				

公式 =TREND(C2:C11,A2:B11,A12:B12)

說明 氣溫與濕度（A2～B11 儲存格）是獨立變數，銷售數量（C2～C11 儲存格）是從屬變數，利用多元線性迴歸分析，預測氣溫 38 度（A12 儲存格）、濕度 68.5（B12 儲存格）時的銷售數量。

LINEST

計算迴歸分析的係數與常數項

使用最小平方法，以陣列傳回簡單線性迴歸公式「y ＝ ax ＋ b」或多元線性迴歸分析公式「y ＝ a1x1 ＋ a2x2 ＋…＋ b」的係數或常數等資料。

格式： LINEST(已知的 y,[已知的 x],[常數],[校正])

- 在 [已知的 y] 設定輸入了已知從屬變數的儲存格範圍或陣列常數。
- 在 [已知的 x] 設定輸入了已知獨立變數的儲存格範圍或陣列常數。[已知的 y] 與 [已知的 x] 相同數量時，視為簡單線性迴歸分析，[已知的 x] 範圍是 [已知的 y] 範圍的兩倍以上時，視為多元線性迴歸分析。省略時，會當作設定了與 [已知的 y] 相同數量的「{1,2,3…}」陣列。
- [常數] 為 TRUE 或省略時，計算常數 b。若為 FALSE，常數為 0。
- [校正] 為 TRUE 時，傳回指數迴歸曲線的校正項。若為 FALSE 或省略時，只傳回係數 a 與常數 b。

範例 1 由氣溫、濕度、飲料的銷售數量取得多元線性迴歸分析的係數及常數項

	A	B	C	D	E	F	G	H
1	氣溫(x1)	濕度(x2)	飲料銷售數量			x2的係數	x1的係數	常數項 b
2	5	32.4	30		係數	0.602746	1.370461	-8.5931
3	8	40.3	18		對應係數 · 常數的標準差	0.992052	1.556187	33.6908
4	15	55.1	50		對應決定係數r^2與y的標準差	0.737696	16.10009	#N/A
5	18	56.9	36		F值 · 自由度	5.62473	4	#N/A
6	20	72.3	72		迴歸平方和 · 殘差平方和	2916.006	1036.852	#N/A
7	26	66.9	50					
8	33	70.7	93					
9								

公式 {=LINEST(C2:C8,A2:B8,,TRUE)}

說明 輸入陣列公式時，儲存格範圍的欄數是「獨立變數的數量＋ 1」，列數是 [校正] 為 FALSE 時，選取 2 列，若為 TRUE 時，選取 5 列，輸入函數，按下 [Ctrl] ＋ [Shift] ＋ [Enter] 鍵之後，就確定輸入。傳回值會傳回如範例所示的資料。

GROWTH

使用指數迴歸曲線進行預測

由指定資料顯示的指數迴歸曲線傳回預測值。這裡的指數迴歸曲線是以公式「$y = bm^x$」(b 是常數，m 是底數) 表示。

格式： GROWTH(已知的 y, [已知的 x], [新的 x], [常數])

- 在 [已知的 y] 設定輸入了已知從屬變數的儲存格範圍或陣列常數。
- 在 [已知的 x] 設定可能讓「$y = bm^x$」成立的已知獨立變數之儲存格範圍或陣列常數。可以設定一個或多個變數系列。省略時，會當作設定了與 [已知的 y] 相同數量的「{1,2,3…}」陣列。
- 在 [新的 x] 設定要計算預測值的值(獨立變數)。如果設定了多個值，會輸入陣列公式，傳回多個 y。
- [常數] 為 TRUE 或省略時，計算常數。若為 FALSE，設定 b 的值為 1，調整 m 的值，變成「$y = m^x$」。

範例 1 根據年數及營業額，使用指數迴歸曲線進行預測

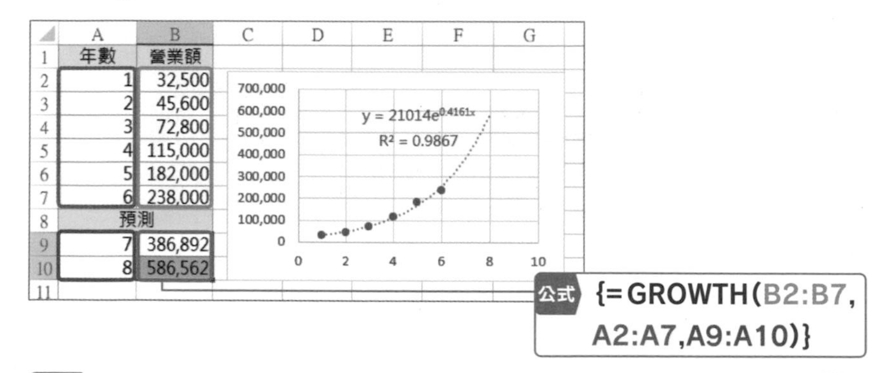

	A	B
1	年數	營業額
2	1	32,500
3	2	45,600
4	3	72,800
5	4	115,000
6	5	182,000
7	6	238,000
8	預測	
9	7	386,892
10	8	586,562
11		

說明 根據年數(A2～A7)與營業額(B2～B7)，計算指數迴歸曲線，顯示預測值。選取 B9～B10 儲存格輸入陣列公式，計算對應預測年數(A9～A10 儲存格)的預測營業額。

LOGEST

計算指數迴歸曲線的底數與常數

根據指定資料顯示的指數迴歸曲線，以陣列傳回常數或底數等資料。

格式： **LOGEST(已知的 y,[已知的 x],[常數],[校正])**

- 在 [已知的 y] 設定輸入了已知從屬變數（目的變數）的儲存格範圍或陣列常數。
- 在 [已知的 x] 設定輸入了已知獨立變數（說明變數）的儲存格範圍或陣列常數。可以設定一個或多個變數系列。省略時，會當作設定了與 [已知的 y] 相同數量的「{1,2,3…}」陣列。
- [常數] 為 TRUE 或省略時，也會計算常數 b 的值。若為 FALSE，會調整底數 m 的值，讓常數 b 的值設定為 1，變成「$y=m^x$」。
- 在 [校正] 以邏輯值設定是否傳回迴歸直線的校正項，當作新增資料。如果設定為 TRUE，傳回指數迴歸曲線的校正項。若為 FALSE 或省略時，只傳回底數 m 與常數 b。

範例 1 計算指數迴歸曲線的底數與常數

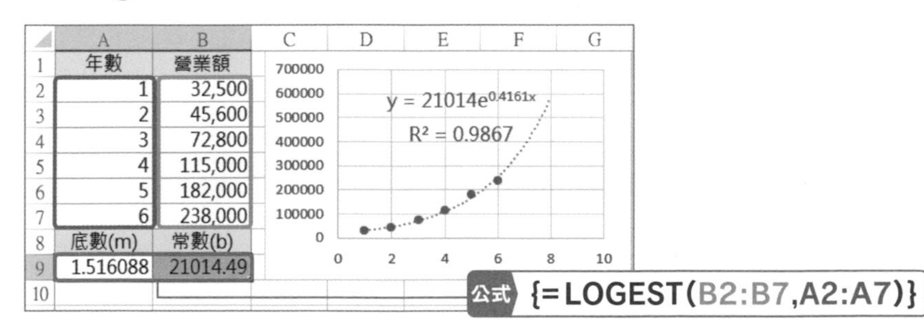

	A	B
1	年數	營業額
2	1	32,500
3	2	45,600
4	3	72,800
5	4	115,000
6	5	182,000
7	6	238,000
8	底數(m)	常數(b)
9	1.516088	21014.49
10		

說明 計算以年數（A2～A7）與營業額（B2～B7）顯示的指數迴歸曲線（$y = bm^x$）之底數（m）與常數（b）。選取 A9～B9 儲存格，輸入「=LOGEST(B2:B7, A2:A7)，按下 [Ctrl] ＋ [Shift] ＋ [Enter] 鍵，就會輸入陣列公式。

FORECAST.ETS

依照歷程預測未來值

FORECAST.ETS 函數是根據現在的(歷程)值計算或預測未來值。

格式：FORECAST.ETS(目標日期, 值, 時間表, [季節性], [內插補點], [聚集])

- 在 [目標日期] 設定想預測的日期。
- 在 [值] 設定預測用的歷程資料。
- 在 [時間表] 依照 [值] 的大小，設定數值的陣列常數，如一定間隔的日期等，或儲存格範圍。
- 在 [季節性] 中，如果資料有季節性週期，可以用最大到 8,760(一年的小時數)的數值設定該期間。將季節性週期設定成 1 或省略時，會自動設定成預測的季節。0 會視為沒有季節性。
- 在 [內插補點] 設定當時間表有缺少的部分，或沒有形成一定間隔時的內插補點方法。可以進行多達整體 30% 的內插補點。1 或省略時，會設定成相鄰點的平均值。0 是把遺漏點視為 0。
- [聚集] 是當時間表有相同期間時，將 [值] 進行加總，並使用數值設定統計方法，省略時不統計。

統計方法

值	統計方法
1	平均值（AVERAGE）
2	項目個數（COUNT）
3	資料的數量（COUNTA）
4	最大值（MAX）

值	統計方法
5	中位數（MEDIAN）
6	最小值（MIN）
7	加總（SUM）

Hint 使用指數三重平滑(ETS)演算法的 AAA 版本功能進行預測。按一下 [資料] 標籤的 [預測工作表]，在分析工作表的 [趨勢預測] 欄使用 FORECAST.ETS 函數計算預測值。

FORECAST.ETS.CONFINT

計算預測值的信賴區間

傳回指定目標日期的預測值信賴區間。

格式： **FORECAST.ETS.CONFINT(目標日期, 值, 時間表, [信賴等級], [季節性], [內插補點], [聚集])**

- 在 [目標日期] 設定想預測的日期。
- 在 [值] 設定預測用的歷程資料。
- 在 [時間表] 依照 [值] 的大小，設定數值的陣列常數，如一定間隔的日期等，或儲存格範圍。
- 在 [信賴等級] 設定大於 0 小於 1 的值，顯示信賴區間的信賴度。省略時，預設為 0.95。
- 在 [季節性] 中，如果資料有季節性週期，可以用最大到 8,760（一年的小時數）的數值設定該期間。將季節性週期設定成 1 或省略時，會自動設定成預測的季節。0 會視為沒有季節性。
- 在 [內插補點] 設定當時間表有缺少的部分，或沒有形成一定間隔時的內插補點方法。可以進行多達整體 30% 的內插補點。1 或省略時，會設定成相鄰點的平均值。0 是把遺漏點視為 0。
- [聚集] 是當時間表有相同期間時，將 [值] 進行加總，並使用數值設定統計方法（請參考 p.166 的表格）。

Hint 按一下 [資料] 標籤的 [預測工作表]，建立分析工作表時的 [較低的信賴繫結] 欄、與 [較高的信賴繫結] 欄，是使用 FORECAST.ETS.CONFINT 函數計算出信賴區間的上限、下限。

FORECAST.ETS.SEASONALITY

根據時間序列歷程，計算季節變動的長度

從時間序列的資料，傳回季節變動(重複增減的模式)的長度。沒有偵測到模式時，傳回 0。假設時間序列資料以月為單位，季節變動為 6，可以得知每半年重複相同模式。

格式： **FORECAST.ETS.SEASONALITY(值, 時間表, [內插補點], [聚集])**

- 在 [值] 設定預測用的歷程資料。
- 在 [時間表] 依照 [值] 的大小，設定數值的陣列常數，如一定間隔的日期等，或儲存格範圍。
- 在 [內插補點] 設定當時間表有缺少的部分，或沒有形成一定間隔時的內插補點方法。可以進行多達整體 30% 的內插補點。1 或省略時，會設定成相鄰點的平均值。0 是把遺漏點視為 0。
- [聚集] 是當時間表有相同期間時，將 [值] 進行加總，並使用數值設定統計方法(請參考 p.166 的表格)。

範例 1 由過去一年的資料預測信賴區間、季節變動的訪客人數

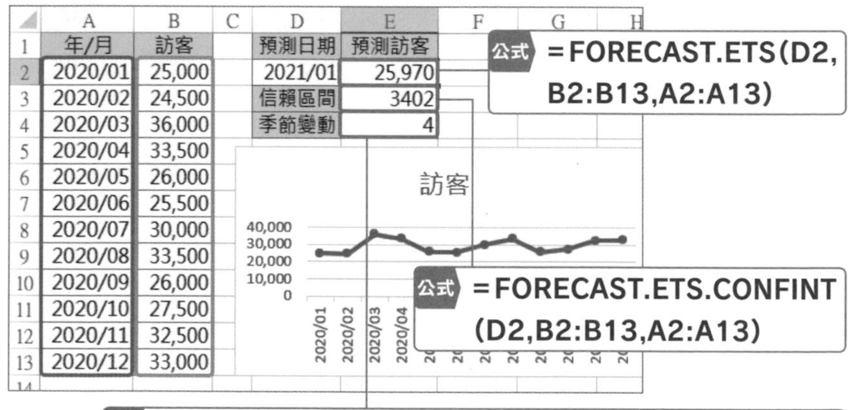

說明 根據年 / 月(A2～A13)與訪客(B2～B13)的資料，把「2021/01」當作預測日期，在 E2 儲存格使用 FORECAST.ETS 函數，計算訪客的預測值，在 E3 儲存格把信賴等級當作預設值 0.95，使用 FORECAST.ETS.CONFINT 函數，計算信賴區間。可以得知預測日期的預測訪客之信賴區間是 25,970±3402。在 E4 儲存格使用 FORECAST.ETS.SEASONALITY 函數，傳回季節變動 4，可以得知每 4 個月會重複相同模式。

FORECAST.ETS.STAT

由時間序列分析計算統計值

由時間序列預測的結果傳回統計值。

格式： **FORECAST.ETS.STAT(值, 時間表, 統計種類, [季節性], [內插補點], [聚集])**

- 在 [值] 設定預測用的歷程資料。
- 在 [時間表] 依照 [值] 的大小，設定數值的陣列常數，如一定間隔的日期等，或儲存格範圍。
- 在 [統計種類] 以數值設定想取得的統計資料種類(請參考下表)。
- 在 [季節性] 中，如果資料有季節性週期，可以用最大到 8,760(一年的小時數)的數值設定該期間。將季節性週期設定成 1 或省略時，會自動設定成預測的季節。0 會視為沒有季節性。
- 在 [內插補點] 設定當時間表有缺少的部分，或沒有形成一定間隔時的內插補點方法。可以進行多達整體 30% 的內插補點。1 或省略時，會設定成相鄰點的平均值。0 是把遺漏點視為 0。
- [聚集] 是當時間表有相同期間時，將 [值] 進行加總，並使用數值設定統計方法(請參考 p.166 的表格)。

統計種類

值	統計值	說明
1	Alpha	傳回基準值參數。值愈大，最近的資料元素權重愈大
2	Beta	傳回趨勢值參數。值愈大，最近的趨勢權重愈大
3	Gamma	傳回季節性的值參數。值愈大，最近的季節權重愈大
4	MASE	傳回平均絕對縮放誤差量值，可以測量預測的精準度
5	SMAPE	傳回對稱平均值絕對百分比誤差量值。測量百分比誤差的精準度
6	MAE	傳回對稱平均值絕對百分比誤差量值。測量百分比誤差的精準度
7	RMSE	傳回平方根誤差量值。測量預測值與觀測值的差異
8	偵測到步長大小	傳回在歷史時間表偵測到的步長大小

BETA.DIST

計算 beta 分布的機率密度與累積機率

傳回 beta 分布的機率密度函數或累積分布函數代入值後的結果。beta 分布是用於以多個樣本為對象，分析比例變化的情況。

格式：　BETA.DIST(x,α,β, 函數格式,[A],[B])

- 在 [x] 於區間 A ～ B 的範圍內，設定評估函數的時間點。
- 在 [α] 設定機率分布的參數。
- 在 [β] 設定機率分布的參數。
- [函數格式] 設定為 TRUE 時，計算累積分布函數的值。設定為 FALSE 時，計算機率密度函數的值。
- 在 [A] 設定 x 的區間下限。省略時，預設為 0。
- 在 [B] 設定 x 的區間上限。省略時，預設為 1。

範例 1 建立 β 分布的機率密度與累積分布表

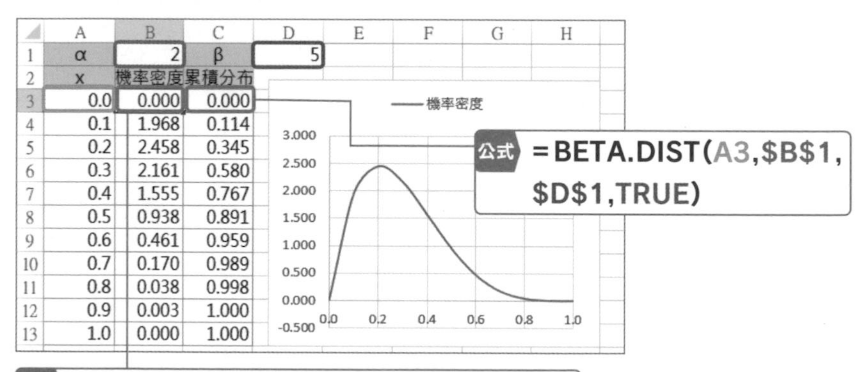

	A	B	C	D
1	α	2	β	5
2	x	機率密度	累積分布	
3	0.0	0.000	0.000	
4	0.1	1.968	0.114	
5	0.2	2.458	0.345	
6	0.3	2.161	0.580	
7	0.4	1.555	0.767	
8	0.5	0.938	0.891	
9	0.6	0.461	0.959	
10	0.7	0.170	0.989	
11	0.8	0.038	0.998	
12	0.9	0.003	1.000	
13	1.0	0.000	1.000	

公式 =BETA.DIST(A3,$B$1,$D$1,FALSE)

說明 針對參數 α 儲存格(B1)、β 儲存格(D1)的 x 值(A3～A13)，以 B3～B13 計算 0～1 的 β 分布之累積分布函數。根據 A2～B13 儲存格建立散布圖(平滑線)。更改參數值(B1、D1 儲存格)時，會改變機率密度函數的圖表形狀。

統計　擴大分布　365 2019 2016 2013

BETA.INV

計算 beta 分布的累積函數之反函數值

傳回 beta 分布的累積分布函數之反函數值。

格式： **BETA.INV(累積機率,α,β,[A],[B])**

- 在 [累積機率] 設定該值的 β 分布累積機率。
- 在 [α] 設定機率分布的參數。
- 在 [β] 設定機率分布的參數。
- 在 [A] 設定 β 分布的下限。省略時，預設為 0。
- 在 [B] 設定 β 分布的上限。省略時，預設為 1。

統計　gamma 函數　365 2019 2016 2013

GAMMA

計算 gamma 函數的值。

傳回指定數值的 gamma 函數值。

格式： **GAMMA(數值)**

在 [數值] 設定數值。設定成負的函數或 0 時，會傳回錯誤值「#NUM!」。

相關　BETAINV　相容性函數 ➡ p.413

統計 gamma 函數 365 2019 2016 2013

GAMMA.DIST

計算 gamma 分布的機率密度與累積機率的值

傳回在 gamma 分布的機率密度函數與累積分布函數代入值時的計算結果。gamma 分布代表每個週期 β 發生一次的隨機事件，直到發生 α 次為止的時間分布。

格式： **GAMMA.DIST(x,α,β, 函數格式)**

- 在 [x] 設定要代入 gamma 函數的值。
- 在 [α] 以正值設定參數 α(形狀母數)。如果是整數，稱作愛爾蘭分布(Erlang Distribution)。如果是 1，會形成指數分布。
- 在 [β] 以正值設定參數 β(尺度母數)。β 為 1 時，傳回標準 gamma 分布值。
- [函數格式] 若為 TRUE，傳回 GAMMA.DIST 的累積分布函數。若為 FALSE，傳回機率密度函數。

統計 gamma 函數 365 2019 2016 2013

GAMMA.INV

計算 gamma 分布的累積分布函數之反函數

傳回 gamma 分布的累積分布函數之反函數值。

格式： **GAMMA.INV(累積機率,α,β)**

- 在 [α] 以正值設定參數 α(形狀母數)。如果是整數，稱作愛爾蘭分布(Erlang Distribution)。如果是 1，會形成指數分布。
- 在 [β] 以正值設定參數 β(尺度母數)。β 為 1 時，傳回標準 gamma 分布值。

相關

GAMMADIST 相容性函數➡ p.413
GAMMAINV 相容性函數➡ p.413

統計 | gamma 函數 | 365 2019 2016 2013

GAMMALN.PRECISE

計算 gamma 函數的自然對數

傳回 gamma 函數值的自然對數。

格式： GAMMALN.PRECISE(x)

在 [x] 設定要代入 GAMMALN.PRECISE 函數的值。

統計 | 韋伯分布 | 365 2019 2016 2013

WEIBULL.DIST

計算韋伯分布的機率密度與累積機率

傳回韋伯分布的機率密度函數或累積分布函數的值。韋伯分布是用來分析信賴性，如機器平均發生故障的時間。

格式： WEIBULL.DIST(x,α,β, 函數格式)

- 在 [x] 設定要代入函數的值。
- 在 [α] 設定參數 α。
- 在 [β] 設定參數 β。
- [函數格式] 設定為 TRUE，會計算累積分布函數的值。若設定為 FALSE，則計算機率密度函數的值。

相關 GAMMALN 相容性函數 ➡ p.413

統計 費雪轉換 365 2019 2016 2013

FISHER

計算費雪轉換的值

傳回相關係數經過費雪轉換後的值。這個函數可以把左右不對稱的相關係數變成左右對稱，轉換成常態分布。費雪轉換又稱作「費雪的 z 轉換」，使用於進行相關係數的假說檢定。

格式： FISHER(x)

在 [x] 設定相關係數。

Hint 以下公式可以定義費雪轉換。

$$z=\frac{1}{2}ln\left(\frac{1+x}{1-x}\right)$$

統計 費雪轉換 365 2019 2016 2013

FISHERINV

計算費雪轉換的反函數值

傳回費雪轉換的反函數值。這個函數是用來分析資料範圍或陣列常數之間的關聯性。

格式： FISHERINV(y)

在 [y] 設定費雪轉換後的值（成為反轉換對象的值）。

文字函數

使用文字函數可以操作文字或字串，如結合文字，或取出文字的其中一部分，還能從字串中取得特定文字的位置。此外，也可以把半形文字轉換成全形文字，統一資料的顯示方式。

文字　字串長度　365 2019 2016 2013

LEN

計算字串的字元數

傳回指定字串的字元數。不論全形或半形，都當成一個字元來計算。

格式： LEN(字串)

在 [字串] 設定要查詢字元數的字串或數值。

Hint 字串內的空格或符號會納入計算。但是儲存格設定的顯示格式不能計入字元數。

文字　字串長度　365 2019 2016 2013

LENB

計算字串的位元組數

傳回指定字串的位元組數。全形文字是計算成兩個位元組，半形文字是一個位元組。

格式： LENB(字串)

在 [字串] 設定要查詢位元組數的字串或數值。

Hint 字串內的符號會納入計算。但是儲存格設定的顯示格式不能計入位元組數。

範例 1 計算儲存格內資料的字元數及位元組數

	A	B	C	D
1	字串	LEN函數(字元數)	LENB函數(位元組數)	
2	行事曆	3	6	
3	A4影印紙	5	8	
4	12345	5	5	
5				

公式 =LEN(A2)　公式 =LENB(A2)

說明 針對 A2 儲存格的字串，在 B2 儲存格使用 LEN 函數調查字元數(B2)，在 C2 儲存格使用 LENB 函數調查位元組數(C2)。

文字　取出字串　365 2019 2016 2013

LEFT

從字串開頭取出指定數量的字元

傳回自字串開頭(左邊)起，指定數量的字元。不論半形或全形文字都計算為一個字元。

格式：　LEFT(字串,[字元數])

- 在 [字串] 設定要取出字元的字串。
- 在 [字元數] 設定想取出的字元數。省略時，預設為 1。設定了大於字串的字元數時，會取出整個字串。

文字　取出字串　365 2019 2016 2013

LEFTB

從字串開頭取出指定位元組數的字元

傳回自字串開頭(左邊)起，指定位元組數的字元。半形文字計算為一個位元組，全形文字計算為兩個位元組。

格式：　LEFTB(字串,[位元組數])

- 在 [字串] 設定要取出位元組數的字串。
- 在 [位元組數] 設定想取出的位元組數。省略時，預設為 1。設定了大於字串的位元組數時，會取出整個字串。

範例 1 從字串開頭起取出 4 個字元、4 個位元組

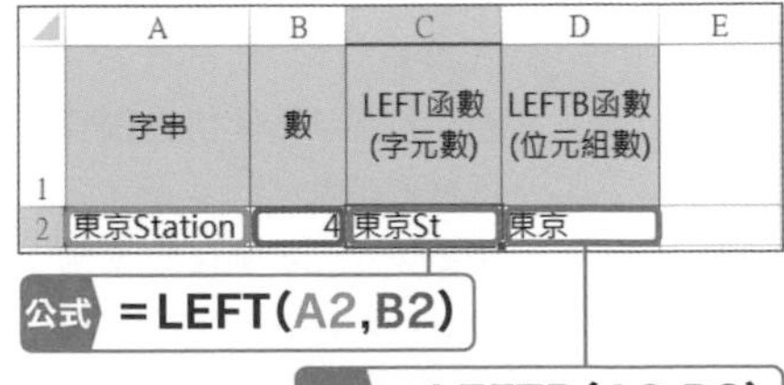

	A	B	C	D	E
1	字串	數	LEFT函數(字元數)	LEFTB函數(位元組數)	
2	東京Station	4	東京St	東京	

公式 =LEFT(A2,B2)

公式 =LEFTB(A2,B2)

說明　針對 A2 儲存格的字串，在 C2 儲存格使用 LEFT 函數取出開頭起的 4 個字元(B2)，在 D2 儲存格使用 LEFTB 函數取出開頭起的 4 個位元組數(B2)。

文字 取出字串 365 2019 2016 2013

RIGHT

從字串末尾取出指定數量的字元

傳回自字串末尾(右邊)起，指定數量的字元。不論半形文字或全形文字都計算為一個字元。

格式： **RIGHT(字串,[字元數])**

- 在 [字串] 設定要取出字元的字串。
- 在 [字元數] 設定想取出的字元數。省略時，預設為 1。設定了大於字串的字元數時，會取出整個字串。

文字 取出字串 365 2019 2016 2013

RIGHTB

從字串末尾取出指定位元組數的字元

傳回自字串末尾(右邊)起，指定位元組數的字元。半形文字計算為一個位元組，全形文字計算為兩個位元組。

格式： **RIGHTB(字串,[位元組數])**

- 在 [字串] 設定要取出位元組數的字串。
- 在 [位元組數] 設定想取出的位元組數。省略時，預設為 1。設定了大於字串的位元組數時，會取出整個字串。

範例 ① 從字串末尾取出 4 個字元、4 個位元組

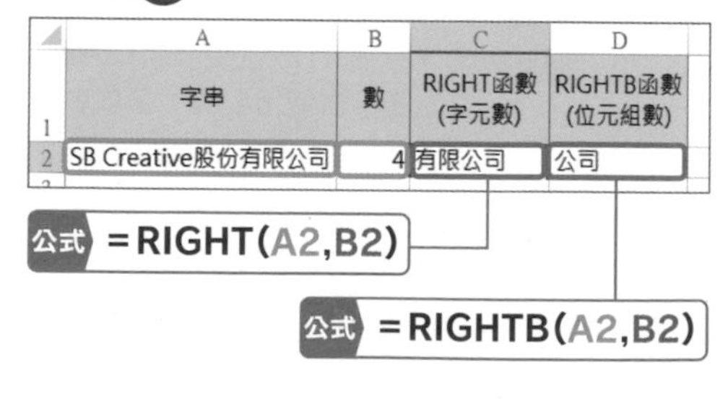

	A	B	C	D
1	字串	數	RIGHT函數(字元數)	RIGHTB函數(位元組數)
2	SB Creative股份有限公司	4	有限公司	公司

說明 針對 A2 儲存格的字串，在 C2 儲存格使用 RIGHT 函數取出末尾的 4 個字元(B2)，在 D2 儲存格使用 RIGHTB 函數取出末尾的 4 個位元數(B2)。

相關 LEFT 從字串開頭取出指定數量的字元 ➡ p.177

MID

從指定的字串位置取出指定數量的字元

從指定的字串位置，傳回指定字元數的字元。不論半形文字或全形文字，都計算為一個字元。

格式： MID(字串, 開始位置, 字元數)

- 在 [字串] 設定要取出的字串。
- 在 [開始位置] 把 [字串] 的開頭字元當作 1，設定想取出字串的開始位置是第幾個字元。如果大於字元數，會傳回空字元("")。
- 在 [字元數] 設定想取出的字元數。如果設定的字元數大於開始位置之後的字元數，會傳回到字串最後為止的字元。

範例 1 取出郵遞區號的前半部分與後半部分

	A	B	C	D	E
1	字串	郵遞區號1	郵遞區號2		
2	〒106-0032	106	0032		
3					

公式 =MID(A2,2,3)　公式 =MID(A2,6,4)

說明 針對 A2 儲存格的字串，在 B2 儲存格取出從第 2 個字元開始的 3 個字元，在 C2 儲存格取出從第 6 個字元開始的 4 個字元。

相關 MIDB 從字串的指定位置開始取出指定位元組數的字元 ➡ p.180

文字　取出字串　365 2019 2016 2013

MIDB

從字串的指定位置開始取出指定位元組數的字元

從指定的字串位置，傳回指定位元組數的字元。半形文字計算為一個位元組，全形文字計算為兩個位元組。

格式： **MIDB(字串, 開始位置, 位元組數)**

- 在 [字串] 設定要取出的字串。
- 在 [開始位置] 把 [字串] 的開頭字元當作 1，設定想取出字串的開始位置是第幾個位元組。
- 在 [位元組數] 設定想取出的位元組數。省略時，預設為 1。設定了大於字串的位元組數時，會取出整個字串。

文字　結合字串　365 2019 2016 2013

CONCAT

結合多個字串

把多個字串合併成連續的字串。

格式： **CONCAT(文字 1,[文字 2],…)**

在 [文字] 使用字串或儲存格範圍設定要結合的字串。如果 [文字 2] 之後還要設定其他字串，請以「,」隔開再新增，最多可以增加至 253 個字串。

Hint 在 [文字] 設定的儲存格範圍內包含了日期或時間時，會顯示成連續的日期。若希望合併成日期時間，請使用 TEXT 函數轉換成字串。

範例 1 將各個儲存格內的文字整合成地址

	A	B	C	D	E
1	都道府縣	市區町村	地址1	地址2	連結字串
2	東京都	港區	六本木	x-x-x	東京都港區六本木x-x-x
3					

公式 =CONCAT(A2:D2)

說明 連接 A2～D2 儲存格的字串。

相關

MID　從指定的字串位置取出指定數量的字元 ➡ p.179
CONCATENATE　相容性函數 ➡ p.414
TEXT　設定數值的顯示格式並轉換成字串 ➡ p.189

TEXTJOIN

利用分隔符號結合多個字串

用分隔符號分隔多個字串，同時連結成一個連續的字串。

格式： **TEXTJOIN (分隔符號, 忽略空字元, 文字 1, [文字 2] ,…)**

- 在 [分隔符號] 設定要插入 [字串] 之間的字串。直接設定時，要用「"」包圍，如「","」。
- 在 [忽略空字元] 設定 [字串] 為空白時的處理。若為 TRUE，忽略空白，不插入 [分隔符號]。若為 FALSE，即使空白，也會插入 [分隔符號]。
- 在 [字串] 設定要連結的字串或儲存格範圍。若直接設定字串，要用「"」包圍。設定了儲存格時，用 [分隔符號] 分隔各個儲存格並連結。

範例 1 用逗號隔開並合併成一筆資料

	A	B	C	D	E
1	NO	姓名	年齡	性別	連結字串
2	A1001	山本　櫻子		女	A1001,山本　櫻子,,女
3					

公式 **=TEXTJOIN(",",FALSE,A2:D2)**

說明 不忽略空白，以逗號(,)隔開，連結 A2～D2 儲存格內的字串。這裡的「年齡」為空欄，只插入逗號。

Hint 可以連結的最大字元數是 32767 字元(儲存格內可以輸入的字元上限)。

相關 CONCAT 結合多個字串 ➡ p.180

REPLACE

將指定字元數的字元取代成其他字元

把字串中包含指定字元數的字元取代成其他字元。不論半形文字或全形文字，都計算為一個字元。

格式： REPLACE(字串, 開始位置, 字元數, 取代字串)

- 把 [字串] 指定的 [開始位置] 到 [字元數] 的文字取代成 [取代字串]。
- 在 [字串] 設定成為取代對象的字串。
- 在 [開始位置] 把字串的開頭當作 1，設定要進行取代的最初位置為第幾個字元。
- 在 [字元數] 設定要取代的字元數。
- 在 [取代字串] 設定要取代的字串。

範例 1 只顯示 ID 末尾的 5 個字元，並將前面取代成「*」

	A	B	C
1	ID	末4位數	
2	0123-4567-8910	*********-8910	
3			

公式 =REPLACE(A2,1,9,"*********")

說明 把 A2 儲存格的 ID 從第 1 個字元開始的 9 個字元取代成「*********」。如果改寫成以下這樣，不論原始文字的字元數有多少，除了末 5 個字元之外，其餘都取代成「*」。
例：「=REPLACE(A2,1,LEN(A2)-5,REPT("*",LEN(A2)-5))」

相關

REPLACEB 將指定位元組數的字元取代成其他字元 ➡ p.183
LEN 計算字串的字元數 ➡ p.176
REPT 依指定的次數顯示字串 ➡ p.187

文字　取代字串　365 2019 2016 2013

REPLACEB

將指定位元組數的字元取代成其他字元

把字串中包含指定位元組數的字元取代成其他字元。半形文字計算為一個字元組，全形文字計算為兩個字元組。

格式： **REPLACEB(字串, 開始位置, 位元組數, 取代字串)**

- 把 [字串] 指定的 [開始位置] 到 [位元組數] 的文字取代成 [取代字串]。
- 在 [字串] 設定成為取代對象的字串。
- 在 [開始位置] 把字串的開頭當作 1，設定要進行取代的最初位置為第幾個字元。
- 在 [位元組數] 設定要取代的位元組數。
- 在 [取代字串] 設定要取代的字串。

文字　取代字串　365 2019 2016 2013

SUBSTITUTE

把搜尋到的字串取代成其他字串

搜尋字串內指定的字串，並取代成其他字串。

格式： **SUBSTITUTE(字串, 搜尋字串, 取代字串, [取代對象])**

- 在 [字串] 設定包含取代文字的字串。
- 在 [搜尋字串] 設定要取代的字串。
- 在 [取代字串] 設定用來取代 [搜尋字串] 的字串。
- 當 [字串] 內找到多個 [搜尋字串] 時，以數值設定 [取代對象] 要取代第幾個字串。假設只取代第一個字串時，設定為「1」。省略時，會取代所有找到的 [搜尋字串]。

範例 ① 把第一個「/」取代成「：」

	A	B	C
1	字串	取代後	
2	對象/2019/2016/2013	對象：2019/2016/2013	
3			

公式 =SUBSTITUTE(A2,"/","：",1)

說明　在 A2 儲存格的字串中搜尋「/」，把第一個「/」取代成「：」。

相關　REPLACE　將指定字元數的字元取代成其他字元➡ p.182

FIND

計算字串的位置

在字串中搜尋指定字串，傳回從頭開始第幾個字元找到該字串。不論半形文字或全形文字都計算為一個字元。

格式： FIND(搜尋字串, 對象, [開始位置])

- 在 [搜尋字串] 設定要搜尋的字串。設定了空字元("")時，會傳回開始位置的文字。
- 在 [對象] 設定包含搜尋文字的字串。
- 在 [開始位置] 設定 [對象] 的第幾個字元為開始搜尋的位置。省略時，預設為 1。

Hint 半形文字、全形文字、大寫與小寫有區別，不能使用萬用字元。沒有找到搜尋字串時，會傳回錯誤值「#VALUE!」。

範例 1 計算電子郵件「@」的位置

	A	B	C
1	電子郵件	@	
2	yamada_h@xxx.xx	9	
3	tsuji@xxx.xx	6	
4			

公式 =FIND("@",A2)

說明 查詢電子郵件(A2)中「@」的位置。

範例 2 取出電子郵件「@」前後的字串

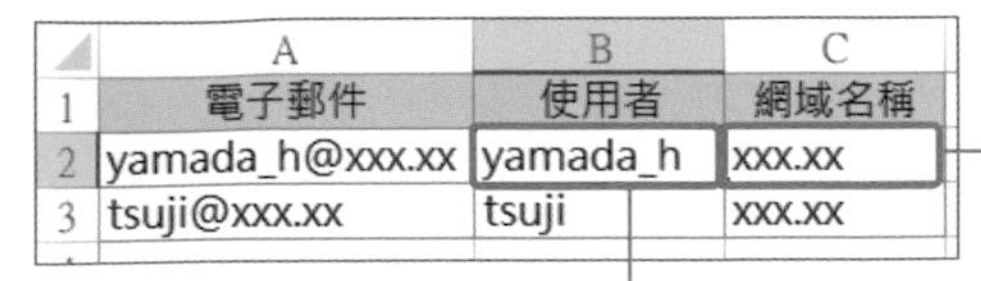

	A	B	C
1	電子郵件	使用者	網域名稱
2	yamada_h@xxx.xx	yamada_h	xxx.xx
3	tsuji@xxx.xx	tsuji	xxx.xx

公式 =RIGHT(A2,LEN(A2)-FIND("@",A2))

公式 =LEFT(A2,FIND("@",A2)-1)

說明 在 B2 儲存格使用 FIND 函數，查詢 A2 儲存格電子郵件中的「@」位置，使用 LEFT 函數從頭開始取出該位置減 1 後的數值。這樣可以取得「@」之前的字串。

說明 在 C2 儲存格使用 FIND 函數查詢 A2 儲存格電子郵件中的「@」位置，以 LEN 函數查詢所有字元數，使用 RIGHT 函數，從末尾取出減去「@」位置後的數值。這樣可以取得「@」後面的字串。

文字　搜尋字串　365　2019　2016　2013

FINDB

計算字串的字元組位置

在字串中搜尋指定字串，傳回從頭開始第幾個位元組找到該字串。半形文字計算為一個位元組，全形文字計算為兩個位元組。

格式： **FINDB(搜尋字串, 對象, [開始位置])**

- 在 [搜尋字串] 設定要搜尋的字串。設定了空字元("")時，會傳回開始位置的文字。
- 在 [對象] 設定包含搜尋文字的字串。
- 在 [開始位置] 設定 [對象] 的第幾個位元組為開始搜尋的位置。省略時，預設為 1。

Hint 半形文字、全形文字、大寫與小寫有區別，不能使用萬用字元。沒有找到搜尋字串時，會傳回錯誤值「#VALUE!」。

相關
LEN 計算字串的字元數 ➡ p.176
LEFT 從字串開頭取出指定數量的字元 ➡ p.177
RIGHT 從字串末尾取出指定數量的字元 ➡ p.178

SEARCH

計算字串的位置

在字串中搜尋指定字串，傳回從頭開始第幾個字元找到該字串。不論半形文字或全形文字都計算為一個字元。

格式： SEARCH(搜尋字串, 對象, [開始位置])

- 在 [搜尋字串] 設定要搜尋的字串。設定了空字元("")時，會傳回開始位置的文字。
- 在 [對象] 設定包含搜尋文字的字串。
- 在 [開始位置] 設定 [對象] 的第幾個字元為開始搜尋的位置。省略時，預設為 1。

Hint 半形文字、全形文字、大寫與小寫有區別，不能使用萬用字元。沒有找到搜尋字串時，會傳回錯誤值「#VALUE!」。如果想區分大寫與小寫，請使用 FIND 函數。

範例 1 查詢指定模式的字串開始位置

	A	B
1	路徑	搜尋結果
2	c:\work\新宿分店.xlsx	8
3	c:\work\報告書.docx	#VALUE!
4	c:\keiri\日本橋分店.xlsx	9
5		
6		

公式 =SEARCH("*xlsx",A2,4)

說明 查詢 A2 儲存格內 4 個字元之後「開頭為 \，結尾為 xlsx」的字串位置。如果沒找到，會顯示錯誤值。

範例 2 取出資料夾內的 Excel 檔案名稱

	A	B	C
1	路徑	Excel檔案	
2	c:\work\新宿分店.xlsx	新宿分店.xlsx	
3	c:\work\報告書.docx		

公式 =IFERROR(MID(A2,SEARCH("*xlsx",A2,4)+1,20),"")

說明 查詢 C 磁碟機的資料夾內 Excel 檔案的位置，並使用 MID 函數取出檔案名稱。如果沒有找到，會出現錯誤。當 IFERROR 函數發生錯誤時，會視為("")，不顯示任何內容。

文字　搜尋字串　365 2019 2016 2013

SEARCHB

計算字串的位元組位置

在字串中搜尋指定字串，傳回從頭開始第幾個位元組找到該字串。半形文字計算為一個位元組，全形文字計算為兩個位元組。

格式：　**SEARCHB(搜尋字串, 對象,[開始位置])**

- 在 [搜尋字串] 設定要搜尋的字串。設定了空字元("")時，會傳回開始位置的文字。
- 在 [對象] 設定包含搜尋文字的字串。
- 在 [開始位置] 設定 [對象] 的第幾個位元組為開始搜尋的位置。省略時，預設為 1。

Hint 半形文字、全形文字、大寫與小寫有區別，不能使用萬用字元。沒有找到搜尋字串時，會傳回錯誤值「#VALUE!」。

文字　顯示字串　365 2019 2016 2013

REPT

依指定的次數顯示字串

依照指定次數重複顯示字串。

格式：　**REPT(字串, 重複次數)**

- 在 [字串] 設定要重複的字串。
- 在 [重複次數] 以 0 ～ 32737 的範圍設定重複次數。如果設定為 0，會傳回空字元("")。設定了整數以外的值時，會捨去小數點以下的部分。

範例 1 依照評價重複顯示星號「☆」

	A	B	C	D
1	電影	評價		
2	羅馬假期	5	☆☆☆☆☆	
3	戰爭與和平	3.5	☆☆☆	
4	謎中謎	4	☆☆☆☆	
5				

公式 =REPT("☆",B2)

說明 依照 B2 儲存格的數字重複顯示「☆」。小數點以下捨去，如果是「3.5」，會顯示成三顆「☆」。

FIXED

在數值加上千分位逗號或小數點符號並轉換成字串

將數值四捨五入至指定位數，並在結果加上千分位逗號「,」及小數點「.」，轉換成字串。

格式： FIXED(數值,[位數],[千分位])

- 在 [數值] 設定成為對象的數值。
- 在 [位數] 設定小數點以下的位數。設定方法和 ROUND 函數一樣。例如，設定為 1 時，四捨五入至小數點以下第一位。設定為 0 時，四捨五入至個位，設定為 -1 時，四捨五入至十位。省略時，預設為 2。
- [千分位] 設定為 FALSE 或省略時，加上千分位逗號。設定為 TRUE 時，不加上千分位逗號。

Hint 如果想將貨幣符號或百分比顯示的數值轉換成字串，請使用 TEXT 函數。

範例 1 將數值四捨五入至指定位數並轉換成字串

	A	B	C	D
1	數值	位數	千分位	結果
2	1234.567	1	有	1,234.6
3	1234.567	-1		1,230
4	1234.567	0	沒有	1235
5				

公式 =FIXED(A2,B2)

公式 =FIXED(A4,B4,TRUE)

說明 在 D2 儲存格顯示把 A2 儲存格的數值四捨五入至小數點以下第一位，並加上千分位逗號的結果。在 D4 儲存格顯示把 A4 儲存格的數值四捨五入至個位，不加上千分位逗號的結果。

相關
TEXT 設定數值的顯示格式並轉換成字串 ➡ p.189
ROUND 將數值四捨五入至指定位數 ➡ p.44

TEXT

設定數值的顯示格式並轉換成字串

將數值設定成指定的顯示格式並轉換成字串。

格式： **TEXT(數值, 顯示格式)**

- 在 [數值] 設定要指定顯示格式的數值。
- 在 [顯示格式] 使用格式符號，以字串設定顯示格式。例如用「"」包圍格式符號進行設定，如「"#,##0"」。

範例 1 利用日期顯示星期名稱

	A	B	C
1	日期	星期1	星期2
2	2021/2/15	星期一	Monday
3	2021/2/16	星期二	Tuesday

公式 **=TEXT(A2,"aaaa")**

公式 **=TEXT(A2,"dddd")**

說明 在 B2 儲存格以「aaaa」格式顯示 A2 儲存格的日期是星期幾。在 C2 儲存格以「dddd」格式顯示星期名稱。

範例 2 連接日期、金額及字串

	A	B	C
1	日期	金額	連接文字
2	2021/2/15	$15,000	2021/2/15的帳單：$15,000。
3	2021/2/16	$9,000	2021/2/16的帳單：$9,000。
4	2021/2/17	$28,000	2021/2/17的帳單：$28,000。

公式 **=CONCAT(TEXT(A2,"yyyy/m/d")," 的帳單：",**
TEXT(B2,"$#,##0"),"。")

說明 使用 TEXT 函數設定日期(A2)與金額(B2)的顯示格式，並轉換成字串，再以 CONCAT 函數連接日期、金額及字串。

相關 設定顯示格式 ➡ p.372

文字 轉換字串 365 2019 2016 2013

ASC

將全形文字轉換成半形

將全形英數文字（兩個位元組）轉換成半形英數文字（一個位元組）。

格式： **=ASC(字串)**

在 [字串] 設定想轉換成半形，包含英數文字的字串。字串內的中文字不會變成半形。例如「=ASC("Ｅｘｃｅｌ函數課程")」傳回「Excel 函數課程」。

文字 轉換字串 365 2019 2016 2013

BIG5

把半形文字轉換成全形

將半形英數文字（一個位元組）轉換成全形英數文字（兩個位元組）。

格式： **=BIG5(字串)**

在 [字串] 設定想轉換成全形，包含英數文字的字串。例如「=BIG5("Excel 基礎 2019")」傳回「Ｅｘｃｅｌ基礎２０１９」。

文字 轉換字串 365 2019 2016 2013

ROMAN

將數值轉換成羅馬數字

把數值轉換成以羅馬數字顯示的字串，如「Ⅰ、Ⅱ、Ⅲ」。設定格式就能指定羅馬字的形式。

格式： **ROMAN(數值, [格式])**

- 在 [數值] 設定原始數值。
- 在 [格式] 設定羅馬數字的格式（請參考下表）。

格式

格式	種類
0,TRUE, 省略	古典
1	比 0 還精簡的格式
2	比 1 還精簡的格式
3	比 2 還精簡的格式
4,FALSE	簡化（最簡化的格式）

文字 | 轉換字串 | 365 | 2019 | 2016 | 2013

ARABIC

把羅馬數字轉換成數值

把指定的羅馬數字轉換成數值(阿拉伯數字)。

格式： **ARABIC(字串)**

在 [字串] 設定羅馬數字。必須使用半形英文小寫或大寫設定。

文字 | 轉換字串 | 365 | 2019 | 2016 | 2013

YEN

將數值轉換成日元貨幣字串

將數值四捨五入至指定位數，使用日元貨幣格式(¥)轉換成字串。

格式： **YEN(數值,[位數])**

- 在 [數值] 設定原始數值。例如「=YEN(1500)」傳回「¥1,500」。
- 在 [位數] 設定要顯示的位數。例如設定為「2」，會四捨五入至小數點以下第二位。設定方法和 ROUND 函數一樣。省略時，預設為 0。

文字 | 轉換字串 | 365 | 2019 | 2016 | 2013

DOLLAR

將數值轉換成美元貨幣字串

將數值四捨五入至指定的位數，使用美元貨幣格式($)轉換成字串。

格式： **DOLLAR (數值,[位數])**

- 在 [數值] 設定原始數值。例如「= DOLLAR(1500)」傳回「$1,500.00」。
- 在 [位數] 設定要顯示的位數。例如設定為「2」，會四捨五入至小數點以下第二位。設定方法和 ROUND 函數一樣。省略時，預設為 0。

相關 ROUND 將數值四捨五入至指定位數➡ p.44

文字　轉換字串　365　2019　2016　2013

BAHTTEXT

將數值轉換成泰銖貨幣字串

把數值轉換成泰文，並加上代表 baht 的接尾字串。

格式： BAHTTEXT(數值)

在 [數值] 設定原始數值。例如「= BAHTTEXT(1500)」傳回「หนึ่งพันห้าร้อยบาทถ้วน」。

文字　轉換字串　365　2019　2016　2013

LOWER

把英文轉換成小寫

把字串內的英文大寫全都轉換成小寫。

格式： LOWER(字串)

在 [字串] 設定原始字串。英文不論全形或半形都會進行轉換。例如「=LOWER("Apple pie")」傳回「apple pie」。

文字　轉換字串　365　2019　2016　2013

UPPER

將英文轉換成大寫

把字串內的英文小寫全都轉換成大寫。

格式： UPPER(字串)

在 [字串] 設定原始字串。英文不論全形或半形都會進行轉換。例如「=UPPER("Apple pie")」傳回「APPLE PIE」。

文字 | 轉換字串 | 365 2019 2016 2013

PROPER

只將英文單字的第一個字母轉換成大寫

把字串內的英文單字第一個字母或符號後面的字母轉換成大寫，其餘英文字都轉換成小寫。

格式： PROPER(字串)

在 [字串] 設定原始字串。英文不論全形或半形都會進行轉換。例如「=PROPER("Apple pie")」傳回「Apple Pie」。

文字 | 轉換字串 | 365 2019 2016 2013

NUMBERSTRING

將數值轉換成國字

以指定格式將數值轉換成國字數字。

格式： NUMBERSTRING (數值, 形式)

- 在 [數值] 設定原始數值。
- 在 [格式] 以 1 ～ 3 的整數設定要轉換的國字格式(請參考下表)。例如「=NUMBERSTRING(12345,1)」傳回「一萬二千三百四十五」。

數值格式

格式	轉換文字（以 15432 為例）	對應儲存格的顯示格式
1	一萬五千四百三十二	[DBNum1]
2	壹萬伍仟肆佰參拾貳	[DBNum2]
3	一五四三二	[DBNum1]#

Hint 這個函數無法從函數庫中選取，必須手動輸入公式。

NUMBERVALUE

把以地區格式顯示的數字轉換成數值

把以某個地區格式顯示的字串數字，按照指定的小數點符號與千分位符號轉換成一般使用的數值。

格式： **NUMBERVALUE(字串,[小數點符號],[千分位符號])**

- 在 [字串] 透過特定國家或地區使用的方法，用字串設定數字。如果是空字元 ("")，就傳回 0。
- 在 [小數點符號] 設定當作小數點使用的符號。省略時，套用目前電腦的設定。
- 在 [千分位符號] 設定當作千分位使用的符號。省略時，套用目前電腦的設定。

Hint 德國與法國把「.」(句號) 當作千分位符號，「,」(逗號) 當作小數點符號，符號用法與臺灣、美國不同。若想轉換顯示格式的數字時，可以使用這個函數。

範例 1 把使用歐洲格式顯示的數字轉換成美元貨幣的數值

	A	B	C
1	顯示種類	字串	轉換後（貨幣：美元）
2	德國顯示格式	2.500,25	$2,500.25
3			

公式 **=NUMBERVALUE(B2,",",".")**

說明 把「.」當作千分位符號，「,」當作小數點符號顯示的 B2 儲存格數字轉換成數值。轉換後，按一下 [常用] → [會計數字格式] 的 [▼]，選擇 [$ 英文 (美國)]，設定成美元的顯示格式。

VALUE

把代表數值的字串轉換成數值

把代表數值的字串轉換成數值。從其他應用程式取得的資料若顯示成字串，可以利用這個函數轉換成數值。

格式： **VALUE(字串)**

在 [字串] 設定要轉換成數值的字串。必須設定成 Excel 會辨識為數值的格式，如數字、日期時間、百分比、貨幣等字串。無法轉換時，會傳回「#VALUE!」。

範例 1 把當作字串輸入的值轉換成數值

	A	B	C
1	字串	數值轉換	
2	15000	15000	
3	$150.25	150.25	
4	15%	0.15	
5	2021/1/3	44199	
6	12:00	0.5	
7			

公式 =VALUE(A2)

顯示序列值

說明 把當作 A2 儲存格的字串輸入的數字轉換成數值。日期或時間轉換成數值時，會顯示成序列值，必須根據狀況設定日期時間的顯示格式。

文字 | 比較字串 | 365 | 2019 | 2016 | 2013

EXACT

比較兩個字串是否相同

比較兩個字串，完全相同時傳回 TRUE，不相同時傳回 FALSE。

格式： **EXACT(字串 1, 字串 2)**

- 在 [字串 1] 設定要比較的字串。
- 在 [字串 2] 設定另外一個要比較的字串。例如「=EXACT("Apple","apple")」，因為不相同，所以傳回「FALSE」。

Hint 會區分大小寫與全形、半形。

文字 | 刪除空格 | 365 | 2019 | 2016 | 2013

TRIM

刪除多餘的空格

保留每個單字之間的一個空格，刪除其他多餘的空格。

格式： **TRIM(字串)**

在 [字串] 設定原始字串。例如「=TRIM(" New York")」，只保留單字之間的一個空格，傳回「New York」。

CLEAN

刪除無法列印的字元

刪除指定字串中無法列印的字元，如換行符號、標籤符號等。

格式：　CLEAN(字串)

在 [字串] 設定已經輸入原始字串的儲存格。

Hint 可以刪除 ASCII 碼 0 ～ 31 對應的控制字元。

範例 1 刪除換行字元

	A	B	C
1	字串	刪除控制字元	
2	Excel 函數講座	Excel函數講座	
3			

公式 =CLEAN(A2)

說明 刪除 A2 儲存格內的換行字元，顯示成一行。

文字　字碼　365 2019 2016 2013

CODE

查詢指定字元的字碼

以十進位傳回指定字串內開頭字元的字碼(ASCII 或 BIG5)。

格式： CODE(文字)

在 [字串] 設定要查詢字碼的字元。設定了多個字元時，會傳回開頭字元的字碼。

Hint 字碼是電腦為了顯示字元，分配給各個字元的識別編號。字碼有不同種類，ASCII 碼是分配控制字元、半形英數符號的字碼，也是世上最普及的字碼。BIG5 碼是用來顯示中文的字碼規格。

文字　字碼　365 2019 2016 2013

UNICODE

查詢指定字元的 Unicode 編碼

以十進位制的數值傳回指定字串內開頭字元的 Unicode 編碼。

格式： UNICODE(字串)

在 [字串] 設定要查詢 Unicode 編碼的字串。設定了多個字元時，會傳回開頭字元的字碼。

Hint Unicode 是國際標準的字碼規格，包含了世界主要語言中大部分的字元，並依序加上編號。

範例 1 計算 ASCII/JIS 碼與 Unicode

	A	B	C	D
1	字串	字碼 ASCII/JIS	字碼 UNICODE	
2	!	33	33	
3	A	65	65	
4	1	49	49	
5	あ	9250	12354	
6	伊	12363	20234	
7				
8				

公式 =CODE(A2)

公式 =UNICODE(A2)

說明 在 B2 儲存格使用 CODE 函數，計算 A2 儲存格字元的 ASCII/JIS 碼。在 C2 儲存格使用 UNICODE 函數，計算 A2 儲存格字元的 Unicode 編碼。

CHAR

由字碼查詢字元

傳回與指定字碼對應的字元。

格式： CHAR(數值)

在 [數值] 以十進位設定想查詢的字元 ASCII 碼。

Hint 如果字碼為十六進位，可以使用 HEX2DEC 函數將十六進位轉換成十進位，再使用 CHAR 函數。

UNICHAR

由 UNICODE 編碼查詢字元

傳回與指定 UNICODE 編碼對應的字元。

格式： UNICHAR(數值)

在 [數值] 以十進位數值設定查詢字元的 UNICODE 編碼。

Hint 如果字碼為十六進位，可以使用 HEX2DEC 函數將十六進位轉換成十進位，再使用 UNICHAR 函數。

範例 1 使用字碼查詢字元

	A	B	C	D	E
1	字碼 ASCII	字元		字碼 UNICODE	字元
2	49	1		49	1
3	65	A		65	A
4	33	!		33	!
5					

公式 =CHAR(A2)

公式 =UNICHAR(D2)

說明 在 B2 儲存格使用 CHAR 函數，由 A2 儲存格的 ASCII 碼找出對應的字元。在 E2 儲存格使用 UNICHAR 函數，由 D2 儲存格的 Unicode 編碼取得對應的字元。

相關 HEX2DEC 將十六進位轉換成十進位➡ p.328

PHONETIC

取出字串的平假名

從儲存格或儲存格範圍內輸入的字串取出平假名。

格式：　PHONETIC(参照)

在 [參照] 設定已經輸入了要取得平假名文字的儲存格或儲存格範圍。

Hint 儲存格內的值為數值或邏輯值(TRUE、FALSE)時，傳回空字元("")。此外，英文字母、符號、以其他軟體建立的資料等字串如果不含平假名時，會直接顯示儲存格內的字串。

範例 1 顯示儲存格範圍內輸入文字的平假名

	A	B	C	D
1	姓	名	平假名	
2	山本	桜子	ヤマモトサクラコ	
3				

公式 =PHONETIC(A2:B2)

說明 顯示 A2～B2 儲存格內字串的平假名。

T

只取出字串

指定的值參照了字串時，傳回該字串；若參照的不是字串，則傳回空字串("")。

格式：　T(值)

在 [值] 設定要取出的字串或儲存格參照。

範例 1 只顯示輸入在儲存格內的文字

	A	B	C	D
1	值	取出字串	值的資料	
2	櫻花	櫻花	字串	
3	2022/5/23		公式 (=TODAY())	
4	123		數值	
5	TRUE		邏輯值	

公式 =T(A2)

說明 顯示 A2 儲存格的字串。由於 A3～A5 儲存格沒有輸入字串，所以變成空字元("")，沒有顯示任何內容。

邏輯函數

邏輯函數包含符合或不符合條件時，顯示不同結果的函數，以及把 TRUE、FALSE 當作結果傳回的函數。邏輯函數主要用在邏輯表達式，本章將介紹一個或組合多個邏輯表達式的函數種類及用法。

IF

依是否符合條件傳回不同值

依照指定的條件式成立或不成立，顯示不同結果。

格式： IF(邏輯表達式, 如果為真, [如果為假])

- [邏輯表達式] 的結果為 TRUE，傳回 [如果為真] 的值。若為 FALSE，傳回 [如果為假] 的值。
- 在 [邏輯表達式] 設定傳回 TRUE 或 FALSE 的表達式。
- 在 [如果為真] 設定當 [邏輯表達式] 為 TRUE 或 0 以外時，要傳回的值或公式。
- 在 [如果為假] 設定當 [邏輯表達式] 為 FALSE 或 0 時，要傳回的值或公式。省略時，[邏輯表達式] 為 FALSE，傳回「0」。

範例 1 確認年齡是否滿 20 歲

	A	B	C	D
1	姓名	年齡	檢查年齡	
2	井上　紀子	32		
3	田島　亮	16	需要監護人	
4	鈴木　義信	23		
5				

公式 =IF(B2<20,"需要監護人","")

說明 當年齡(B2)不到 20 時(B2<20)，顯示為「需要監護人」。如果不是，就不顯示內容。沒有顯示內容時，設定為「""」。

相關

IFS 分階段判斷多個條件的結果並傳回不同值 ➡ p.208
DATE 從年、月、日取得日期 ➡ p.82

範例 2 在 IF 函數中設定 IF 函數，根據分數顯示「A」、「B」、「C」等級

	A	B	C	D
1	學生姓名	分數	等級	
2	田中　早苗	86	A	
3	山本　賢吾	60	C	
4	飯田　直美	72	B	
5				

公式 =IF(B2>=85,"A",IF(B2>=70,"B","C"))

說明 分數(B2)為 85 以上時，顯示「A」。如果不是，進一步設定 IF 函數，分數為 70 以上時，顯示為「B」，若不是，則顯示為「C」。在 [如果為假] 新增 IF 函數，設定多個條件，可以分階段進行判斷。

範例 3 如果日期晚於「2021/1/4」，顯示為「已交出」

	A	B	C
1	學生姓名	日期	確認(1/4之後交出)
2	田中　早苗	2021/1/27	已交出
3	山本　賢吾		
4	飯田　直美	2021/2/3	已交出
5	佐藤　孝之		
6			
7			

公式 =IF(B2>=DATE(2021,1,4),"已交出","")

說明 B2 儲存格的日期晚於「2021/1/4」時，顯示「已交出」。有時必須使用序列值才能比較日期，因此請使用 DATE 函數指定日期。設定成「B2>="2021/1/4"」無法得到正確的結果。

範例 4 依班級是否為三年級改變顯示值

	A	B	C
1	學生姓名	班級	發送簡介
2	田中　早苗	2年1班	不要
3	山本　賢吾	3年2班	要
4	飯田　直美	1年3班	不要
5	佐藤　孝之	3年1班	要
6			

公式 =IF(COUNTIF(B2,"3 年 *"),"要","不要")

說明 B2 儲存格內的班級「以 3 年為開頭」時，顯示為「要」，如果不是，顯示為「不要」。以邏輯表達式顯示「COUNTIF(B2,"3 年 *")」，若開頭為「3 年」，傳回 1(TRUE)，若不是，則傳回 0(FALSE)。想使用萬用字元設定條件時，可以使用這種方法。

AND

查詢是否符合多個條件

以引數設定的邏輯表達式全都成立(TRUE)時，傳回 TRUE，全都不成立(FALSE)時，傳回 FALSE。這是在 IF 函數內，可以設定多個條件，並依照是否符合所有條件，傳回不同值時的邏輯表達式。

格式： AND(邏輯表達式 1, [邏輯表達式 2]…)

在 [邏輯表達式] 設定傳回 TRUE(0 以外)或 FALSE(0)的公式。

Hint AND 函數是當有條件 1(B2 儲存格的值為男性)與條件 2(C2 儲存格的值超過 25)，兩者皆符合為 TRUE，其餘為 FALSE，如下圖所示。這種邏輯運算稱作「邏輯與」。

邏輯與

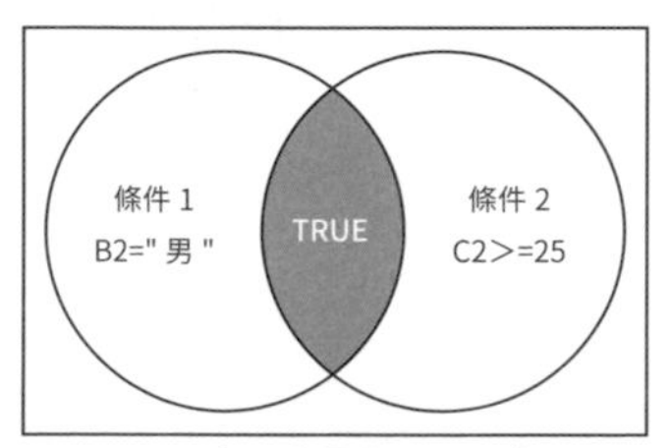

AND(B2=" 男 ",C2>=25)

範例 1 員工性別為「男」且年齡為「25 歲以上」時，顯示「受檢對象」

	A	B	C	D
1	員工編號	性別	年齡	慢性病健檢對象
2	1001	男	26	受檢對象
3	1002	男	23	
4	1003	男	38	受檢對象
5	1004	女	26	
6				

說明 性別(B2)為「男」且年齡(C2)為「25 以上」，就顯示「受檢對象」，其餘則不顯示任何內容。

公式 =IF(AND(B2="男",C2>=25)," 受檢對象 ","")

相關

IF 依是否符合條件傳回不同值 ➡ p.202
OR 查詢是否符合多個條件中的其中一個 ➡ p.205

OR

查詢是否符合多個條件中的其中一個

在引數設定的邏輯表達式，只要其中一個成立(TRUE)就傳回 TRUE，都不成立(FALSE)則傳回 FALSE。這是在 IF 函數中，可以設定符合多個條件中的一個，或都不符合時，傳回不同值的邏輯表達式。

格式： **OR(邏輯表達式 1, [邏輯表達式 2]…)**

在 [邏輯表達式] 設定傳回 TRUE(0 以外) 或 FALSE(0) 的公式。最大可以設定到 255 個。

Hint OR 函數是當有條件 1(B2 儲存格的值為男性) 與條件 2(C2 儲存格的值超過 25)，符合其中一個為 TRUE，其餘為 FALSE，如下圖所示。這種邏輯運算稱作「邏輯或」。

邏輯或

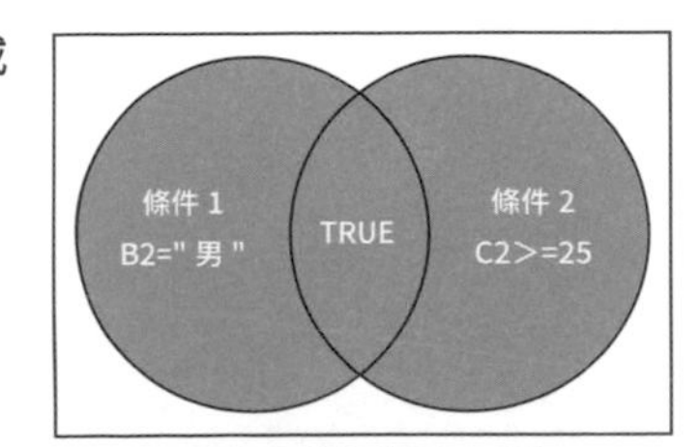

OR(B2=" 男 ",C2>=25)

範例 1 員工性別為「男」或年齡為「25 歲以上」時，顯示「受檢對象」

	A	B	C	D
1	員工編號	性別	年齡	成人健檢對象
2	1001	男	26	受檢對象
3	1002	男	23	受檢對象
4	1003	男	38	受檢對象
5	1004	女	26	受檢對象

說明 性別(B2)為「男」或年齡(C2)為「25 以上」，就顯示「受檢對象」，其餘則不顯示任何內容。

公式 =IF(OR(B2=" 男 ",C2>=25)," 受檢對象 ","")

相關

IF　依是否符合條件傳回不同值 ➡ p.202
AND　查詢是否符合多個條件 ➡ p.204

邏輯　條件　365　2019　2016　2013

NOT

TRUE 時傳回 FALSE，FALSE 時傳回 TRUE

指定的邏輯表達式為 TRUE 時，傳回 FALSE，若為 FALSE，則傳回 TRUE。

格式： NOT(邏輯表達式)

在 [邏輯表達式] 設定傳回 TRUE(0 以外) 或 FALSE(0) 的公式。

Hint NOT 函數是條件 1(B2 儲存格的值為男性) 為 TRUE 時，反轉結果，FALSE 的部分變成 TRUE。「NOT(B2="A")」和使用了比較運算子的「B2<>"A"」一樣。這種邏輯運算稱作「否定」。

否定

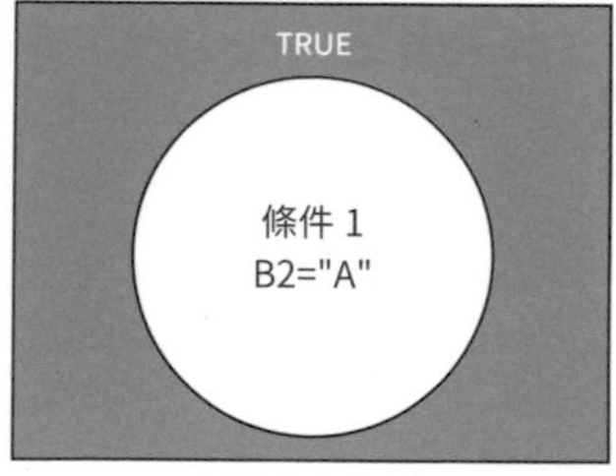

NOT(B2="A")

範例 1 評分不是 A 的學生在「作業」欄顯示「分配作業」

	A	B	C	D
1	學生姓名	評分	作業	
2	田中　早苗	B	分配作業	
3	山本　賢吾	C	分配作業	
4	飯田　直美	A		
5	木村　純一	D	分配作業	
6				

說明 評分(B2) 不是「A」時，顯示「分配作業」，其餘不顯示內容。

公式 =IF(NOT(B2="A"),"分配作業","")

XOR

查詢是否只符合兩個邏輯表達式中的其中一個

在多個邏輯表達式的結果中，如果 TRUE 的數量為奇數，就傳回 TRUE。若為偶數，則傳回 FALSE。假設有兩個邏輯表達式，只有其中一個為真(TRUE)，另一個為假(FALSE)時，會傳回 TRUE。兩者皆為真(TRUE)或兩者皆為假(FALSE)時，傳回 FALSE。

格式： XOR(邏輯表達式 1,[邏輯表達式 2],…)

在 [邏輯表達式] 設定傳回 TRUE 或 FALSE 的公式，最大可以設定到 254 個。

Hint XOR 函數是只有條件 1(B2 儲存格的值為及格)與條件 2(C2 儲存格的值為及格)，其中一方為 TRUE 才傳回 TRUE，如下圖所示。這種邏輯運算稱作「邏輯互斥或」。

邏輯互斥或

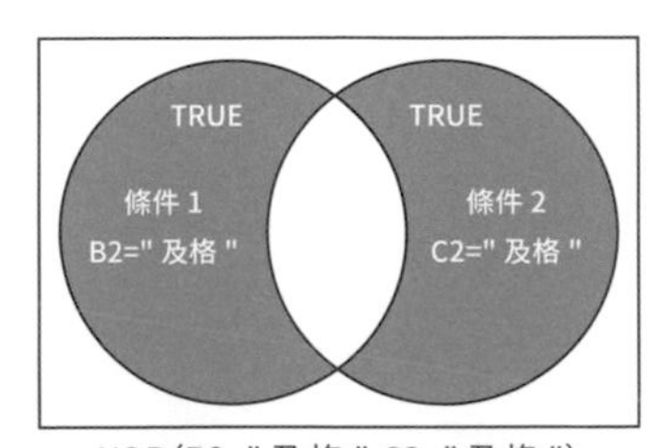

XOR(B2=" 及格 ",C2=" 及格 ")

範例 1 文法與閱讀測驗只有一科及格的學生顯示為「1」

	A	B	C	D
1	學生姓名	文法	閱讀	只有一科及格
2	田中　早苗	及格	不及格	1
3	山本　賢吾	不及格	不及格	
4	飯田　直美	不及格	及格	1
5	木村　純一	及格	及格	
6				

說明 文法(B2)與閱讀(C2)只有其中一科「及格」時，顯示「1」，其餘不顯示內容。

公式 =IF(XOR(B2="及格",C2="及格"),"1","")

IFS

分階段判斷多個條件的結果並傳回不同值

判斷多個條件是否依序成立，傳回與最初成立的條件對應的結果。

格式： **IFS(邏輯表達式 1, 如果為真 1,[邏輯表達式 2, 如果為真 2],…,[TRUE, 任何一個邏輯表達式為假])**

- [邏輯表達式 1] 為真(TRUE)時，傳回 [如果為真 1]。若為假(FALSE)，判斷下一個 [邏輯表達式 2] 為真時，傳回 [如果為真 2]。依序判斷條件，傳回如果為真的結果。[邏輯表達式] 與 [如果為真] 一定要成對設定。
- 在 [邏輯表達式] 設定傳回 TRUE 或 FALSE 的公式。最大可以新增至 127 個。
- 在 [如果為真] 設定當 [邏輯表達式] 為 TRUE 或 0 以外時，要傳回的值或公式。
- 在 [TRUE] 設定沒有符合任何 [邏輯表達式] 時為「TRUE」。
- 在 [任何一個邏輯表達式為假] 設定沒有滿足任何一個 [邏輯表達式] 時，要傳回的值或公式。

範例 1 依照分數設定 A ～ D 等級

	A	B	C
1	學生姓名	分數	等級
2	田中　早苗	86	A
3	山本　賢吾	60	C
4	飯田　直美	72	B
5	木村　純一	50	D
6			

說明 B2 儲存格為 85 以上時，顯示為「A」，70 分以上顯示為「B」，60 分以上顯示為「C」，以上皆非者，顯示為「D」。這裡的重點是，沒有符合任何條件時，在邏輯表達式設定「TRUE」。

公式 =IFS(B2>=85,"A",B2>=70,"B",B2>=60,"C",TRUE,"D")

相關 IF 依是否符合條件傳回不同值 ➡ p.202

SWITCH

顯示與指定值對應的值

針對搜尋值，依序判斷值的清單，傳回與最初一致的值對應的結果。假如都不一致，可以設定把顯示結果當作預設值。

格式： **SWITCH(搜尋值, 值 1, 結果 1,[值 2, 結果 2],…, [預設值])**

- 針對 [搜尋值] 準備 [值] 的清單，依序判斷與該 [值] 是否一致，如果一致，顯示對應 [結果]。若沒有相同值，就顯示 [預設值]。
- 在 [搜尋值] 設定要搜尋的值。
- 在 [值] 設定用來判斷是否與 [搜尋值] 相同的值。最大可以設定到 126。
- 在 [結果] 設定當 [值] 與 [搜尋值] 一致時，顯示的值。
- 在 [預設值] 設定當沒有找到一致的值時，要顯示的值。如果沒有設定，會傳回錯誤值「#N/A」。

範例 1 顯示對應座位類型的票價

	A	B	C
1	演講主題	座位種類	票價
2	古典音樂之王	A	9,000
3	鋼琴之夜	S	12,000
4	車站鋼琴大師	B	待確認
5			

公式 =SWITCH(B2,"S",12000,"A",9000,"待確認")

說明 座位類型(B2)為「S」時，顯示 12000，若為「A」，顯示 9000，其餘顯示成「待確認」。

相關 CHOOSE 從引數清單取值 ➡ p.221

IFERROR

設定結果為錯誤值時要顯示的值

公式出現錯誤時，用空字串或其他值取代錯誤值。若是其他情況，則顯示公式的結果。

格式： **IFERROR(值, 錯誤時的值)**

- 在 [值] 設定用來判斷是否錯誤的公式或儲存格參照。
- 在 [錯誤時的值] 設定 [值] 錯誤時顯示的內容。

範例 1 計算結果錯誤時，顯示為「—」

	A	B	C	D	E
1	分店	前年度	金年度	成長率	
2	東分店	100	116	116%	
3	西分店		135	-	
4	南分店	150	120	80%	
5	北分店		155	-	
6					

公式 **=IFERROR(C2/B2," — ")**

說明 在「C2/B2」的公式中，如果前年度的值(B2)為空欄時，顯示「—」取代錯誤值「#DIV/0!」。

Hint 這個範例輸入「=IF(B2=""," — ",C2/B2)」也能獲得相同的結果。這個公式是「B2 為空欄」時，顯示「—」，如果不是，則顯示「C2/B2」的結果。「C2/B2」的 B2 為空欄時，會出現錯誤值「#DIV/0!」，因此設定了 IF 函數，避免出現錯誤值。

相關 主要的錯誤值種類 ➡ p.380

IFNA

設定結果為錯誤值「#N/A」時的顯示值

公式出現錯誤值「#N/A」時，用空字串或其他值取代錯誤值。若是其他情況，則顯示公式的結果。這個函數常用在 VLOOKUP 函數的搜尋值不存在時，用空字串或其他值取代錯誤值「#N/A」的情況。

格式： **IFNA(值, 錯誤時的值)**

- 在 [值] 設定用來判斷是否為錯誤值「#N/A」的公式或儲存格參照。
- 在 [錯誤時的值] 設定 [值] 為錯誤值「#N/A」時，要顯示的內容。

範例 1 搜尋商品的結果為錯誤「#N/A」時，顯示「無該項商品」

	A	B	C
1	搜尋商品		
2	NO	商品名稱	
3	1001	無該項商品	
4			
5	商品清單		
6	NO	商品名稱	
7	R001	石榴石戒指	
8	R002	藍寶石戒指	
9	N001	青金石項鍊	
10	N002	紫水晶項鍊	
11			

公式 =IFNA(VLOOKUP(A3,A7:B10,2,FALSE),"無該項商品")

說明 當 VLOOKUP 函數在 A7～B10 的第一欄沒有找到與 A3 儲存格相同的值時，會顯示「無該項商品」，取代錯誤值「#N/A」。

相關 VLOOKUP 垂直搜尋其他資料表並取出資料 ➡ p.214

邏輯 | 邏輯值

365 2019 2016 2013

TRUE

總是傳回「TRUE」

TRUE 函數會固定傳回邏輯值「TRUE」，沒有引數。這個函數是為了與其他試算表軟體相容而準備的。Excel 可以直接在儲存格或公式輸入「TRUE」。

格式： **TRUE()**

邏輯 | 邏輯值

365 2019 2016 2013

FALSE

總是傳回「FALSE」

固定傳回邏輯值「FALSE」。這是用來與其他試算表軟體相容而準備的函數。Excel 可以直接在儲存格或公式輸入「FALSE」。

格式： **FALSE()**

查閱與參照、Web 函數

查閱與參照函數包括計算表格內特定資料，或取得從基準儲存格移動指定列數、欄數之後的值，還有能以各種方法搜尋資料的函數，以及處理儲存格、列、欄的函數等。另外，本章還會介紹幾個與 Web 有關的函數，如 URL 編碼函數等。

VLOOKUP

垂直搜尋其他資料表並取出資料

從其他資料表的第一欄往下搜尋，從找到的那一列開始，傳回指定欄的值。可以設定搜尋類型，取出完全一致的部分，或取出近似值。

格式： VLOOKUP(搜尋值, 範圍, 欄號, [搜尋類型])

- 在 [搜尋值] 設定要搜尋的值。
- 在 [範圍] 設定要搜尋的儲存格範圍。第一欄要包含 [搜尋值]。
- 在 [欄號] 設定要取值的欄號。從 [範圍] 的第一欄開始計數 1、2、3…。
- [搜尋類型] 設定為 FALSE 或 0 時，代表完全一致。設定為 TRUE 或 1，或省略時，計算近似值。如果為 TRUE，與 [範圍] 的第一欄沒有完全一致時，不超過搜尋值的最大值會當作搜尋結果。此時，第一欄的值必須遞增排列。

Hint 搜尋類型為 FALSE（完全一致），或在範圍的第一欄找不到搜尋值，或為空欄時，傳回錯誤值「#N/A」。與 IFNA 函數或 IFERROR 函數搭配，可以設定產生錯誤值時要顯示的值。

範例 1 垂直搜尋商品型號，顯示商品名稱與價格

	A	B	C	D	E	F	G	H
1	型號	商品名稱	價格		型號	商品名稱	價格	
2	C1002	電腦桌	$12,000		C1001	工作桌	$15,000	
3					C1002	電腦桌	$12,000	
4					C1003	工作椅	$6,500	
5					C1004	電腦椅	$8,000	
6								

公式 =VLOOKUP($A2,$E$2:$G$5,2,FALSE)

公式 =VLOOKUP($A2,$E$2:$G$5,3,FALSE)

說明 B2 儲存格的公式是，在資料表(E2～G5)的第一欄搜尋與型號(A2)的值完全一致的部分，找到之後，取出該列第二欄的值。C2 儲存格的公式是取出第三欄的值。

Hint 如果要在 [範圍] 設定其他工作表內的資料表，可以使用「工作表名稱 ! 儲存格範圍」的格式設定。例如，設定成「工作表 1!E2:G5」。

範例 2 利用上市年份及分類取出商品資料

	A	B	C	D	E	F	G	H
1	搜尋商品名稱			商品清單				
2	上市年份	分類		搜尋欄	上市年份	分類	商品名稱	
3	2020	椅子		2019桌子	2019	桌子	電腦桌	
4	商品名稱			2019椅子	2019	椅子	電腦倚	
5	工作椅			2020桌子	2020	桌子	工作桌	
6				2020椅子	2020	椅子	工作椅	

公式 =VLOOKUP(A3&B3,D3:G6,4,FALSE)

公式 =E3&F3

說明 利用上市年份(A3)與分類(B3)的組合搜尋商品名稱。在搜尋值設定「A3&B3」，把連結兩個儲存格的內容當作搜尋值，在資料表(D3～G6)的第一欄，使用為了搜尋用而準備的「=E3&F3」，搜尋商品名稱。這種方法可以用在把多個值當作搜尋值的情況。

範例 3 根據貨物大小計算運費

	A	B	C	D	E	F
2	尺寸	運費		尺寸cm		運費
3	61	$1,000		0	60	$800
4				60.1	80	$1,000
5				80.1	100	$1,250
6				100	120	$1,500
7						

公式 =VLOOKUP(A3,D3:F6,3,TRUE)

說明 把尺寸(A3)的搜尋方法設定為 TRUE：近似值，在資料表(D3～F6)左欄搜尋欄號 3 的值。由於找到的值小於 A3 儲存格(61)值，因此把最大值當作近似值傳回，這裡搜尋到「60.1」，所以把第三欄的「$1,000」當作結果傳回。

相關

IFERROR 設定結果為錯誤值時要顯示的值 ➡ p.210

IFNA 設定結果為錯誤值「#N/A」時的顯示值 ➡ p.211

HLOOKUP

水平搜尋其他資料表並取出資料

從其他資料表的第一欄往右搜尋，從找到的那一欄開始，傳回指定欄的值。可以設定搜尋類型，取出完全一致的部分，或取出近似值。

格式： HLOOKUP(搜尋值, 範圍, 列號, [搜尋類型])

- 在 [搜尋值] 設定要搜尋的值。
- 在 [範圍] 設定要搜尋的儲存格範圍。第一列要包含 [搜尋值]。
- 在 [列號] 設定要取值的列號。從 [範圍] 的第一列開始計數 1、2、3…。
- [搜尋類型] 設定為 FALSE 或 0 時，代表完全一致。設定為 TRUE 或 1，或省略時，計算近似值。如果為 TRUE，與 [範圍] 的第一列沒有完全一致時，不超過搜尋值的最大值會當作搜尋結果。此時，第一列的值必須遞增排列。

Hint 搜尋類型為 FALSE（完全一致），或在範圍的第一列找不到搜尋值，或為空欄時，傳回錯誤值「#N/A」。與 IFNA 函數或 IFERROR 函數搭配，可以設定產生錯誤值時要顯示的值。

範例 1 水平搜尋商品型號，顯示商品名稱與價格

	A	B	C	D	E
1	型號	商品名稱	價格		
2	C1002	電腦桌	$12,000		
3					
4	型號	C1001	C1002	C1003	C1004
5	商品名稱	工作桌	電腦桌	工作椅	電腦椅
6	價格	$15,000	$12,000	$6,500	$8,000
7					

公式 =HLOOKUP($A2,$B$4:$E$6,2,FALSE)

說明 B2 儲存格設定在資料表（B4～E6）第一列搜尋與型號（A2）完全一致的值，並取出該欄第二列的值。

相關

IFERROR 設定結果為錯誤值時要顯示的值 ➡ p.210
IFNA 設定結果為錯誤值「#N/A」時的顯示值 ➡ p.211

LOOKUP…向量形式

分別設定搜尋範圍與取出範圍的值

搜尋只有一列或一欄的儲存格範圍，找到該值後，傳回相同位置的其他列或欄的值。可以分別設定搜尋值的儲存格範圍及取出值的儲存格範圍。

格式： **LOOKUP(搜尋值, 搜尋範圍, 對應範圍)**

- 在 [搜尋範圍] 設定一列或一欄，搜尋 [搜尋值] 設定的值，傳回同一位置的其他列或欄的 [對應範圍] 值。
- 在 [搜尋值] 設定要搜尋的值。
- 在 [搜尋範圍] 設定一列或一欄的儲存格範圍。值必須遞增排序。如果沒有一致的值，會把不到搜尋值的最大值當作搜尋結果。此時，必須遞增排序。
- 在 [對應範圍] 設定要取出值的一列或一行儲存格範圍。取出的值與 [搜尋範圍] 大小相同。

範例 1 取出指定排名的甜點

	A	B	C	D
1	排名	1		
2	甜點	生起司蛋糕		
3				
4	甜點	分數	排名	
5	生起司蛋糕	633	1	
6	蒙布朗	569	2	
7	草莓鮮奶油蛋糕	501	3	
8	泡芙	460	4	
9	巧克力蛋糕	423	5	
10	閃電泡芙	296	6	
11				

公式 =LOOKUP(B1,C5:C10,A5:A10)

說明 在排名欄(C5～C10)搜尋排名(B1)第一名的值，從甜點欄(A5～A10)取出相同位置的值。由此可以得知，利用這個函數能分別設定搜尋範圍與對應範圍(取出範圍)。

LOOKUP…陣列形式

從資料表的陣列較長邊取出搜尋資料

搜尋資料表第一列或第一欄的設定值，找到之後，傳回資料表最後一列或欄相同位置的值。第一欄(縱)與第一列(橫)較長的一方會成為搜尋對象，如果長度一樣，會把第一欄當作搜尋對象。

格式： **LOOKUP(搜尋值, 陣列)**

- 在 [陣列] 設定的儲存格範圍第一欄或第一列搜尋在 [搜尋值] 設定的值，傳回找到的那一列或欄的最後一欄或最後一列的值。
- 在 [搜尋值] 設定要搜尋的值。
- 在 [陣列] 的第一欄或第一列準備要搜尋的儲存格範圍，在最後一列或最後一欄準備要取出的值。如果沒有一致的值，就把未達搜尋值的最大值當作搜尋結果。值必須遞增排序。

範例 1 取出指定月份的營業額

	A	B	C
1	月(上半年)	2	
2	銷售金額	$13,590	
3			
4	月(上半年)	銷售金額	
5	1	$12,850	
6	2	$13,590	
7	3	$10,450	
8	4	$18,620	
9	5	$19,220	
10	6	$17,960	
11			

公式 =LOOKUP(B1,A5:B10)

說明 在儲存格範圍(A5～B10)的第一欄搜尋月(上半年)(B1)為「2」的值，並取出該列最後一欄的值。由於儲存格範圍的列數較多，所以在第一欄搜尋，傳回最後一欄的值。

XLOOKUP

分別設定搜尋範圍與取出範圍的值再搜尋資料

在表格、範圍或陣列中搜尋，傳回與該列位置對應的值。可以統一取出同一列的多個值當作傳回值。如果沒有找到，可以設定顯示值或搜尋方法進行搜尋。

格式： **XLOOKUP(搜尋值, 搜尋範圍, 傳回值範圍, [找不到時], [比對模式], [搜尋模式])**

- 在 [搜尋值] 設定要搜尋的值。不分大寫 / 小寫、全形 / 半形。
- 在 [搜尋範圍] 以一欄設定要搜尋的陣列常數或儲存格範圍。
- 在 [傳回值範圍] 設定要取值的陣列常數或儲存格範圍。要取出的值與 [搜尋範圍] 內的搜尋值位於相同位置。
- 在 [找不到時] 設定沒有找到 [搜尋值] 時，要顯示的字串。省略時，若沒找到 [搜尋值]，會傳回錯誤值「#N/A」。
- 在 [比對模式] 以數值設定比對方法。

比對模式

0 或省略	完全一致（預設值）
－1	完全一致，傳回下一個較小的項目
1	完全一致，傳回下一個較大的項目
2	與萬用字元一致

- 在 [搜尋模式] 以數值設定搜尋方向。

搜尋模式

1 或省略	從開頭搜尋到末尾（預設值）
－1	從末尾搜尋到開頭
2	二進位搜尋（搜尋範圍必須遞增排序）
－2	二進位搜尋（搜尋範圍必須遞減排序）

Hint 在［傳回值範圍］設定了多欄範圍時，可以利用溢出功能，自動在相鄰的儲存格設定函數。設定方式與 VLOOKUP函數或 HLOOKUP函數不同，不需要依照參照欄或列設定欄號或列號。

範例 1 從商品型號取出商品名稱與價格(完全一致時)

	A	B	C	D	E	F	G	H
1	型號	商品名稱	價格		型號	商品名稱	價格	
2	C1002	電腦桌	12000		C1001	工作桌	$15,000	
3					C1002	電腦桌	$12,000	
4					C1003	工作椅	$6,500	
5					C1004	電腦椅	$8,000	
6								

公式 =XLOOKUP(A2,E2:E5,F2:G5,"－")

說明 在型號欄(E2:E5)搜尋 A2 儲存格的型號(C1002)，取得商品名欄、價格欄(F2:G5)內同一位置的列內值。如果沒有找到，就顯示為「－」。利用溢出功能，在 C2 儲存格自動設定函數並顯示值。

範例 2 根據尺寸計算運費(近似值)

	A	B	C	D	E	F
2	尺寸	運費		尺寸	運費	
3	61	$1,000		60	$800	
4				80	$1,000	
5				100	$1,250	
6				120	$1,500	
7						

公式 =XLOOKUP(A3,D3:D6,E3:E6,"－",1)

說明 在尺寸欄(D3:D6)搜尋 A3 儲存格的尺寸(61)，從運費欄(E3～E6)取出值。由於沒有找到一致的值時，會傳回下一個比搜尋值「61」還大的值，所以是「80」，並傳回對應值「$1,000」。假如搜尋值超過 120，因該值不存在，而會傳回「－」。

CHOOSE

從引數的清單取值

傳回與索引編號對應的清單值。例如索引編號為 2，就傳回清單的第 2 個值。

格式： **CHOOSE(索引, 值 1, [值 2], …)**

- 在 [索引] 以 1、2、3…的整數設定要從 [值] 清單中，取出第幾個值。非整數的數值會捨去小數點以下的部分當作整數。
- 在 [值] 設定從 [索引] 取出的值，最大可以設定到 254。

Hint 值可以參照儲存格範圍。假設「=SUM(CHOOSE(2,B2:B3,E2:E3,H2:H3))」，第 2 個「E2:E3」會成為 SUM 函數的儲存格範圍，傳回「=SUM(E2:E3)」的結果。

範例 1 依分類 NO 顯示分類名稱

	A	B	C
1	日期	分類NO	分類
2	2月1日(週一)	1	營業日
3	2月2日(週二)	1	營業日
4	2月3日(週三)	2	公休日
5	2月4日(週四)	1	營業日
6	2月5日(週五)	3	特賣日
7	2月6日(週六)	1	營業日
8			

說明 顯示與分類 NO(B2) 輸入的數值對應的分類(**1**：營業日、**2**：公休日、**3**：特賣日)。這個範例是 **1**，所以顯示第一個值「營業日」。

公式 **=CHOOSE(B2,"營業日","公休日","特賣日")**

相關 **SWITCH** 顯示與指定值對應的值 ➡ p.209

INDEX

計算列、欄指定的儲存格值

在指定的儲存格範圍中，傳回列與欄交叉位置的儲存格值或該值的儲存格參照。

格式： INDEX(參照, 列號, [欄號], [區域編號])

- 在 [參照] 設定索引範圍。可以設定多個不相鄰的範圍。
- 在 [列號] 以數值設定要從 [參照] 指定的儲存格範圍上方開始取出第幾列的值。
- 在 [欄號] 以數值設定要從 [參照] 指定的儲存格範圍左邊開始取出第幾欄的值。
- 在 [區域編號] 設定 [參照] 指定多個不相鄰的範圍時的區域編號。省略時，預設為 1。

Hint

・在 [參照] 設定多個範圍時，要用「()」包圍，如「=INDEX((B3:C7,D3:E7,F3:G7),3,1,2)」。這裡傳回第 2 個區域(D3:E7)第 3 列第 1 欄的值。

・[列號] 或 [欄號] 為 0 或省略時，會傳回 [參照] 內設定的整欄或整列儲存格參照。假設「=SUM(INDEX(B3:C7,,2))」，INDEX 函數會參照「B3:C7」第 2 欄的「C3:C7」，傳回「=SUM(C3:C7)」的結果。

範例 1 從課程清單中取出指定課程 ID 及 NO 的課程名稱

	A	B	C	D	E
1	課程ID	1	2	3	
2	NO	Word	Excel	PowerPoint	
3	1	打字	Excel入門	PowerPoint入門	
4	2	Word入門	Excel應用	PowerPoint應用	
5	3	Word基礎	Excel函數	簡報技巧	
6	4	Word建立長文	Excel統計	-	
7	5	Word製圖	Excel巨集	-	
8					
9	NO	4	Excel統計		
10	課程ID	2			
11					

公式 =INDEX(B3:D7,B9,B10)

說明 在課程清單(B3～D7)取出 B9 儲存格(第 4 列)、B10 儲存格(第 2 欄)的值。

查閱與參照 儲存格參照 365 2019 2016 2013

ROW

計算儲存格的列號

傳回指定儲存格或儲存格範圍開頭的列號。

格式： ROW([範圍])

在 [範圍] 設定儲存格或儲存格範圍。設定了儲存格範圍時，會傳回最上面一列的列號。例如「=ROW(C3:E6)」會傳回「3」。省略時，將傳回函數設定的儲存格列號。

查閱與參照 儲存格參照 365 2019 2016 2013

COLUMN

計算儲存格的欄號

以數值傳回指定的儲存格或儲存格範圍開頭的欄號。欄號 A 欄、B 欄、C 欄、…依序是 1、2、3、…。

格式： COLUMN([範圍])

在 [範圍] 設定儲存格或儲存格範圍。設定了儲存格範圍時，會傳回最左邊的欄號數值。例如「=COLUMN(D3:G6)」會傳回「4」。省略時，將傳回函數設定的儲存格欄號。

範例 1 自動顯示垂直與水平的連續編號

	A	B	C	D	E
1	NO	1	2	3	
2	1				
3	2				
4	3				
5					

公式 =COLUMN()-1

公式 =ROW()-1

說明 在 A2 儲存格設定「=ROW()-1」，由於省略了引數，所以傳回 ROW 函數輸入的儲存格列號「2」，減「1」之後變成「1」。將公式拷貝至 A3～A4 儲存格，就會自動顯示連續編號。同樣在 B1 儲存格設定「=COLUMN()-1」，將欄號「2」減「1」變成「1」。把公式拷貝至 C1～D1 儲存格，顯示連續編號。

相關

ROWS 計算儲存格範圍的列數 ➡ p.224
COLUMNS 計算儲存格範圍的欄數 ➡ p.224

查閱與參照 儲存格參照 365 2019 2016 2013

ROWS

計算儲存格範圍的列數

傳回在指定儲存格範圍內的列數。

格式： ROWS(範圍)

在 [範圍] 設定想計算列數的儲存格範圍或陣列常數。

查閱與參照 儲存格參照 365 2019 2016 2013

COLUMNS

計算儲存格範圍的欄數

傳回在指定儲存格範圍內的欄數。

格式： COLUMNS(範圍)

在 [範圍] 設定想計算欄數的儲存格範圍或陣列常數。

範例 1 計算表格的列數與欄數

	A	B	C	D
1	NO	Word	Excel	
2	1	打字	Excel入門	
3	2	Word入門	Excel應用	
4	3	Word基礎	Excel函數	
5	4	Word建立長文	Excel統計	
6				
7	列數	5		
8	欄數	3		
9				

公式 =ROWS(A1:C5)

公式 =COLUMNS(A1:C5)

說明 在 B7 儲存格使用 ROWS 函數計算 A1～C5 儲存格範圍內的列數(5)。在 B8 儲存格使用 COLUMNS 函數計算欄數(3)。

相關

ROW 計算儲存格的列號 ➡ p.223
COLUMN 計算儲存格的欄號 ➡ p.223

ADDRESS

從列號與欄號取得儲存格參照的字串

傳回指定列號與欄號的儲存格參照。根據設定方法，可以設定絕對參照、相對參照、複合參照。參照格式可以使用 R1C1 格式或 A1 格式。

格式： **ADDRESS(列號, 欄號, [參照類型], [參照格式], [工作表名稱])**

- 在 [列號] 以數值設定儲存格參照使用的列號。
- 在 [欄號] 以數值設定儲存格參照使用的欄號。
- 在 [參照類型] 以數值設定絕對參照、複合參照、相對參照。省略時，預設為絕對參照。

參照類型

值	內容
1	絕對參照（預設值）
2	列：絕對參照、欄：相對參照
3	列：相對參照、欄：絕對參照
4	相對參照

- 在 [參照格式] 設定 A1 格式或 R1C1 格式的參照格式。省略時，預設為 A1 格式。

參照格式

值	內容
1 或 TRUE	A1 格式（預設值）
0 或 FALSE	R1C1 格式

- [工作表名稱] 可以設定相同活頁簿內的其他工作表名稱，或其他活頁簿的工作表，進行外部參照。省略時，預設為相同工作表內。

相關 儲存格的參照方式 ➡ p.356

設定範例

函數（列：3、欄：2）	設定內容	結果
=ADDRESS(3,2,4)	A1 格式，相對參照	B3
=ADDRESS(3,2)	A1 格式，絕對參照	$B$3
=ADDRESS(3,2,2,0)	R1C1 格式。 列為絕對參照，欄為相對參照	R3C[2]
=ADDRESS(3,2,1,0,"Sheet1")	R1C1 格式。 對 Sheet1 的絕對參照	'Sheet1'!R2C3
=ADDRESS(3,2,1,1,"[Book1]Sheet1")	A1 格式。 對 Book1 的 Sheet1 的絕對參照	'[Book1]Sheet1'! $B$3

COLUMN

組合 ADDRESS 函數的「參照類型」與「參照格式」產生的儲存格參照差異

在 ADDRESS 函數的第 3 引數「參照類型」設定絕對參照、複合參照、相對參照，在第 4 引數「參照格式」設定 A1 格式、R1C1 格式等儲存格的參照格式。這個範例是列號為「8」，欄號為「6」時，組合「參照類型」與「參照格式」，整合 ADDRESS 函數傳回儲存格參照的差異。例如，想顯示相對參照、A1 格式的儲存格參照「F8」時，設定為「=ADDRESS(8,6,4,1)」。

	A	B	C	D	E
1	列號「8」、欄號「6」的情況				
2	參照類型		參照格式		
3			1：A1格式	0：R1C1格式	
4	1	絕對	$F$8	R8C6	
5	2	列：絕對、欄：相對	F$8	R8C[6]	
6	3	列：相對、欄：絕對	$F8	R[8]C6	
7	4	相對	F8	R[8]C[6]	
8					

公式 =ADDRESS(8,6,4,1)

相關 儲存格的參照方式 ➡ p.356

AREAS

計算範圍或名稱內的區域數

傳回指定範圍內的儲存格或儲存格範圍的區域數。

格式： **AREAS(範圍)**

在 [範圍] 設定一個以上的儲存格或儲存格範圍以及名稱。如果要設定多個區域，要用()包圍範圍，如「=AREAS((A1,C1:D2))」，而不是「=AREAS(A1,C1:D2)」。

設定範例

函數	設定內容	結果
=AREAS(C1:D2)	儲存格範圍 C1:D2	1
=AREAS((A1,C1:D2))	A1 儲存格與 C1:D2 儲存格範圍	2
=AREAS(C1:D2 D2)	C1:D2 儲存格範圍與 D1 儲存格相交的範圍	1
=AREAS(加總)	將 A1:A2 儲存格與 C1:C2 的名稱定義為「加總」	2

範例 1 查詢加總範圍的數量

	A	B	C	D
1	1-3月加總		4-6月加總	
2	$12,000		$18,000	
3				
4	7-9月加總		10-12月加總	
5	$21,000		$26,000	
6				
7	加總區域數		4	
8				

公式 **=AREAS((A1:A2,C1:C2,A4:A5,C4:C5))**

說明 計算 A1:A2、C1:C2、A4:A5、C4:C5 儲存格範圍的區域數。

INDIRECT

根據儲存格參照的字串間接計算儲存格的值

從代表儲存格參照的字串，如「A1」傳回該儲存格的參照。例如「=INDIRECT("A1")」會傳回 A1 儲存格的值。

格式： INDIRECT（參照字串,[參照格式]）

- 在 [參照字串] 設定代表儲存格參照的字串(儲存格參照或名稱)。也可以參照輸入代表儲存格參照字串的儲存格。假如不符合儲存格參照或名稱，會傳回錯誤值「#REF!」。
- [參照格式] 當參照字串的格式為 A1 格式時，設定為 TRUE 或省略。RIC1 格式設定為 FALSE。

範例 1 取出與引數設定的字串「B3」對應的儲存格值

	A	B	C	D	E	F
1	課程表					
2		第1天	第2天	第3天		課程
3	上午	OA基礎	Word基礎	Excel基礎		OA基礎
4	下午	輸入練習	Word演練	Excel演練		
5						
6						

公式 =INDIRECT("B3")

說明 在引數顯示以字串設定的儲存格("B3")值(OA 基礎)。

範例 2 取出用引數設定的儲存格參照值

	A	B	C	D	E	F	G	H
1	課程表							
2		第1天	第2天	第3天		儲存格參照	課程	
3	上午	OA基礎	Word基礎	Excel基礎		B3	OA基礎	
4	下午	輸入練習	Word演練	Excel演練				
5								
6								

公式 =INDIRECT(F3)

說明 顯示在 F3 儲存格輸入的儲存格參照(B3)值。

相關 儲存格的參照方式 ➡ p.356

範例 3 參照「名稱」儲存格範圍並計算加總

	A	B	C	D	E	F
1	午餐營業額					
2		A餐	B餐		名稱	小計
3	2021/3/1	100	80		A餐	250
4	2021/3/2	150	120			
5						

A 餐　B 餐

公式 =SUM(INDIRECT(E3))

說明 利用 INDIRECT 函數傳回參照了 E3 儲存格輸入值(A 餐)的儲存格範圍(B3:B4)，並成為 SUM 函數的引數，計算 A 餐的加總。這個範例將 B3:B4 儲存格範圍的名稱定義為「A 餐」，C3:C4 儲存格範圍的名稱定義為「B 餐」。

範例 4 利用類別(會員、一般)切換資料表並搜尋費用

	A	B	C	D	E	F	G	H	I
1	搜尋費用			會員			一般		
2	類別	區分		類別	費用		類別	費用	
3	中級	會員		初級	$6,500		初級	$9,500	
4	費用			中級	$9,500		中級	$12,000	
5	$9,500			高級	$4,500		高級	$6,500	
6									

會員　一般

公式 =VLOOKUP(A3,INDIRECT(B3),2,FALSE)

▼

	A	B	C	D	E	F	G	H	I
1	搜尋費用			會員			一般		
2	類別	區分		類別	費用		類別	費用	
3	中級	一般		初級	$6,500		初級	$9,500	
4	費用			中級	$9,500		中級	$12,000	
5	$12,000			高級	$4,500		高級	$6,500	
6									

說明 利用 VLOOKUP 函數設定 A3 儲存格的「中級」類別，並搜尋以 B3 儲存格的「會員」指定的名稱範圍第一欄，取出第二欄的值。使用 INDIRECT 函數切換參照名稱(會員與一般)，可以切換要搜尋的資料表。

相關
定義名稱 ➡ p.357
VLOOKUP 垂直搜尋其他資料表並取出資料 ➡ p.214

TRANSPOSE

切換列與欄的位置

切換顯示指定儲存格範圍的列與欄。這個函數會維持原始的資料表，並在其他地方顯示切換了列欄的資料表。

格式： TRANSPOSE(陣列)

在 [陣列] 設定要切換列、欄的資料表(儲存格範圍)。

Hint 先選取要在 [陣列] 切換列、欄的儲存格範圍，接著輸入公式，按下 [Ctrl] + [Shift] + [Enter] 鍵，就會輸入陣列公式。此外，利用 Microsoft365 的溢出功能，在左上方的儲存格輸入函數，即可自動輸入陣列公式。

範例 1 切換課程表的列與欄

	A	B	C	D	E	F	G	H
1	課程表							
2	時程	第1天	第2天	第3天		時程	上午	下午
3	上午	OA基礎	Word基礎	Excel基礎		第1天	OA基礎	輸入練習
4	下午	輸入練習	Word演練	Excel演練		第2天	Word基礎	Word演練
5						第3天	Excel基礎	Excel演練
6								

公式 =TRANSPOSE(A2:D4)

說明 選取要輸入公式的 F2:H5 儲存格範圍，輸入「=TRANSPOSE(A2:D4)」，按下 [Ctrl] + [Shift] + [Enter] 鍵，輸入陣列公式。由於連結了原始的資料表，因此更改原始資料表時，也會同步修改。

相關 陣列公式 ➡ p.367

OFFSET

參照從基準儲存格移動了指定列數、欄數的儲存格

傳回從基準儲存格移動了指定列數、欄數的儲存格值或儲存格參照。

格式： **OFFSET(基準, 列數, 欄數,[高度],[寬度])**

- 在 [基準] 設定成為基準的儲存格或儲存格範圍。設定了儲存格範圍時，會以左上角的儲存格為基準。
- 在 [列數] 設定要從 [基準] 儲存格往下移動的數量。設定為負值時，會往上移動。
- 在 [欄數] 設定要從 [基準] 儲存格往右移動的數量。設定為負值時，會往左移動。
- 在 [高度]、[寬度] 設定參照範圍的列數、欄數。設定了這個項目之後，會傳回儲存格參照，因此能與有參照引數的函數搭配使用。例如，以下範例若設定為「=SUM(OFFSET(E1,1,0,A2))」，代表把 E1 儲存格當作基準，從下一列的儲存格開始，參照儲存格範圍(E2:E4)，高度為 A2 儲存格的值(3)，這個部分會成為 SUM 函數的範圍，可以計算累積距離。

範例 1 取出指定區間的距離

	A	B	C	D	E	F
1	區	距離		區	距離Km	
2	3	7.5		1區	5	
3				2區	4.5	
4				3區	7.5	
5				4區	6	
6						

公式 =OFFSET(E1,A2,0)

說明 把 E1 儲存格當作基準，顯示 A2 儲存格值(3)的儲存格值。

MATCH

計算搜尋值的相對位置

搜尋在陣列或儲存格範圍內設定的值，傳回在範圍發現該值的數字。

格式： **MATCH(搜尋值, 搜尋範圍, [參照類型])**

- 在指定的 [搜尋範圍] 內，根據 [參照類型] 尋找 [搜尋值]，傳回一致的儲存格相對位置。
- 在 [搜尋值] 設定要搜尋的值。
- 在 [搜尋範圍] 以一列或一欄設定尋找 [搜尋值] 的範圍。
- 在 [參照類型] 以數值設定搜尋的方法。

參照類型

0	與 [搜尋值] 完全一致。[搜尋值] 為字串時，可以使用萬用字元
－1	超過 [搜尋值] 的最小值。必須先將 [搜尋範圍] 遞減排序
1 或省略	不超過 [搜尋值] 的最大值（預設值）。必須先將 [搜尋範圍] 遞增排序

Hint 搜尋時，不分大小寫，但是會區分全形與半形。

相關 萬用字元 ➡ p.366

範例 1 查詢熱門排名第一名的位置

	A	B	C	D	E
1	NO	課程	參加者	熱門排名	
2	1	Excel入門	98	2	
3	2	Excel應用	76	4	
4	3	Excel函數	128	1	
5	4	Excel統計	89	3	
6	5	Excel巨集	62	5	
7					
8	熱門排名	1			
9	位置	3			
10					

公式 =MATCH(B8,D2:D6,0)

說明 在 D2:D6 儲存格範圍內搜尋 B8 儲存格的熱門排名(1)的值，查詢完全一致的位置。

範例 2 取出與熱門排名第一名一致的課程名稱

	A	B	C	D	E
1	NO	課程	參加者	熱門排名	
2	1	Excel入門	98	2	
3	2	Excel應用	76	4	
4	3	Excel函數	128	1	
5	4	Excel統計	89	3	
6	5	Excel巨集	62	5	
7					
8	熱門排名	1			
9	課程名稱	Excel函數			
10					

公式 =INDEX(B2:B6,MATCH(B8,D2:D6,0))

說明 使用 MATCH 函數查詢在 D2:D6 儲存格範圍內，第幾個值與 B8 儲存格的熱門排名(1)完全一致。接著利用 INDEX 函數，取出在 B2:B6 儲存格範圍的課程清單中，該列數位置的值。

相關 INDEX 計算列、欄指定的儲存格值 ➡ p.222

XMATCH

指定搜尋方向並計算搜尋值的相對位置

在陣列或儲存格範圍內搜尋指定值，用數字傳回在範圍內的第幾個儲存格找到該值。搜尋方向除了由上往下，也可以由下往上。

格式： **XMATCH(搜尋值, 搜尋範圍, [比對模式], [搜尋模式])**

- 在指定的 [搜尋範圍] 內，按照 [比對模式] 與 [搜尋模式] 尋找 [搜尋值]，傳回一致儲存格的相對位置。
- 在 [搜尋值] 設定要搜尋的值。
- 在 [搜尋範圍] 以一列或一欄設定 [搜尋值] 的範圍。
- 在 [比對模式] 以數值設定比對方法。

比對模式

0 或省略	完全一致（預設值）
－1	完全一致或下一個較小值
1	完全一致或下一個較大值
2	與萬用字元完全一致

- 在 [搜尋模式] 以數值設定搜尋方向。省略時，預設為 1。

搜尋模式

1 或省略	從開頭搜尋到末尾（預設值）
－1	從末尾搜尋到開頭
2	二進位搜尋（搜尋範圍必須以遞增排序）
－2	二進位搜尋（搜尋範圍必須以遞減排序）

範例 1 計算分數超過及格標準的相對位置

	A	B	C	D	E	F
1	考生	分數		及格分數	185	
2	山崎　由紀	298		及格標準	4	
3	田中　聰	231		及格者標準	杉山　正親	
4	清水　健人	206				
5	杉山　正親	188				
6	金田　幸代	173				
7	村上　裕子	166				
8	稻生　京子	152				
9						

公式 =XMATCH(E1,B2:B8,1)

公式 =INDEX(A2:A8,E2)

說明　在分數欄的 B2:B8 儲存格範圍，以完全一致或下一個較大值的比對模式(1)，搜尋當作及格標準的 E1 儲存格(185)。如果沒有完全一致的值，就搜尋下一個較大值「188」。由於從上面開始計算是第 4 個，所以傳回「4」。在 E3 儲存格使用 INDEX 函數，從考生(A2:A8)開始，取出 E2 儲存格(4)的值。

SORT

顯示排序資料的結果

顯示指定儲存格範圍或陣列常數的排序結果。排序後的結果會顯示在其他地方，原始資料表維持不變。

格式： SORT(陣列,[排序索引],[順序],[排序方向])

- 在 [陣列] 排序指定範圍或陣列常數的內容。排序方法是按照 [排序索引]、[順序]、[排序方向] 設定。
- 在 [陣列] 設定要排序的儲存格範圍或陣列常數。
- 在 [排序索引] 用數值設定索引，當作排序基準的列或欄為 1。省略時，預設為 1。
- [順序] 如果是遞增，設定為 1(預設值)，若是遞減，則設定為 -1。
- [排序方向] 設定為 FALSE 或省略時，將按照列來排序。如果設定為 TRUE，則按照欄來排序。

Hint
・如果排序索引的列或欄是字串，會依 BIG5 碼的順序排序。
・只要在顯示範圍的左上角儲存格輸入函數，利用溢出功能，即可自動輸入函數，並顯示排序後的資料表。

範例 1 以熱門排名排列課程順序

	A	B	C	D	E	F	G	H	I
1	NO	課程	參加者	熱門排名		NO	課程	參加者	熱門排名
2	1	Excel入門	98	2		1	Excel函數	128	1
3	2	Excel應用	76	4		2	Excel入門	98	2
4	3	Excel函數	128	1		3	Excel統計	89	3
5	4	Excel統計	89	3		4	Excel應用	76	4
6	5	Excel巨集	62	5		5	Excel巨集	62	5
7									

公式 =SORT(B2:D6,3,1)

說明 以 B2:D6 儲存格範圍的第 3 欄為基準，遞增(1)排序各列。這裡省略了第 4 引數，所以會依照列來排序。

SORTBY

以多個基準顯示排序資料的結果

設定多個基準，包括指定儲存格範圍或陣列常數的內容，經過排序後再顯示。排序後的結果會顯示在其他地方，原始資料表維持不變。

格式： **SORTBY(範圍, 基準 1,[順序 1],[基準 2, 順序 2],…)**

- 在 [範圍] 依照 [基準] 排序指定的範圍或陣列常數。在 [順序] 設定排序方法。
- [基準] 與 [順序] 要成對設定。
- 在 [範圍] 設定成為排序對象的儲存格範圍或陣列常數。
- 在 [基準] 設定成為排序基準的範圍。如果設定了多個基準，會以組合方式設定順序。
- [順序] 設定為 1 或省略是遞增排序，設定為 -1 是遞減排序。

範例 1 以遞增排序會員名冊的分類，以遞減排序年齡

	A	B	C	D	E	F	G	H	I	J
1	NO	會員姓名	分類	年齡		NO	會員姓名	分類	年齡	
2	1	佐佐木　義男	2	23		2	岡田　由美子	1	44	
3	2	岡田　由美子	1	44		6	成田　駿	1	30	
4	3	新城　里美	3	18		4	遠藤　幸助	2	27	
5	4	遠藤　幸助	2	27		1	佐佐木　義男	2	23	
6	5	神崎　昇	3	49		5	神崎　昇	3	49	
7	6	成田　駿	1	30		3	新城　里美	3	18	
8										
9										

公式 **=SORTBY(A2:D7,C2:C7,1,D2:D7,-1)**

說明 會員名冊的資料表(A2:D7)以遞增(1)排序分類欄(C2:C7)，並以遞減(-1)排序年齡欄(D2:D7)。在資料表排序範圍左上角的儲存格(F2)輸入公式，之後透過溢位功能自動輸入函數，把整個資料表設定成函數，並顯示排序後的資料表。

FILTER

取出符合條件的資料

根據定義的條件，篩選並顯示指定儲存格範圍的資料。排序後的資料表會顯示在其他地方，原始資料表維持不變。

格式： **FILTER(範圍, 條件, [不符合任何條件的值])**

- 在 [範圍] 設定成為擷取對象的儲存格範圍或陣列常數。
- 在 [條件] 以陣列設定條件，搜尋從 [範圍] 取出的列。
- 在 [不符合任何條件的值] 設定找不到與 [條件] 一致的值時，要顯示的值。

COLUMN

FILTER 函數的 [條件] 設定方法

- [條件] 是以「C4:C9="A"」的格式設定條件式。這代表依序判斷 C4 儲存格到 C9 儲存格是否為 A。如果是 A，傳回 TRUE；若不是 A，就傳回 FALSE，傳回值是如 {FALSE;TRUE;TRUE;FALSE;FALSE;TRUE} 的陣列常數。把成為 TRUE 的那一列顯示為符合條件的結果。
- 把多個條件設定為 AND 條件(且)時，會以「*」連結條件，如「(C4:C9="A")*(D4:D9>=20)」。
- 把多個條件設定為 OR 條件(或)時，會以「+」連結條件，如「(C4:C9="A")+(D4:D9>=20)」。

範例 1 取出並顯示分類為 A 的資料

	A	B	C	D	E	F	G	H	I
1						分類	A		
2									
3	NO	會員姓名	分類	年齡		NO	會員姓名	分類	年齡
4	1	佐佐木　義男	B	23		2	岡田　由美子	A	44
5	2	岡田　由美子	A	44		3	新城　里美	A	18
6	3	新城　里美	A	18		6	成田　駿	A	30
7	4	遠藤　幸助	B	27					
8	5	神崎　昇	C	49					
9	6	成田　駿	A	30					
10									

公式 =FILTER(A4:D9,C4:C9=G1,"")

說明　從 A4:D9 儲存格範圍取出分類欄(C4:C9)為G1 儲存格(A)值的列。如果不符合，就不顯示內容("")。在開頭的儲存格輸入函數，溢出功能會自動輸入必要的函數。

範例 2 只取出並顯示分類為 A 且年齡 20 歲以上的資料

	A	B	C	D	E	F	G	H	I
1						分類	A	年齡	20
2									
3	NO	會員姓名	分類	年齡		NO	會員姓名	分類	年齡
4	1	佐佐木　義男	B	23		2	岡田　由美子	A	44
5	2	岡田　由美子	A	44		6	成田　駿	A	30
6	3	新城　里美	A	18					
7	4	遠藤　幸助	B	27					
8	5	神崎　昇	C	49					
9	6	成田　駿	A	30					
10									

公式 =FILTER(A4:D9,(C4:C9=G1)*(D4:D9>=I1),"")

說明　在 A4:D9 儲存格範圍取出分類欄(C4:C9)為 G1 儲存格(A)且年齡欄(D4:D9)為 I1 儲存格(20)以上的列。如果不符合，就不顯示內容("")。

UNIQUE

一次取出重複的資料

從指定範圍一次取出重複的值，或只取出一個值。

格式：　UNIQUE(陣列,[比較方向],[次數])

- 在 [陣列] 設定儲存格範圍或陣列常數。
- [比較方向] 如果為 TRUE，就比較欄。若是 FALSE 或省略時，就比較列。
- [次數] 為 TRUE 時，取出只出現一次的值。若為 FALSE 或省略時，一次取出重複出現的值。

範例 1 顯示會員所在地區清單以及只有一個人的地區清單

	A	B	C	D	E	F	G
1	NO	會員名稱	地區		地區		只有1人的區
2	1	佐佐木　義男	東京		東京		大阪
3	2	岡田　由美子	大阪		大阪		京都
4	3	新城　里美	福岡		福岡		
5	4	遠藤　幸助	東京		京都		
6	5	神崎　昇	福岡				
7	6	成田　駿	京都				
8							

公式 =UNIQUE(C2:C7)

公式 =UNIQUE(C2:C7,,TRUE)

說明 在 E2 儲存格顯示地區欄(C2:C7)重複出現的資料清單。在 G2 儲存格顯示地區欄(C2:C7)只出現一次的資料。在開頭的儲存格輸入函數後，溢出功能就會自動輸入必要的函數。

FIELDVALUE

取出股價或地理資料

從股票或地理等外部連結資料中，取出指定種類(field)的資料。

格式： FIELDVALUE (值, 欄位名稱)

- 在 [值] 設定股票或地理資料。
- 在 [欄位名稱] 以字串設定想取出的資料種類。

Hint 使用這個函數之前，必須已經選取輸入了 [值] 要使用的企業名稱、國名、都市名稱等儲存格，按一下「資料→股票(英文)」或「地理(英文)」，連結外部資料。連結外部資料後，會在儲存格顯示圖示。

範例 1 取出首都的人口與國名

	A	B	C	D
1		首都	人口	國名
2	東京	Tokyo	13,988,129	Japan
3	北京	Beijing	21,893,095	China
4	華盛頓	Washington	689,545	United States
5	倫敦	London	9,002,488	United Kingdom
6	巴黎	Paris	2,244,000	France

公式 =FIELDVALUE(B2,"Population")

公式 =FIELDVALUE(B2,"Country/region")

說明 在 C2 儲存格從 B2 儲存格的首都名稱(Tokyo)取出人口。在 D2 儲存格同樣從 B2儲存格取出國名。

查閱與參照 取出資料 365 2019 2016 2013

RTD

從 RTD 伺服器取出資料

呼叫元件物件模型(COM)自動化伺服器，可以即時取得股價、匯率等資料。如果要使用這個函數，必須已經建構了 RTD 伺服器。

格式： RTD(程式 ID, 伺服器, 主題 1,[主題 2],…)

- 在 [程式 ID] 用字串設定 RTD(RealTimeData)伺服器的程式 ID。
- 在 [伺服器] 以字串設定執行 RTD 伺服器的電腦名稱。在本機執行 RTD 伺服器時，可以設定空字元("")。
- 在 [主題] 設定要即時取出的資料項目名稱(主題)。

查閱與參照　URL 編碼　365　2019　2016　2013

ENCODEURL

將字串編碼為 URL 格式

傳回以 URL 編碼的指定字串。URL 編碼是把無法在 URL 使用的字串轉換成可以在 URL 使用的格式。Excel for Mac 無法使用這個功能。

格式： **ENCODEURL (字串)**

在 [字串] 設定要進行 URL 編碼的字串。例如「=ENCODEURL("Excel 函數 ")」會傳回以 URL 編碼後的字串「Excel%E9%96%A2%E6%95%B0」。

查閱與參照　Web　365　2019　2016　2013

WEBSERVICE

使用 Web 服務取得資料

從指定的網際網路或內部網路上的 Web 服務取得資料。取得的資料是 XML 格式或 JSON 格式。Excel for Mac 無法使用這個功能。

格式： **WEBSERVICE(URL)**

在 [URL] 設定提供 Web 服務的網站網址。

查閱與參照　Web　365　2019　2016　2013

FILTERXML

從 XML 文件取得必要資料

從指定的 XML 格式資料取出 XML 路徑中的資料。假如有多個路徑時，會把這些資料當作陣列回傳。Excel for Mac 無法使用這個功能。

格式： **FILTERXML(XML, 路徑)**

- 在 [XML] 參照輸入了 XML 格式的儲存格，或設定字串。
- 在 [路徑] 設定包含取出資料的 XML 路徑(標準 XPath 格式的字串)。

HYPERLINK

建立超連結

建立跳轉到指定地方的超連結。可以設定 URL，開啟網頁，或設定其他活頁簿的路徑，開啟活頁簿。

格式：　**HYPERLINK（連結目的地,[別名]）**

- 在［連結目的地］設定 URL、檔案路徑等代表連結目的地的字串。
- 在［別名］設定顯示在儲存格的字串。省略時，會顯示［連結目的地］設定的字串。

連結目的地的設定範例

連結內容	設定範例
網頁	https://www.sbcr.jp/pc/
UNC 路徑（\\伺服器名稱\共用資料夾\檔案名稱）	\\sv1\work\報告.xlsx
其他活頁簿	F:\work\報告.xlsx
活頁簿內其他工作表的儲存格	Sheet2!B2

Hint　選取設定了超連結的儲存格時，當儲存格上的滑鼠游標形狀變成 ✥ 再按下滑鼠左鍵。

範例 ① 建立顯示網頁的超連結

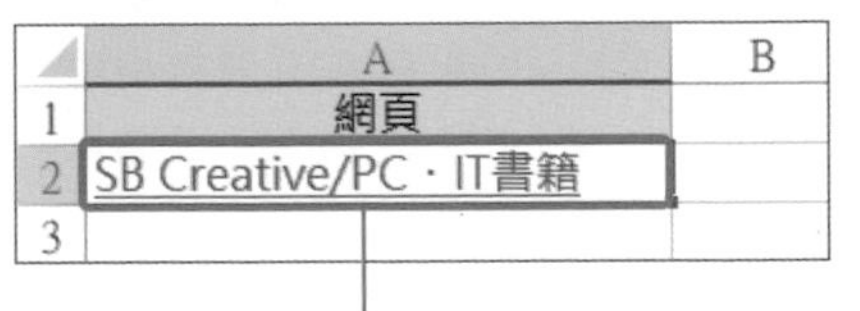

說明　在儲存格顯示「SB Creative/PC・IT 書籍」，並設定 URL「https://www.sbcr.jp/pc/」的超連結。

公式　**=HYPERLINK("https://www.sbcr.jp/pc/","SB Creative/PC・IT 書籍")**

GETPIVOTDATA

取出樞紐分析表內的資料

取出在樞紐分析表內的統計資料。如果想把統計結果顯示在非樞紐分析表的儲存格，就可以使用這個函數。

格式： GETPIVOTDATA (資料欄, 樞紐分析表, [欄位 1, 項目],[欄位 2, 項目],…)

- 在 [資料欄] 以字串設定要取值的資料欄位。
- 在 [樞紐分析表] 設定要取出資料的樞紐分析表。一般會設定成樞紐分析表左上角的儲存格。
- 在 [欄位] 設定取出資料的欄位名稱。(例如：商品名稱)
- 在 [項目] 設定 [欄位] 中的元素。(例如：綠茶)

Hint 在要輸入函數的儲存格輸入「=」，按一下樞紐分析表的資料後，再按下 [Enter] 鍵，就可以自動輸入 GETPIVOTDATA 函數。

範例 1 從樞紐分析表取出商品的銷售金額

	A	B	C	D	E
1	加總 - 金額	欄標籤			
2	列標籤	咖啡	紅茶	綠茶	總計
3	惠比壽	3250	3250	4400	10900
4	澀谷	3200	3250	8400	14850
5	上野	2400	3250	5600	11250
6	新宿	2600	3300	4200	10100
7	代代木	4800	1650	2800	9250
8	總計	16250	14700	25400	56350
9					
10	綠茶				
11	$25,400				
12					

公式 =GETPIVOTDATA(" 金額 ", $A$1," 商品名稱 ",A10)

說明 以 A1 儲存格樞紐分析表的「金額」資料欄為對象，取出「商品名稱」欄位的「綠茶」值。由於第 4 引數參照了 A10 儲存格，所以如果把 A10 儲存格的值變成「咖啡」，就會取出咖啡的值。

Cube 函數

Cube 函數是連結 SQL 伺服器等外部資料庫，取出資料或統計結果，或針對匯入多個表格建立的 Excel 資料模型，取出資料或統計結果的函數。此外，利用 Excel 表格製作樞紐分析表時，會建立 Excel 資料模型，所以可以使用該部分確認操作。

連接、使用 Microsoft 公司的 SQL 伺服器資料庫時，需 要 Microsoft SQL Server Analysis Services。SQL 伺服器是處理大量資料的企業用伺服器。

Cube　Cube　365　2019　2016　2013

CUBEMEMBER

取出 Cube 內的成員或元組

傳回 Cube 的成員或元組。可以用來確認在 Cube 是否有成員或元組存在。

格式： **CUBEMEMBER(連線名稱, 成員表達式, [Caption])**

- 以 [連線名稱] 連接資料庫，傳回用 [成員表達式] 設定的成員或元組。指定的成員或元組存在時，顯示 [Caption] 設定的字串。
- 在 [連線名稱] 設定代表 Cube 連線名稱的字串。連接 Excel 資料模型時，會設定為「"ThisWorkbookDataModel"」。
- 在 [成員表達式] 設定代表 Cube 唯一成員的多維表達式（MDX）字串。假設設定了「銷售表內商品名稱的托特包」，會描述為「"[銷售表].[商品名稱].[托特包]"」。
- 在 [Caption] 設定找到 [成員表達式] 的指定內容時，要顯示的字串。省略時，會使用元組最後的成員值。找不到時，會傳回「#N/A」。

範例 1 從 Excel 資料模型取出指定的成員

	A	B	C
1	查詢Excel資料模型		
2	商品名稱	Tote bag	
3			

公式 **=CUBEMEMBER("ThisWorkbookDataModel", "[範圍].[商品名稱].[托特包]","Tote bag")**

說明 在活頁簿內建立的 Excel 資料模型找到了成員「托特包」，所以顯示「Tote bag」。如果省略第 3 引數，就會顯示最後的成員名稱「托特包」。

CUBEVALUE

由 Cube 計算彙總值

使用連線名稱連接 Cube，傳回指定成員表達式的彙總值。

格式： **CUBEVALUE(連線名稱, [成員表達式 1], [成員表達式 2], …)**

- 在 [連線名稱] 設定代表連接到 Cube 名稱的字串。
- 在 [成員表達式] 設定代表 Cube 唯一成員的多維表達式（MDX）字串。成員表達式也可以設定成 CUBEMEMBER 函數設定的成員，或 CUBESET 函數定義的組合。使用彙總值「加總 / 金額」時，會設定成「[Measures].[合計 / 金額]」。

範例 1 從 Excel 資料模型取出托特包的銷售總額

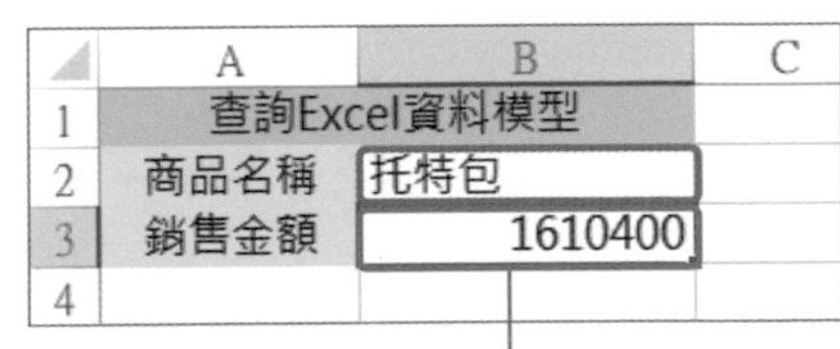

	A	B	C
1	查詢Excel資料模型		
2	商品名稱	托特包	
3	銷售金額	1610400	
4			

公式 **=CUBEVALUE("ThisWorkbookDataModel",B2, "[Measures].[合計 / 金額]")**

說明 從活頁簿內建立的 Excel 資料模型取得顯示 B2 儲存格的成員「托特包」，從彙總值「合計 / 金額」取得托特包的銷售總額。在 B2 儲存格設定 CUBEMEMBER 函數，取出商品名稱「托特包」，並使用在成員表達式。

Hint 輸入「連線名稱」及「成員表達式」時，會顯示選項。你可以選擇要使用的項目，同時輸入表達式。如果成員表達式沒有顯示最後的成員，就得直接用手動方式輸入。

COLUMN

• 準備 Excel 資料模型

本書是連接到 Excel 表格插入樞紐分析表時所建立的資料模型，並確認動作。請依照以下步驟執行操作。

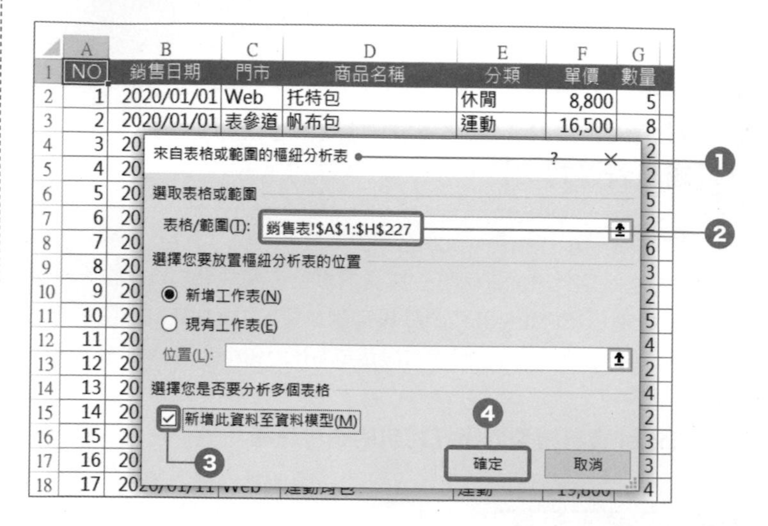

❶ 按一下表格，執行 [插入] → [樞紐分析表]，開啟 [來自表格或範圍的樞紐分析表] 對話視窗。

❷ 在「表格/範圍」確認設定了整個表格。

❸ 勾選「新增此資料至資料模型」。

❹ 按下「確定」鈕。

• 把樞紐分析表轉換成 Cube 函數

在上述操作之後，建立樞紐分析表時，可以把樞紐分析表轉換成 Cube 函數。描述 Cube 函數時，可以當作參考。

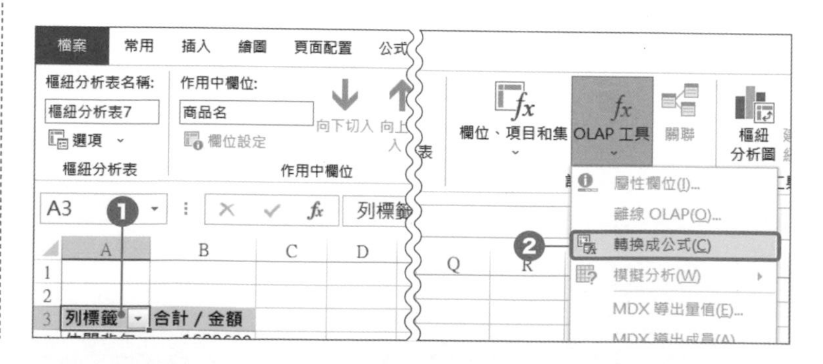

❶ 按一下樞紐分析表。

❷ 在 [樞紐分析表工具] 的 [計算] 群組，按一下 [OLAP 工具] → [轉換成公式]。

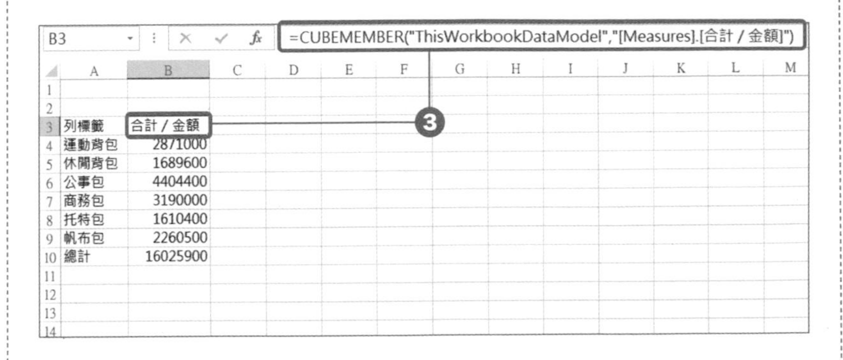

B3 =CUBEMEMBER("ThisWorkbookDataModel","[Measures].[合計 / 金額]")

	A	B
1		
2		
3	列標籤	合計 / 金額
4	運動背包	2871000
5	休閒背包	1689600
6	公事包	4404400
7	商務包	3190000
8	托特包	1610400
9	帆布包	2260500
10	總計	16025900

❸ 將樞紐分析表的彙總結果轉換成 Cube 函數。

※ 本書並未特別說明如何建立、操作樞紐分析表。

COLUMN

關於 Cube

「Cube」是指用 Cube 函數連接的資料庫。這個資料庫處理的資料除了以列、欄構成的二維表格外，也能處理三維以上的資料。例如，取出組合了日期、商品名稱、門市資料。這些成為分析對象座標軸的項目稱作「dimension 維度」，而數量、金額等統計項目稱作「major」。在 dimension 維度上的值稱作「成員」，dimension 維度與成員的組合稱作「元組」，組合多個元組稱作「集合」。

設定特定成員或元組時，會使用多維表達式（MDX）字串。例如設定「銷售」表「商品名稱」（dimension 維度）的「托特包」（成員）時，會描述為「[營業額].[商品名稱].[托特包]」。

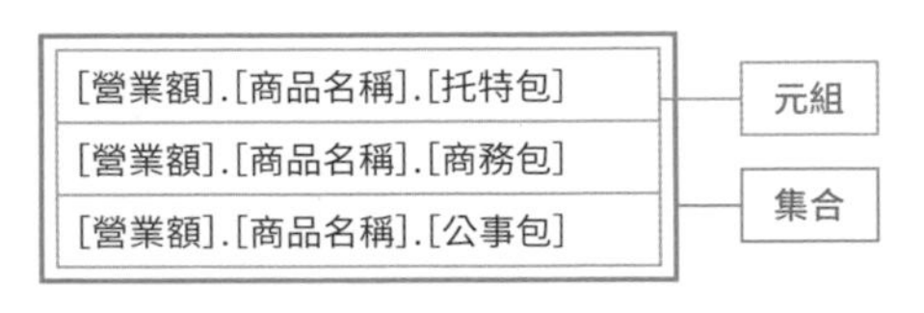

CUBESET

從 Cube 取出元組或成員集合

依指定的方法從連線的 Cube 取出成員或元組的集合

格式：**CUBESET(連線名稱, 集合表達式, [標題], [排序類型], [排序鍵])**

- 在 [連線名稱] 設定代表 Cube 連線名稱的字串。
- 在 [集合表達式] 設定代表成員或元組集合的集合表達式字串。也可以設定集合內一個以上的成員、元組或含有集合的 Excel 儲存格範圍。
- [標題] 可以設定顯示在儲存格內，取代 Cube 標題(如果已定義)的字串。
- 在 [排序類型] 以數值設定排序種類。省略時，不執行排序(請參考下表)。

排序種類

值	內容
0	維持原有順序
1	以「排序鍵」遞增排序
2	以「排序鍵」遞減排序
3	依英文字母遞增排序
4	依英文字母遞減排序
5	依原始資料遞增排序
6	依原始資料遞減排序

Hint p.251 範例 D1 儲存格的 CUBESET 函數，在集合表達式設定 A2 ～ A7 儲存格範圍，以遞減 (2) 排序 B1 儲存格的欄，取出元組，在儲存格顯示「銷售第一名」。參照 D1 儲存格取出的集合，可以分析各種問題。另外，在 A2 ～ A7 儲存格範圍及 B1 儲存格使用 CUBEMEMBER 函數取出成員，在 B2 ～ B8 儲存格範圍使用 CUBEVALUE 函數進行統計(※ 詳細請參考範例檔)。

- 在 [排序鍵] 設定排序用的鍵值。[排序類型] 為 1 或 2 時，可以進行設定。

CUBERANKEDMEMBER

取出指定排名的成員

從指定的集合內取出指定排名的成員。

格式： **CUBERANKEDMEMBER(連線名稱, 集合表達式, 排名, [標題])**

- 在 [連線名稱] 設定代表連接到 Cube 名稱的字串。
- 在 [集合表達式] 設定代表集合表達式的字串。也可以參照輸入了 CUBESET 函數或 CUBESET 函數的儲存格。
- 在 [排名] 設定想取出的成員排名（順序由上開始）。
- 在 [標題] 設定要顯示在儲存格內的字串。省略時，會顯示取出的成員名稱。

CUBESETCOUNT

計算在 Cube 集合內的項目數量

傳回集合內的項目數量。

格式： **CUBESETCOUNT(集合)**

在 [集合] 設定 Cube 集合。可以設定 CUBESET 函數或參照輸入了 CUBESET 函數的儲存格。

範例 ① 取出商品數量及銷售金額第一名的商品名稱

	A	B	C	D	E	F	G
1	商品名稱	合計 / 金額		銷售第一名	商品數量		
2	休閒背包	1689600		公事包	6		
3	運動背包	2871000					
4	帆布包	2260500					
5	托特包	1610400					
6	商務包	3190000					
7	公事包	4404400					
8	總計	16025900					

公式 =CUBESETCOUNT(D1)

公式 =CUBERANKEDMEMBER("ThisWorkbookDataModel",D1,1)

公式 =CUBESET("ThisWorkbookDataModel",A2:A7," 銷售第一名 ",2,B1)

說明　在 E2 儲存格顯示由 D1 儲存格的 CUBESET 函數取出的集合項目數（商品數量）。在 D2 儲存格對 Excel 資料模型使用 D1 儲存格的 CUBESET 函數參照集合，傳回集合內由上開始的第一個成員。

Cube　Cube　365　2019　2016　2013

CUBEMEMBERPROPERTY

計算 Cube 的成員屬性值

傳回 Cube 內的成員屬性值。確認成員名稱存在 Cube 內，可以取得成員的屬性值。

格式： **CUBEMEMBERPROPERTY(連線名稱, 成員表達式, 屬性)**

- 在 [連線名稱] 設定代表 Cube 連線名稱的字串。
- 在 [成員表達式] 設定代表 Cube 成員的多維表達式(MDX)字串。
- 在 [屬性] 設定代表屬性名稱的字串，或參照包含屬性名稱的儲存格。

Cube　Cube　365　2019　2016　2013

CUBEKPIMEMBER

取得關鍵績效指標（KPI）的屬性

傳回關鍵績效指標(KPI)的屬性，在儲存格顯示 KPI 名稱。只有活頁簿連接了 Microsoft SQL Server 2005 Analysis Services 的資料才可以使用。

格式： **CUBEKPIMEMBER(連線名稱, KPI 名稱, KPI 屬性, [標題])**

- 在 [連線名稱] 設定代表 Cube 連線名稱的字串。
- 在 [KPI 名稱] 設定代表 Cube 內 KPI 名稱的字串。
- 在 [KPI 屬性] 以整數值設定想取得的 KPI 屬性。

整數值	內容
1	KPI 名稱
2	目標值
3	特定時間點的 KPI 狀態
4	一段時間內的量值
5	指定給 KPI 的相對重要性
6	KPI 的暫時內容

- 在 [標題] 設定取代屬性值，顯示在儲存格內的字串。

資訊函數

資訊函數包括查詢儲存格輸入的值是字串或數值，或查詢儲存格的顯示格式，還有取得資料或與儲存格有關的各種資訊，以及傳回使用環境的資料。

資訊 IS 函數 365 2019 2016 2013

ISNUMBER

查詢是否為數值

指定值為數值時，傳回 TRUE，非數值時傳回 FALSE。

格式： **ISNUMBER(測試對象)**

在 [測試對象] 設定要調查是否為數值的值、公式、或儲存格參照。例如「=ISNUMBER(7)」會傳回「TRUE」。

資訊 IS 函數 365 2019 2016 2013

ISEVEN

查詢是否為偶數

如果指定的數值為偶數，就傳回 TRUE，若是奇數則傳回 FALSE。

格式： **ISEVEN(測試對象)**

在 [測試對象] 設定要調查是否為偶數的值、公式、或儲存格參照。例如「=ISEVEN(3)」會傳回「FALSE」。此外，參照的儲存格為空白時，會傳為「TRUE」。

資訊 IS 函數 365 2019 2016 2013

ISODD

查詢是否為奇數

如果指定的數值為奇數，就傳回 TRUE，若是偶數則傳回 FALSE。

格式： **ISODD(測試對象)**

在 [測試對象] 設定要調查是否為偶數的值、公式、或儲存格參照。例如「=ISODD(3)」會傳回「TRUE」。此外，參照的儲存格為空白時，會傳為「FALSE」。

資訊 | IS 函數 | 365 | 2019 | 2016 | 2013

ISTEXT

查詢是否為字串

指定值為字串時，傳回 TRUE，非字串則傳回 FALSE。

格式： **ISTEXT(測試對象)**

在 [測試對象] 設定要調查是否為字串的值、公式、或儲存格參照。例如「=ISTEXT(3)」會傳回「TRUE」。此外，參照的儲存格為空白時，會傳為「FALSE」。

資訊 | IS 函數 | 365 | 2019 | 2016 | 2013

ISNONTEXT

查詢是否非字串

指定值非字串時，傳回 TRUE，如果是字串則傳回 FALSE。

格式： **ISNONTEXT(測試對象)**

在 [測試對象] 設定要調查是否非字串的值、公式、或儲存格參照。例如「=ISNONTEXT(FALSE)」，由於「FALSE」是邏輯值非字串，所以傳回「TRUE」。此外，數值、邏輯值、錯誤值、或儲存格為空白時，會傳為 TRUE。

資訊 | IS 函數 | 365 | 2019 | 2016 | 2013

ISBLANK

查詢是否為空白儲存格

指定儲存格為空白儲存格時，傳回 TRUE，非空白儲存格時，傳回 FALSE。

格式： **ISBLANK(測試對象)**

在 [測試對象] 設定要調查是否為空白的儲存格參照。如果外觀為空白時，例如 IF 函數的結果為空白，或輸入了空格時，會傳回「FALSE」。

資訊 IS 函數 365 2019 2016 2013

ISLOGICAL

查詢是否為邏輯值

指定值為邏輯值(TRUE、FALSE)時，傳回 TRUE，非邏輯值時，傳回 FALSE。

格式： ISLOGICAL(測試對象)

在 [測試對象] 設定要調查是否為邏輯值的值、公式、儲存格參照。例如「=ISLOGICAL(5>10)」，這裡的「5>10」是邏輯表達式，結果為邏輯值「FALSE」，所以傳回「TRUE」。

資訊 IS 函數 365 2019 2016 2013

ISFORMULA

查詢是否為公式

在指定儲存格內輸入了公式時，傳回 TRUE，如果非公式，則傳回 FALSE。

格式： ISFORMULA(參照)

在 [參照] 設定要查詢是否輸入了公式的儲存格參照。

資訊 IS 函數 365 2019 2016 2013

ISREF

查詢是否為儲存格參照

指定值為儲存格參照時，傳回 TRUE，非儲存格參照時，傳回 FALSE。

格式： ISREF(測試對象)

在 [測試對象] 設定要查詢是否為儲存格參照的值。可以設定引數內指定值的名稱。例如「ISREF(營業額)」當「營業額」定義為名稱時，就傳回「TRUE」。如果「=ISREF(XXA10)」，由於 XXA10 儲存格不存在，所以傳回「FALSE」。

相關

FORMULATEXT 把公式變成字串再取出 ➡ p.264
ERROR.TYPE 查詢錯誤的種類 ➡ p.266
邏輯表達式 ➡ p.363

ISERR

查詢錯誤值是否非「#N/A」

指定值若是「#N/A」以外的錯誤值時，傳回 TRUE，如果不是，則傳回 FALSE。

格式：　ISERR(測試對象)

在 [測試對象] 設定要查詢是否非「#N/A」錯誤值的值或公式、儲存格參照。例如「=ISERR(#VALUE!)」傳回 TRUE，「=ISERR(#N/A)」或「=ISERR(10)」傳回 FALSE。

資訊 IS 函數 365 2019 2016 2013

ISERROR

查詢是否為錯誤值

ISERROR 函數在 [測試對象] 設定的值為任何一種錯誤值(#N/A、#VALUE!、#REF!、#DIV/0!、#NUM!、#NAME?、#NULL! 等)時，傳回 TRUE，否則傳回 FALSE。

格式：　ISERROR(測試對象)

在 [測試對象] 設定要查詢是否為錯誤值的值、公式、儲存格參照。

資訊 IS 函數 365 2019 2016 2013

ISNA

查詢是否為錯誤值「#N/A」

指定值為錯誤值「#N/A」時，傳回 TRUE，非錯誤值「#N/A」時，傳回 FALSE。

格式：　ISNA(測試對象)

在 [測試對象] 設定要查詢是否為錯誤值「#N/A」的值、公式、儲存格參照。

COLUMN

IS 函數的重點說明

IS 函數是判斷引數設定的值，根據結果傳回 TRUE 或 FALSE，常用在 IF 函數的邏輯表達式。IF 函數的傳回值可以根據 IS 函數的結果是 TRUE 或 FALSE 來進行切換。例如「=IF(ISNUMBER(A1), A1*10," － ")」，A1 儲存格的值為數值時，顯示「A1*10」的計算結果，否則顯示「－」。

如果「=IF(ISERROR(A1/B1)," － ", A1/B1)」，算式「A1/B1」為錯誤時，顯示「－」，否則則顯示「A1/B1」的計算結果。這裡的計算也可以使用 IFERROR 函數 (p.210)，設定成「=IFERROR(A1/B1," － ")」。

IS 函數

IS 函數	判斷內容
ISNUMBER	如果是數值，傳回 TRUE
ISEVEN	如果是偶數，傳回 TRUE
ISODD	如果是奇數，傳回 TRUE
ISTEXT	如果為字串，傳回 TRUE
ISNONTEXT	如果非字串，傳回 TRUE
ISBLANK	如果為空白，傳回 TRUE
ISLOGICAL	如果為邏輯值，傳回 TRUE
ISFORMULA	如果為公式，傳回 TRUE
ISREF	如果為儲存格參照，傳回 TRUE
ISERR	如果為非「#N/A」的錯誤值，傳回 TRUE
ISERROR	如果為錯誤值，傳回 TRUE
ISNA	如果為錯誤值「#N/A」，傳回 TRUE

資訊　錯誤值　365　2019　2016　2013

NA

傳回錯誤值「#N/A」

NA 函數會顯示錯誤值「#N/A」。錯誤值「#N/A」代表沒有可以使用的值。直接在儲存格輸入「#N/A」也會獲得相同結果。

格式： NA()

沒有引數。

SHEET

查詢值位於第幾個工作表

傳回代表指定值位於第幾個工作表的數值。隱藏中的工作表或圖表工作表也會納入計算。

格式： **SHEET([值])**

在 [值] 設定儲存格參照、儲存格範圍、名稱、工作表名稱、表格名稱等。省略時，傳回 SHEET 函數輸入的工作表編號。

範例 1 查詢各個值位於第幾個工作表

	A	B	C
1	參照儲存格	工作表編號	
2	A2儲存格	1	
3	總務工作表的A1儲存格	2	
4			
5	工作表	工作表編號	
6	會計	3	
7	業務	4	
8			

Sheet1 | 總務 | 會計 | 業務

公式 =SHEET(A2)
公式 =SHEET(總務!A1)
公式 =SHEET("會計")
公式 =SHEET(T(A7))

說明 B2 儲存格：「A2」位於第一個工作表，所以傳回 1。
B3 儲存格：「總務 !A1」是總務工作表的 A1 儲存格，位於第二個工作表，所以傳回 2。
B6 儲存格：字串「會計」是工作表名稱，為於第三個工作表，所以傳回 3。
B7 儲存格：在「T(A7)」，A7 儲存格的值會當作字串傳回，「業務」是工作表名稱，位於第四個工作表，所以傳回 4。
A7 儲存格：輸入工作表名稱「業務」時，如果「=SHEET(A7)」，會傳回 A7 儲存格的工作表編號「1」，利用 T 函數將 A7 儲存格轉換成字串，就能辨識工作表名稱。

相關
T　只取出字串 ➡ p.200
SHEETS　查詢工作表的數量 ➡ p.260

SHEETS

查詢工作表的數量

傳回指定範圍內的工作表數量。隱藏中的工作表及圖表工作表都會納入計算。

格式： SHEETS ([範圍])

在 [範圍] 設定要查詢工作表數量的範圍。可以設定儲存格參照、儲存格範圍、名稱、表格名稱。省略時，會傳回活頁簿內的所有工作表數量。

範例 1 查詢指定範圍內的工作表數量

	A	B
1	工作表數量(總務-業務)	
2	3	
3		
4		
5		

公式 =SHEETS(總務:業務!A1)

說明 傳回指定範圍(總務工作表到業務工作表的 A1 儲存格)內的工作表數量「3」。如果省略引數，輸入「=SHEETS()」時，會傳回所有工作表數量「4」。

CELL

取得儲存格的資訊

傳回儲存格的資訊(格式、位置、內容)。

格式: **CELL(檢查種類, [對象範圍])**

- 傳回[對象範圍]儲存格在[檢查種類]設定的資訊(儲存格的格式、位置、內容)。
- 在[檢查種類]以字串設定想取得的資訊種類(請參考以下表格)。
- 在[對象範圍]設定要取得資訊的儲存格參照或儲存格範圍。設定了儲存格範圍時,會傳回左上角儲存格的資訊。

檢查種類

檢查種類	傳回值
"address"	儲存格的儲存格位址(絕對參照)
"col"	儲存格的欄號(自左起第幾欄)
"color"	對儲存格內的負值設定顏色格式時,傳回值為 1,沒有設定為 0
"contents"	在儲存格內顯示的值
"filename"	含儲存格的活頁簿完整路徑名稱。如果活頁簿尚未存檔,會傳回空白字串("")
"format"	對應儲存格顯示格式的格式碼(請參考表格)。儲存格內設定了對應負值的顏色格式時,末尾會加上「"-"」。如果設定了用括弧包圍正值或所有值的格式時,末尾會加上「"()"」(※)
"parentheses"	在儲存格設定了以括弧包圍正值或所有值的格式時,傳回值為 1,沒有設定則傳回值為 0(※)
"prefix"	設定儲存格內字串配置的字串常數。靠左對齊時,傳回值為「'」。靠右對齊時,傳回值為「"」。居中對齊時,傳回值為「^」。左右對齊時,傳回值為「\」。其他情況的傳回值為空字串「""」(※)
"protect"	儲存格沒有被鎖定時,傳回值為 0,被鎖定時為 1(※)
"row"	儲存格的列號
"type"	在儲存格輸入的資料為空白時,傳回值為「"b"」(Blank 的第一個字母)。如果是字串,則傳回值為「"l"」(Label 的第一個字母)。其他資料的傳回值為「"v"」(Value 的第一個字母)
"width"	儲存格的寬度。單位是標準字型的 1 個字元寬度(※)

※ 網頁版 Excel、Excel Mobile、Excel Starter 不支援這些功能。

- 更改了對象範圍的儲存格格式時，必須按一下 [公式] → [立即計算]，或按下 [F9] 鍵重新計算。

主要的顯示格式與格式碼（第 1 引數為 "format" 時的傳回值）

儲存格的顯示格式	傳回值（格式碼）
G/ 通用格式	G
# ?/? 或 # ??/??	
0	F0
0.00	F2
#,##0	,0
$#,##0_) (; $#,##0)	
#,##0;[紅色]-#,##0	,0-
#,##0.00	,2
#,##0.00;-#,##0.00	
#,##0.00;[紅色]-#,##0.00	,2-
$#,##0_);($#,##0)	CO
$#,##0;$-#,##0	
$#,##0_);[紅色]($#,##0)	C0-
S#,##0;[紅色]S-#,##0	
$#,##0.00;[紅色]-$#,##0.00	C2-
0%	P0
0.00%	P2

儲存格的顯示格式	傳回值（格式碼）
0.00E+00	S2
0.E+00	S0
d-mmm-yy	D1
m/d/yy	
yyyy/m/d	
yyyy" 年 "m" 月 "d" 日 "	
yyyy/m/d h:mm	
mmm-yy	D2
d-mmm	D3
mm/dd	
m" 月 "d" 日 "	
ggge" 年 "m" 月 "d" 日 "	D4
hh:mm:ss AM/PM	D6
hh:mm AM/PM	D7
hh:mm:ss	D8
hh" 時 "mm" 分 "ss" 秒 "	
hh:mm	D9
hh" 時 "mm" 分 "	

範例 1 取得儲存格的資訊

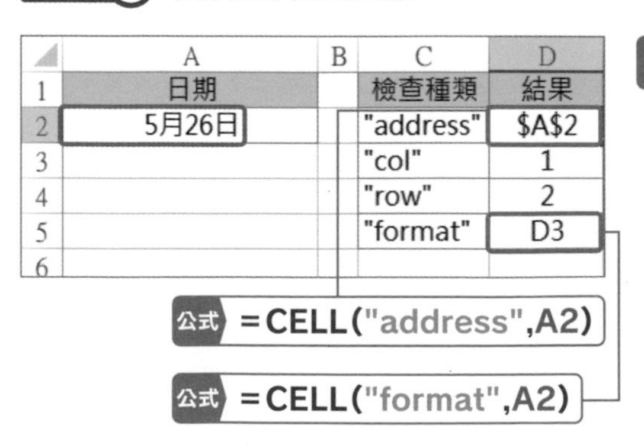

說明 在 D2 儲存格以絕對參照取得 A2 儲存格的位址。在 D5 儲存格查詢 A2 儲存格的顯示格式，傳回值取得格式碼「D3」(請參考上表)。

INFO

查詢 Excel 的執行環境

傳回以引數指定關於 Excel 目前操作環境的資訊種類。例如取得目前資料夾的路徑名稱或作業系統版本等。

格式： **INFO(檢查種類)**

在 [檢查種類] 以字串指定想查詢的內容(請參考表格)。

檢查種類

檢查種類	傳回值
"directory"	目前資料夾的路徑名稱
"numfile"	開啟中的工作表數量
"origin"	以 "$A:" 開頭的字串，傳回目前視窗顯示範圍左上角可視儲存格的絕對儲存格參照（與 Lotus 1-2-3 R3.x 相容）
"osversion"	目前的作業系統版本
"recalc"	重算模式（「自動」或「手動」）
"release"	目前的 Excel 版本
"system"	操作環境的名稱：（Macintosh："mac"、Windows："pcdos"）

範例 1 查詢 Excel 的操作環境

	A	B	C
1	檢查種類		結果
2	目前資料夾	"directory"	C:\Users\cf23\Desktop\
3	現在開啟中的工作表	"numfile"	2
4	作業系統版本	"osversion"	Windows (64-bit) NT 10.00
5	重算模式	"recalc"	自動
6	Excel的版本	"release"	16.0
7	操作環境	"system"	pcdos
8			

說明 顯示目前的資料夾。

公式 =INFO("directory")

FORMULATEXT

把公式變成字串再取出

把指定儲存格內輸入的公式當作字串傳回。

格式：FORMULATEXT(參照)

在 [參照] 設定輸入了公式的儲存格參照。參照的儲存格如果沒有輸入公式，會傳回錯誤值「#N/A」。

Hint
- 也可以參照其他工作表或其他開啟中活頁簿的儲存格。
- 設定儲存格範圍時，傳回左上方的儲存格公式。

範例 1 顯示在儲存格內輸入的公式

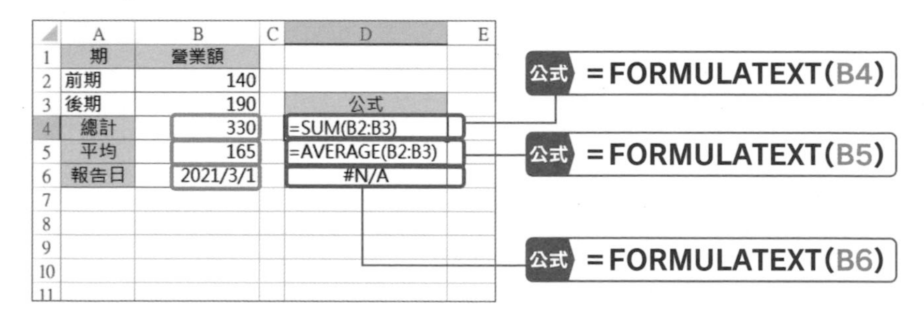

說明 把 B4、B5、B6 儲存格內輸入的公式變成字串再顯示。由於 B6 儲存格沒有輸入公式，所以 D6 儲存格顯示錯誤值「#N/A」。

相關 顯示公式 ➡ p.407

數學與三角 日期和時間 統計 文字 邏輯 查閱與參照、Web Cube 資訊 資料庫 財務 工程 基本知識 實用技巧

TYPE

查詢資料的種類

以數值傳回引數指定值的資料種類。搭配 IF 函數，可以查詢儲存格內輸入值的資料種類，再執行不同處理。如果參照的儲存格輸入了公式，會傳回代表公式的資料種類。

格式： TYPE(值)

在 [值] 設定想查詢資料種類的值或儲存格參照。

資料種類

資料種類	傳回值
數值	1
字串	2
邏輯值	4
錯誤值	16
陣列	64

範例 1 查詢儲存格內輸入資料的種類

	A	B
1	值	資料種類
2	3月1日	1
3	100	1
4	春	2
5	TRUE	4
6	#N/A	16
7		

公式 =TYPE(A2)

說明 查詢 A2 儲存格值的資料種類，結果傳回 1（數值）。日期資料在 Excel 會當作數值處理，所以傳回「1」。

相關 IF 依是否符合條件傳回不同值 ➡ p.202

資訊 取出資訊 365 2019 2016 2013

ERROR.TYPE

查詢錯誤的種類

傳回與引數設定的錯誤值對應的數值。如果沒有錯誤時，會傳回錯誤值「#N/A」。

格式： ERROR.TYPE(錯誤值)

在 [錯誤值] 設定想查詢錯誤值的值、公式、儲存格參照。

錯誤值

錯誤值	傳回值
#NULL!	1
#DIV/0!	2
#VALUE!	3
#REF!	4
#NAME?	5
#NUM!	6
#N/A	7

錯誤值	傳回值
#GETTING_DATA	8
#SPILL!	9
#CONNECT!	10
#BLOCKED!	11
#UNKNOWN!	12
#FIELD!	13
#CALC!	14

※ 9 ～ 14 只有 Microsoft365 可以使用（至 2021 年 4 月為止）

資訊 轉換數值 365 2019 2016 2013

N

轉換成對應引數的數值

把引數的指定值轉換成數值。如果是數值，直接傳回數值。若是日期，則傳回序列值。除此之外，還會傳回對應資料種類的數值。這個函數是為了維持與其他試算表程式之間的相容性而準備的。

格式： N(值)

在 [值] 設定要轉換的值。N 函數是依照以下規則來轉換值。

值

值	傳回值
數值	維持數值
以組合格式顯示日期	日期的序列值
TRUE	1
FALSE	0
錯誤值	指定的錯誤值
其他(字串等)	0

資料庫函數

資料庫函數是在資料庫格式的資料表中，統計符合其他資料表指定條件的資料。使用時的重點是，要在其他資料表設定正確的條件。只要掌握條件式的描述方法、多個條件的指定方法，就能執行各種統計。

資料庫　平均值　365　2019　2016　2013

DAVERAGE

計算符合其他資料表條件的記錄欄平均值

使用其他資料表準備的條件搜尋資料庫，傳回符合條件的記錄(列)欄位(欄)內的數值平均值。

格式： DAVERAGE(資料庫, 欄位, 搜尋條件)

- 在 [資料庫] 設定構成資料庫的儲存格範圍。
- 在 [欄位] 設定以儲存格位址、欄標題的字串、欄號等任何一個平均值所在的欄標題。
- 在 [搜尋條件] 設定當作條件的資料表儲存格範圍。在資料表第一列設定和欄位一樣的標題，並在下一列設定條件式。

範例 1 計算最近的車站是「新宿」的平均房租

	A	B	C	D	E	F
1	物件NO	物件名稱	最近的車站	徒步	房租	
2	1001	SP公寓	新宿三丁目	5	$180,000	
3	1002	HD住宅	初台	10	$150,000	
4	1003	GRANDE新宿	新宿	9	$120,000	
5	1004	SKZ公寓	下北澤	8	$100,000	
6	1005	新宿Grade Heights	西新宿	15	$95,000	
7	1006	YYG公寓	新宿	12	$90,000	
8						
9	最近的車站	平均房租				
10	=新宿	$105,000				
11						
12						
13						

公式 =DAVERAGE(A1:E7,E1,A9:A10)

說明 在資料庫(A1:E7)內，計算符合條件(A9:A10)「最近的車站是新宿」的記錄欄位(E1)平均值。

相關 資料庫函數的基本知識 ➡ p.269

COLUMN

資料庫函數的基本知識

資料庫函數是以搜尋條件（條件資料表）搜尋資料庫（統計資料表），以欄位（統計欄）的值統計與條件一致的資料。根據統計方法，使用 DSUM 函數、DAVERAGE 函數等資料庫函數。設定欄位時，可以設定欄標題的字串（" 房租 "）、儲存格位址（E1），或左起計算的欄號（5）其中一個。

	A	B	C	D	E
1	物件NO	物件名稱	最近的車站	徒步	房租
2	1001	SP公寓	新宿三丁目	5	$180,000
3	1002	HD住宅	初台	10	$150,000
4	1003	GRANDE新宿	新宿	9	$120,000
5	1004	SKZ公寓	下北澤	8	$100,000
6	1005	新宿Grade Heights	西新宿	15	$95,000
7	1006	YYG公寓	新宿	12	$90,000
8					
9	最近的車站	平均房租			
10	=新宿	$105,000			
11					
12					
13					

資料庫（統計欄）

搜尋條件（統計資料表）

搜尋條件（條件資料表）

● 條件資料表（搜尋條件）

條件資料表使用的欄標題與資料庫的欄標題一樣。在第一列輸入標題，第二列之後輸入條件。條件列為空白時，所有紀錄成為統計對象。組合多個條件時，資料表的製作方法會隨著符合所有指定條件（AND 條件），或滿足其中一個指定條件（OR 條件）而不同。

・AND 條件（在同一列設定條件）

例 1）　最近的車站為「新宿」且徒步「10 分鐘以內」

最近的車站	徒步
= 新宿	<=10

例 2）　房租為「100,000 以上」且「不到 150,000」

房租	房租
>=100000	<150000

・OR 條件（在不同列設定條件）

例 1） 最近的車站是「初台」或「下北澤」

最近的車站
= 初台
= 下北澤

步行「10 分鐘以內」或房租為「100,000 以內」

徒步	房租
<=10	
	<=100000

● 條件的設定方法

條件為日期或數值時，可以直接輸入「>=5」（5 以上）或「<=2021/3/5」（2021/3/5 之前）。如果設定成字串「新宿」，表示要「以新宿為開頭」。因此除了「新宿」，「新宿三丁目」也符合條件。如果要完全一致，必須設定成「="= 新宿 "」。此時，儲存格會顯示「= 新宿」。

此外，還可以使用「*」（代用 0 字元以上的任意字元）或「?」（代用任意的 1 個字元）等萬用字元。參考以下資料表，可以正確設定條件。

條件式	意義	擷取範例
="= 月 "	與「月」完全一致	月
="= 月 *"	以「月」為開頭	月、月初、月份
="=* 月 "	以「月」為結尾	月、新月、花鳥風月
="=* 月 *"	包含「月」	月、雨月物語
="= 月 ?"	以「月」為開頭的兩個字	月初、月底
="=? 月 "	以「月」為結尾的兩個字	如月、霜月
="="	未輸入	

DSUM

計算符合其他資料表條件的記錄加總

使用其他資料表準備的條件搜尋資料庫，傳回符合條件的記錄(列)欄位(欄)內的數值加總。

格式： DSUM(資料庫, 欄位, 搜尋條件)

- 在 [資料庫] 設定構成資料庫的儲存格範圍。
- 在 [欄位] 以儲存格位址、欄標題的字串或欄號，設定含有加總值的欄標題。
- 在 [搜尋條件] 設定當作條件的資料表儲存格範圍。在資料表第一列設定和欄位一樣的標題，並在下一列設定條件式。

範例 1 計算日期 2021/3/1 ～ 3/3 的銷售總額

	A	B	C	D	E
1	日期	商品	種類	金額	
2	2021/3/1	運動服	上衣	$6,800	
3	2021/3/2	內搭褲	下身	$4,000	
4	2021/3/3	連帽T恤	上衣	$8,000	
5	2021/3/4	運動服	上衣	$6,500	
6	2021/3/5	連帽T恤	上衣	$8,000	
7	2021/3/6	五分褲	下身	$3,000	
8					
9	日期	日期	加總金額		
10	>=2021/3/1	<=2021/3/3	$18,800		
11					
12					
13					

公式 =DSUM(A1:D7,D1,A9:B10)

說明 計算資料庫(A1:D7)內，符合條件(A9:B10)「日期為 2021/3/1 之後且在 2021/3/3 以內」的記錄欄位(D1)加總。

資料庫 最大值／最小值 365 2019 2016 2013

DMAX

計算符合其他資料表條件的記錄最大值

使用其他資料表準備的條件搜尋資料庫，傳回符合條件的記錄（列）欄位（欄）內的數值最大值。

格式： DMAX(資料庫, 欄位, 搜尋條件)

- 在［資料庫］設定構成資料庫的儲存格範圍。
- 在［欄位］以儲存格位址、欄標題的字串或欄號，設定要計算最大值的欄標題。
- 在［搜尋條件］設定當作條件的資料表儲存格範圍。在資料表第一列設定和欄位一樣的標題，並在下一列設定條件式。

資料庫 最大值 / 最小值 365 2019 2016 2013

DMIN

計算符合其他資料表條件的記錄最小值

使用其他資料表準備的條件搜尋資料庫，傳回符合條件的記錄（列）欄位（欄）內的數值最小值。

格式： DMIN (資料庫, 欄位, 搜尋條件)

- 在［資料庫］設定構成資料庫的儲存格範圍。
- 在［欄位］設定要計算最小值的欄標題或欄號。
- 在［搜尋條件］設定當作條件的資料表儲存格範圍。在資料表第一列設定和欄位一樣的標題，並在下一列設定條件式。

範例 1 計算英文與數學分數的最大值與最小值

	A	B	C	D	E	F	G	H
1	日期	類別	科目	分數		科目		
2	4月3日	確認	英文	81		英文		
3	4月28日	實力	數學	88		數學		
4	6月15日	定期	英文	96				
5	7月1日	實力	國語	73		最大值	最小值	
6	7月15日	定期	數學	68		96	68	
7	9月1日	實力	英文	70				
8								
9								

公式 =DMAX(A1:D7,D1,F1:F3)　公式 =DMIN(A1:D7,D1,F1:F3)

說明 分別計算資料庫（A1:D7）內，符合條件（F1:F3）「科目為英文與數學」資料欄位（D1）的最大值與最小值。

DCOUNT

計算符合其他資料表條件的記錄數值個數

使用其他資料表準備的條件搜尋資料庫，傳回符合條件的記錄(列)欄位(欄)中的數值個數。

格式： DCOUNT (資料庫, 欄位, 搜尋條件)

- 在 [資料庫] 設定構成資料庫的儲存格範圍。
- 在 [欄位] 以儲存格位址、欄標題的字串或欄號，設定要計算數值個數的欄標題。
- 在 [搜尋條件] 設定當作條件的資料表儲存格範圍。在資料表第一列設定和欄位一樣的標題，並在下一列設定條件式。

範例 1 分數達 80 分以上的次數

	A	B	C	D	E	F	G
1	日期	類別	科目	分數		分數	
2	4月3日	確認	英文	81		>=80	
3	4月28日	實力	數學	88			
4	6月15日	定期	英文	96		次數	
5	7月1日	實力	國語	73		3	
6	7月15日	定期	數學	68			
7	9月1日	實力	英文	70			
8							
9							

公式 =DCOUNT(A1:D7,D1,F1:F2)

說明 計算資料庫(A1:D7)內，符合條件(F1:F2)「分數達 80 分以上」的資料欄位(D1)內的數值個數。

相關 資料庫函數的基本知識 ➡ p.269

DCOUNTA

計算符合其他資料表條件的記錄個數

使用其他資料表準備的條件搜尋資料庫，傳回符合條件的記錄(列)欄位(欄)中，非空白的儲存格個數。

格式： DCOUNTA (資料庫, 欄位, 搜尋條件)

- 在 [資料庫] 設定構成資料庫的儲存格範圍。
- 在 [欄位] 以儲存格位址、欄標題的字串或欄號，設定要計算非空白儲存格數量的欄標題。
- 在 [搜尋條件] 設定當作條件的資料表儲存格範圍。在資料表第一列設定和欄位一樣的標題，並在下一列設定條件式。

範例 1 計算定期測驗的次數

	A	B	C	D	E	F	G
1	日期	類別	科目	分數		類別	
2	4月3日	確認	英文	81		定期	
3	4月28日	實力	數學	88			
4	6月15日	定期	英文	96		次數	
5	7月1日	實力	國語	73		2	
6	7月15日	定期	數學	68			
7	9月1日	實力	英文	70			
8							
9							

公式 =DCOUNTA(A1:D7,B1,F1:F2)

說明 計算資料庫(A1:D7)內，符合條件(F1:F2)「類別為定期」的資料欄位(B1)內的資料數量。

相關 資料庫函數的基本知識 ➡ p.269

DPRODUCT

計算符合其他資料表條件的記錄乘積

使用其他資料表準備的條件搜尋資料庫，傳回符合條件的記錄(列)欄位(欄)中的數值乘積。

格式： DPRODUCT(資料庫, 欄位, 搜尋條件)

- 在 [資料庫] 設定構成資料庫的儲存格範圍。
- 在 [欄位] 以儲存格位址、欄標題的字串或欄號，設定要計算乘積的欄標題。
- 在 [搜尋條件] 設定當作條件的資料表儲存格範圍。在資料表第一列設定和欄位一樣的標題，並在下一列設定條件式。

範例 1 查詢科目「英文」有無缺考

	A	B	C	D	E	F	G
1	日期	類別	科目	出缺席		科目	
2	4月3日	確認	英文	1		英文	
3	4月28日	實力	數學	1			
4	6月15日	定期	英文	0		有無出缺席	
5	7月1日	實力	國語	1		有缺席	
6	7月15日	定期	數學	1			
7	9月1日	實力	英文	1			
8	※出席：1、缺席：0						
9							
10							

公式 =IF(DPRODUCT(A1:D7,D1,F1:F2)=0,"有缺席","全部出席")

說明 計算資料庫(A1:D7)內，符合條件(F1:F2)「科目為英文」的資料欄位(D1)中的數值乘積。傳回值為 0，代表有缺席；若為 1，表示每次都出席。把這個部分設定成 IF 函數的條件，當傳回值為 0 時，顯示「有缺席」；若沒有，就顯示「全部出席」。

DSTDEVP

計算符合其他資料表條件的記錄標準差

使用其他資料表準備的條件搜尋資料庫，把符合條件的記錄(列)欄位(欄)內數值當作母體，傳回標準差。

格式： **DSTDEVP (資料庫, 欄位, 搜尋條件)**

- 在 [資料庫] 設定構成資料庫的儲存格範圍。
- 在 [欄位] 以儲存格位址、欄標題的字串或欄號，設定要計算標準差的欄標題。
- 在 [搜尋條件] 設定當作條件的資料表儲存格範圍。在資料表第一列設定和欄位一樣的標題，並在下一列設定條件式。

範例 1 由測驗結果計算性別為「男」的標準差

	A	B	C	D	E	F	G	H	I
1	NO	性別	英文	數學	國語	總計		性別	
2	1	男	78	80	70	228		男	
3	2	男	90	49	100	239			
4	3	女	52	66	75	193		標準差	
5	4	男	85	51	78	214		19.62244	
6	5	女	87	67	84	238			
7	6	女	95	51	66	212			
8	7	女	57	84	58	199			
9	8	男	84	55	45	184			
10	9	男	65	76	92	233			
11	10	女	44	92	90	226			
12									

公式 =DSTDEVP(A1:F11,F1,H1:H2)

說明 把資料庫(A1:F11)內，符合條件(H1:H2)「性別為男性」的資料欄位(F1)值當作母體，計算標準差。

資料庫　標準差　365　2019　2016　2013

DSTDEV

使用符合其他資料表條件的記錄計算不偏標準差

使用其他資料表準備的條件搜尋資料庫，把符合條件的記錄(列)欄位(欄)值當作母體樣本，傳回不偏標準差(母體的標準差估算值)。

格式： **DSTDEV(資料庫, 欄位, 搜尋條件)**

- 在 [資料庫] 設定構成資料庫的儲存格範圍。
- 在 [欄位] 以儲存格位址、欄標題的字串或欄號，設定要計算不偏標準差的欄標題。
- 在 [搜尋條件] 設定當作條件的資料表儲存格範圍。在資料表第一列設定和欄位一樣的標題，並在下一列設定條件式。

資料庫　變異數　365　2019　2016　2013

DVARP

使用符合其他資料表條件的記錄計算變異數

使用其他資料表準備的條件搜尋資料庫，把符合條件的記錄(列)欄位(欄)值當作母體樣本，傳回變異數。

格式： **DVARP (資料庫, 欄位, 搜尋條件)**

- 在 [資料庫] 設定構成資料庫的儲存格範圍。
- 在 [欄位] 以儲存格位址、欄標題的字串或欄號，設定要計算變異數的值所在欄的欄標題。
- 在 [搜尋條件] 設定當作條件的資料表儲存格範圍。在資料表第一列設定和欄位一樣的標題，並在下一列設定條件式。

資料庫　變異數　365　2019　2016　2013

DVAR

使用符合其他資料表條件的記錄計算不偏變異數

使用其他資料表準備的條件搜尋資料庫，把符合條件的記錄(列)欄位(欄)值當作母體樣本，傳回不偏變異數(母體的變異數估算值)。

格式： **DVAR (資料庫, 欄位, 搜尋條件)**

- 在 [資料庫] 設定構成資料庫的儲存格範圍。
- 在 [欄位] 以儲存格位址、欄標題的字串或欄號，設定要計算不偏變異數的欄標題。
- 在 [搜尋條件] 設定當作條件的資料表儲存格範圍。在資料表第一列設定和欄位一樣的標題，並在下一列設定條件式。

資料庫 取值

365 2019 2016 2013

DGET

取出一個符合其他資料表條件的值

使用其他資料表準備的條件搜尋資料庫，取出一個符合條件的記錄(列)欄位(欄)值。

格式： DGET(資料庫, 欄位, 搜尋條件)

- 在［資料庫］設定構成資料庫的儲存格範圍。
- 在［欄位］以儲存格位址、欄標題的字串或欄號，設定取值欄的欄標題。
- 在［搜尋條件］設定當作條件的資料表儲存格範圍。在資料表第一列設定和欄位一樣的標題，並在下一列設定條件式。

Hint 找不到符合搜尋條件的紀錄時，會傳回錯誤值「#VALUE!」。假如找到多個紀錄，則會傳回錯誤值「#NUM!」。因此 DGET 函數可以用在不含重複值的欄位。

範例 1 從成績表取出排名第一名的名字

	A	B	C	D	E	F	G	H	I
1	姓名	英文	數學	國語	總計	排名		排名	
2	清水　望	78	80	70	228	3		1	
3	山崎　貴子	90	49	100	239	1			
4	加藤　伸介	52	66	75	193	7		姓名	
5	小宮　徹	85	51	78	214	4		山崎　貴子	
6	關口　哲也	87	67	84	238	2			
7	大山　恭子	95	51	66	212	5			
8	本宮　櫻	57	84	58	199	6			
9	近藤　啟介	84	55	45	184	8			
10									
11									

公式 =DGET(A1:F9,A1,H1:H2)

說明 在資料庫內(A1:F9)，取出符合條件(H1:H2)「排名第一名」的資料欄位(A1)內的值。

財務函數

財務函數提供了可以計算每月貸款還款金額、以零存整付達到目標金額的儲蓄次數，以及固定利率債券的殖利率、應計利息等與投資相關的各種函數。

PMT

計算定期償還的貸款或儲蓄金額

傳回在固定利率及期間內，貸款為本金平均攤還的定期支付額，或零存整付的定期存款額。

格式： PMT(利率, 期間, 現值, [未來值], [支付日期])

- 在 [利率] 設定利率。若為每月支付，設定年利率 ÷12。
- 在 [期間] 設定總支付次數。若為每月支付，設定為年數 ×12。
- [現值] 若是貸款，設定為借款金額；如果是儲蓄，則設定為頭期款。
- [未來值] 若為貸款，設定支付後的餘額(還清時為 0)；如果是儲蓄，設定最終的目標金額。省略時，預設為 0。
- [支付日期] 若為期初是 1，期末是 0。省略時，預設為 0。

範例 1 計算每月貸款的還款金額

	A	B	C
1	償還貸款		
2	借款	$200,000	
3	利率 (年)	4.0%	
4	期間 (月)	12	
5	每月還款金額	$-17,030	
6			

公式 =PMT(B3/12,B4,B2,0,0)

說明 假設年利率 4%(B3/12)、還款期間 12 個月(B4)、借款 200,000 元(B2)時，計算每月的支付金額。定期還款以月為單位，所以年利率要除以 12，變成月利率。

相關

PPMT 計算貸款還款金額中攤還的本金 ➡ p.282
IPMT 計算貸款還款金額中攤還的利息 ➡ p.283

COLUMN

財務函數以「-」（負）代表支付，以「+」（正）表示取得。PMT 函數是用來計算支付金額，所以結果為「-」。假如不想顯示為負值，可以在函數前面加上「-」，就能反轉符號。

財務函數的期間與利率單位要與定期支付的單位一致。例如，定期支付以月為單位時，要將利率換算成月利率，期間換算成月數。

COLUMN

償還貸款的方法包括本息平均攤還與本金平均攤還。本息平均攤還是每次還款額固定，只改變本金與利息占還款金額的比例。本金平均攤還是在還款期間內，平均除以本金，根據餘額計算利息。因此初期還款金額較多，之後會逐漸減少。

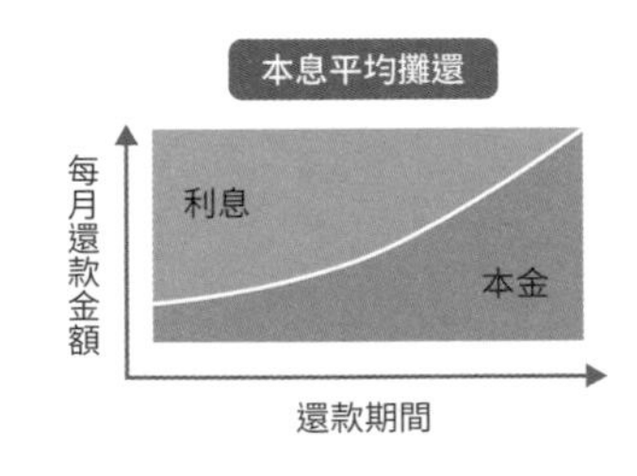

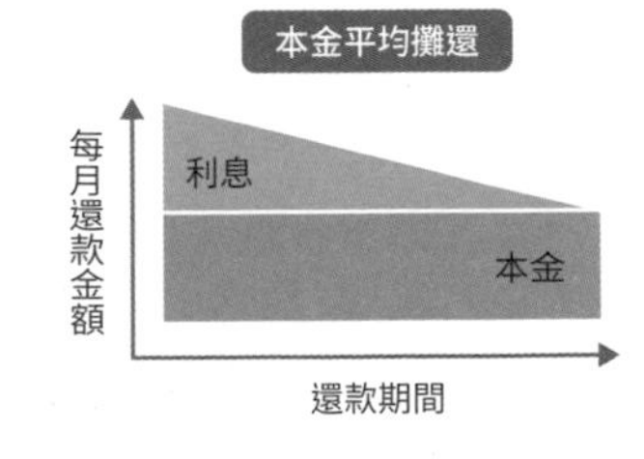

PPMT

計算貸款還款金額中攤還的本金

以本金平均攤還的方式償還貸款時，傳回指定次數的付款金額中包含的本金。

格式： PPMT(利率, 期, 期間, 現值, [未來值], [支付日期])

- 在 [利率] 設定利率。若為每月支付，設定年利率 ÷12。
- 在 [期] 以介於 1 ～ [期間] 的範圍設定是第幾次付款。
- 在 [期間] 設定總支付次數。若為每月支付，設定為年數 ×12。
- [現值] 若是貸款，設定為借款金額；如果是儲蓄，則設定為頭期款。
- [未來值] 若為貸款，設定支付後的餘額(還清時為 0)；如果是儲蓄，設定最終的目標金額。省略時，預設為 0。
- [支付日期] 若為期初是 1，期末是 0。省略時，預設為 0。

範例 1 計算各還款次數的付款金額中包含的本金

	A	B	C	D	E
1	償還貸款			次數	攤還本金
2	借款	$200,000		1	$-16,363
3	利率 (年)	4.0%		2	$-16,418
4	期間 (月)	12		3	$-16,473
5	每月還款金額	$-17,030		4	$-16,527
6				5	$-16,583
7				6	$-16,638
8				7	$-16,693
9				8	$-16,749
10				9	$-16,805
11				10	$-16,861
12				11	$-16,917
13				12	$-16,973
14					

公式 =PPMT($B$3/12,D2,$B$4,$B$2)

說明 假設年利率 4 %(B3/12)、還款期間 12 個月(B4)、借款 200,000 元(B2) 時，計算每次還款(D2)的付款金額中所包含的本金。定期還款以月為單位，所以年利率要除以 12，變成月利率。

相關 PMT 計算定期償還的貸款或儲蓄金額 ➡ p.280

IPMT

計算貸款還款金額中攤還的利息

以本息平均攤還的方式償還貸款時，傳回指定次數的付款金額中包含的利息。

格式： IPMT(利率, 期, 期間, 現值, [未來值], [支付日期])

- 在 [利率] 設定利率。若為每月支付，設定年利率 ÷12。
- 在 [期] 以介於 1 ～ [期間] 的範圍設定是第幾次付款。
- 在 [期間] 設定總支付次數。若為每月支付，設定為年數 ×12。
- [現值] 若是貸款，設定為借款金額；如果是儲蓄，則設定為頭期款。
- [未來值] 若為貸款，設定支付後的餘額(還清時為 0)；如果是儲蓄，設定最終的目標金額。省略時，預設為 0。
- [支付日期] 若為期初是 1，期末是 0。省略時，預設為 0。

Hint PMT 函數(定期付款金額) = PPMT 函數(攤還本金) + IPMT 函數(攤還利息)的關係成立。

範例 1 計算各還款次數的付款金額中包括的利息

	A	B	C	D	E
1	償還貸款			次數	攤還利息
2	借款	$200,000		1	$-667
3	利率 (年)	4.0%		2	$-612
4	期間 (月)	12		3	$-557
5	每月還款金額	$-17,030		4	$-502
6				5	$-447
7				6	$-392
8				7	$-337
9				8	$-281
10				9	$-225
11				10	$-169
12				11	$-113
13				12	$-57
14					

公式 =IPMT($B$3/12,D2,$B$4,$B$2)

說明 假設年利率 4 %(B3/12)、還款期間 12 個月(B4)、借款 200,000 元(B2) 時，計算每次還款(D2)的付款金額中包含的利息。定期還款以月為單位，所以年利率要除以 12，變成月利率。

CUMPRINC

計算貸款還款金額中累計支付的本金

以本金平均攤還的方式償還貸款時，傳回在指定期間內，累計支付的本金。

格式： **CUMPRINC(利率, 期間, 現值, 期初, 期末, 支付日期)**

- 在 [利率] 設定利率。若為每月支付，設定年利率 ÷12。
- 在 [期間] 設定總支付次數。若為每月支付，設定為年數 ×12。
- 在 [現值] 設定借款金額。
- 在 [期初] 設定計算累計金額的第一期。
- 在 [期末] 設定計算累計金額的最後一期。
- [支付日期] 若為期初是 1，期末是 0。省略時，預設為 0。

範例 1 計算從期初到各還款次數為止累計攤還的本金

	A	B	C	D	E
1	償還貸款			次數	累計攤還本金
2	借款	$200,000		1	$-16,363
3	利率（年）	4.0%		2	$-32,781
4	期間（月）	12		3	$-49,254
5	每月還款金額	$-17,030		4	$-65,781
6				5	$-82,364
7				6	$-99,002
8				7	$-115,695
9				8	$-132,444
10				9	$-149,249
11				10	$-166,110
12				11	$-183,027
13				12	$-200,000
14					
15					

說明 假設年利率4%(B3/12)、還款期間12個月(B4)、借款200,000元(B2)時，計算從第一次開始，到指定還款次數(D2)內累計攤還的本金。定期還款以月為單位，所以年利率要除以12，變成月利率。

公式 =CUMPRINC($B$3/12,$B$4,$B$2,1,D2,0)

CUMIPMT

計算貸款還款金額中累計支付的利息

以本息平均攤還的方式償還貸款時，傳回在指定期間內，累計支付的利息。

格式： **CUMIPMT(利率, 期間, 現值, 期初, 期末, 支付日期)**

- 在 [利率] 設定利率。若為每月支付，設定年利率 ÷12。
- 在 [期間] 設定總支付次數。若為每月支付，設定為年數 ×12。
- 在 [現值] 設定借款金額。
- 在 [期初] 設定計算累計金額的第一期。
- 在 [期末] 設定計算累計金額的最後一期。
- [支付日期] 若為期初是 1，期末是 0。省略時，預設為 0。

範例 1 計算從期初到各還款次數為止累計攤還的利息

	A	B	C	D	E
1	償還貸款			次數	累計攤還利息
2	借款	$200,000		1	$-667
3	利率 (年)	4.0%		2	$-1,279
4	期間 (月)	12		3	$-1,836
5	每月還款金額	$-17,030		4	$-2,339
6				5	$-2,786
7				6	$-3,178
8				7	$-3,515
9				8	$-3,796
10				9	$-4,021
11				10	$-4,190
12				11	$-4,303
13				12	$-4,360
14					
15					

公式 =CUMIPMT($B$3/12,$B$4,$B$2,1,D2,0)

說明 假設年利率 4 %(B3/12)、還款期間 12 個月(B4)、借款 200,000 元(B2)時，計算從第一次開始，到指定還款次數(D2)內累計攤還的利息。定期還款以月為單位，所以年利率要除以 12，變成月利率。

財務　儲蓄、償還貸款　365　2019　2016　2013

NPER

計算達成目標金額的儲蓄次數或還款次數

傳回固定利率與期間，以本金平均攤還定期償還貸款或零存整付儲蓄時，達到目標金額為止的付款次數。

格式： **NPER(利率, 定期支付額, 現值, [未來值], [支付日期])**

- 在 [利率] 設定利率。
- 在 [定期支付額] 設定每次支付的金額(儲蓄額)。以負值設定支付額。
- [現值] 若是貸款，設定為借款金額；如果是儲蓄，則設定為頭期款。
- [未來值] 若為貸款，設定支付後的餘額(還清時為 0)；如果是儲蓄，設定最終的目標金額。省略時，預設為 0。
- [支付日期] 若為期初是 1，期末是 0。省略時，預設為 0。

範例 1 計算還完借款的還款次數

	A	B	C
1	償還貸款		
2	借款	$200,000	
3	利率(年)	4.0%	
4	月支付額	$-30,000	
5	還款次數	6.753087	
6			

公式 =NPER(B3/12,B4,B2)

說明　假設年利率 4%(B3/12)、借款 200,000 元(B2)、每月還款金額為30,000 元(B4)，計算到還清借款為止的還款次數。定期還款以月為單位，所以年利率要除以 12，變成月利率。

財務　儲蓄、償還貸款　365　2019　2016　2013

ISPMT

計算以本金平均攤還償還貸款時攤還的利息

使用本金平均攤還償還貸款時，傳回指定期數的攤還利息。這是為了維持與試算表軟體 LOTUS1-2-3 的相容性而準備的函數。

格式： **ISPMT(利率, 期, 期間, 現值)**

- 在 [利率] 設定利率。若為每月支付，設定年利率 ÷12。
- 在 [期]，假設初期為 0，以介於 [期間]-1 的範圍設定是第幾次付款。
- 在 [期間] 設定總支付次數。若為每月支付，設定為年數 ×12。
- 在 [現值] 設定借款金額。

RATE

計算儲蓄或貸款還款的利率

計算固定期間內投資(貸款或儲蓄)的利率。例如可以計算貸款 50 萬元，一年內每月還款 45,000 元時的貸款利息。

格式：RATE(期間, 定期支付額, 現值, [未來值], [支付日期], [猜測值])

- 在 [期間] 設定總支付次數。若為每月支付，設定為年數 ×12。
- 在 [定期支付額] 設定每次的支付金額(儲蓄額)。以負值設定支付額。
- [現值] 若是貸款，設定為借款金額；如果是儲蓄，則設定為頭期款。
- [未來值] 若為貸款，設定支付後的餘額(還清時為 0)；如果是儲蓄，設定最終的目標金額。省略時，預設為 0。
- [支付日期] 若為期初是 1，期末是 0。省略時，預設為 0。
- 在 [猜測值] 設定利率的猜測值。省略時，預設為 10%。

範例 1 計算儲蓄的利率

	A	B	C
1	儲蓄試算		
2	目標金額	$3,000,000	
3	儲蓄期間(年)	5	
4	儲蓄金額(月)	$-45,000	
5	利率(年)	4.2182%	
6			

公式 =RATE(B3*12,B4,0,B2)*12

說明 假設五年(B3*12)每月的儲蓄金額為 45,000 元(B4)，計算頭期款為 0，目標金額為 300 萬元(B3)時的利率。傳回值是月利率，所以乘以 12，變成年利率。

PV

計算現值

傳回以固定利率，定期支付貸款或儲蓄時的現值。若是貸款，可以計算能借貸的金額；若是儲蓄，可以計算頭期款。

格式： PV(利率, 期間, 定期支付額, [未來值], [支付日期])

- 在 [利率] 設定整個期間內的固定利率。
- 在 [期間] 設定總支付次數。若為每月支付，設定為年數 ×12。
- 在 [定期支付額] 設定每次支付的金額(儲蓄額)。以負值設定支付額。
- [未來值] 若是貸款，設定支付後的餘額，還清時為 0；若是儲蓄，設定最終的目標金額。省略時，預設為 0。
- [支付日期] 若為期初是 1，期末是 0。省略時，預設為 0。

範例 1 計算可以借到的貸款金額

	A	B
1	房屋貸款的借貸金額	
2	每月還款金額	$-80,000
3	利率（年）	3%
4	期間（年）	30
5	可能的借貸金額	$18,975,151
6		

公式 =PV(B3/12,B4*12,B2,0)

說明 假設年利率 3%(B3/12)，在 30 年間(B4*12)內，每月還款 80,000 元(B2)時，計算可以借到的貸款金額。由於貸款還清，所以第 4 引數的未來值為 0。

數學與三角 日期和時間 統計 文字 邏輯 查閱與參照、Web Cube 資訊 資料庫 財務 工程 基本知識 實用技巧

FV

計算未來值

傳回以固定利率，定期支付貸款或儲蓄時的未來值。若是貸款，可以計算餘額；若是儲蓄，可以計算領回的金額。

格式： **FV(利率, 期間, 定期支付額, [現值], [支付日期])**

- 在 [利率] 設定整個期間內的固定利率。
- 在 [期間] 設定總支付次數。若為每月支付，設定為年數 ×12。
- 在 [定期支付額] 設定每次支付的金額(儲蓄額)。以負值設定支付額。
- [現值] 若是貸款，設定為借款金額；若是儲蓄，則設定為頭期款。
- [支付日期] 若為期初是 1，期末是 0。省略時，預設為 0。

範例 1 計算零存整付儲蓄期滿領回的金額

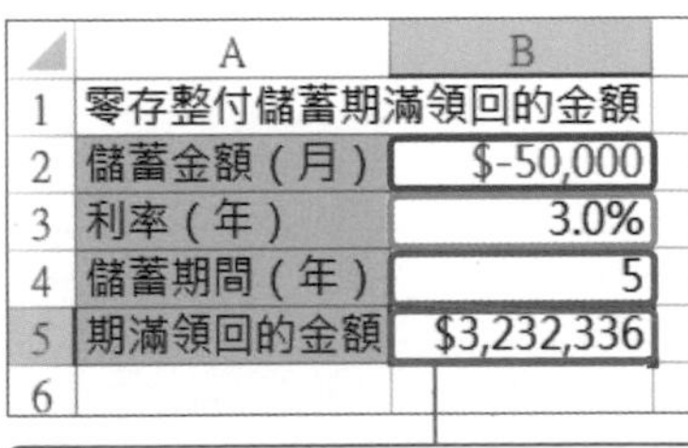

	A	B
1	零存整付儲蓄期滿領回的金額	
2	儲蓄金額(月)	$-50,000
3	利率(年)	3.0%
4	儲蓄期間(年)	5
5	期滿領回的金額	$3,232,336
6		

公式 =FV(B3/12,B4*12,B2,0)

說明　假設年利率 3 %(B3/12)，五年(B4*12)內每月儲蓄 50,000 元(B2)時，計算期滿領回的金額。假設頭期款為 0，所以第 4 引數的現值為 0。

數學與三角　日期和時間　統計　文字　邏輯　查閱與參照、Web　Cube　資訊　資料庫　財務　工程　基本知識　實用技巧

財務　現值、未來值　365　2019　2016　2013

FVSCHEDULE

計算利率變動時的投資未來值

計算利率變動時的投資或存款的未來值。

格式：　FVSCHEDULE(本金, 利率陣列)

- 在 [本金] 設定投資金額或存款金額。與其他財務函數不同的是，這個函數要以正值設定支付額。
- 在 [利率陣列] 以輸入各期利率的儲存格範圍或陣列常數設定投資期間內的變動利率。例如以第一年 2%、第二年 2.5%、第三年 3% 的變動利率投資 100 萬元時，設定為「=FVSCHEDULE(1000000,{0.02,0.025,0.03})」(※ 詳細內容請參考範例檔)。

財務　現值、未來值　365　2019　2016　2013

RRI

由投資金額及期滿時的目標金額計算利率

從投資期間與投資金額計算期滿領回目標金額的複利利率(等價利率)。RRI 函數的公式為「(未來值 / 現值)^(1/ 期間)-1」。

格式：　RRI(期間, 現值, 未來值)

- 在 [期間] 設定投資期間。統一想計算利率的期間與單位。例如期間為五年，計算年利率時設定為 5，計算月利率時，設定為 60(5×12)。
- 在 [現值] 設定投資金額(本金)。與其他財務函數不同，要以正值設定支付額。
- 在 [未來值] 設定期滿時想領回的目標金額。

範例 1 由投資金額與目標金額計算利率

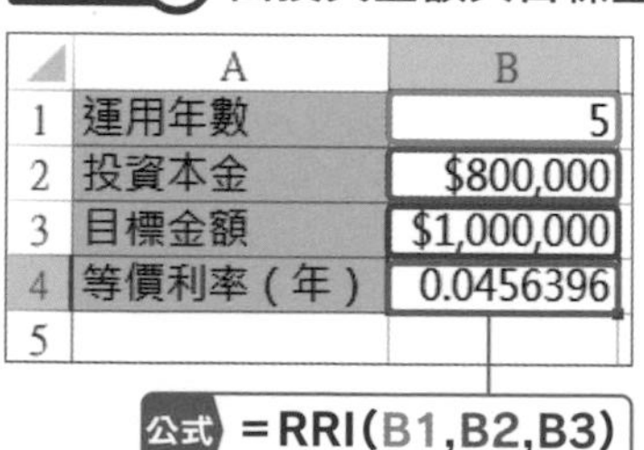

	A	B
1	運用年數	5
2	投資本金	$800,000
3	目標金額	$1,000,000
4	等價利率(年)	0.0456396
5		

公式 =RRI(B1,B2,B3)

說明　計算運用年數五年(B1)，投資本金為 80 萬元(B2)，期滿時領回的目標金額是 100 萬元(B3)的等價利率。

相關　PDURATION　計算投資金額達到目標金額所需的時間 ➡ p.291

財務 | 現值、未來值 | 365 | 2019 | 2016 | 2013

PDURATION

計算投資金額達到目標金額所需的時間

利用引數設定現值與利率，計算達到未來值的時間。例如，投資 10 萬元，年利率為 2.5% 時，計算達到 12 萬元的年數(7.38 年)。

格式： **PDURATION(利率, 現值, 未來值)**

- 在 [利率] 設定投資的利率。
- 在 [現值] 設定現值。
- 在 [未來值] 設定當作目標的未來值。

財務 | 淨現值 | 365 | 2019 | 2016 | 2013

NPV

計算定期現金流的淨現值

由貼現率及未來各期支出與收入(現金流)計算投資的淨現值。淨現值是把未來的收支金額轉換成現值，判斷投資的一項指標。

格式： **NPV(貼現率, 值 1, [值 2], …)**

- 在 [貼現率] 設定投資期間的固定貼現率。
- 在 [值] 設定代表支出(負值)和收入(正值)的金額。假設定期在各期的期末發生，設定的順序就會是現金流的順序。

Hint
- 最初的現金流在第一期的期初發生時，不可將該現金流設定為引數，必須加入 NPV 函數的計算結果。例如，範例最初的現金流(A4)發生在第一期的期初時，設定為「=NPV(B1,B4:D4)+A4」。
- 淨現值為 0 時，即使投資也不會產生獲利。0 以上才有獲利，而且愈大愈好。

範例 1 計算有定期收益時的淨現值

	A	B	C	D
1	年貼現率	10%	淨現值	$90,499
2				
3	初期投資金額	第1年	第2年	第3年
4	$-1,000,000	$350,000	$400,000	$600,000

公式 **=NPV(B1,A4:D4)**

說明 假設投資 100 萬且三年內有定期收益(A4:D4)，計算年貼現率為 10%(B1)時的淨現值。

相關 **RRI** 由投資金額及期滿時的目標金額計算利率 ➡ p.290

XNPV

計算不定期現金流的淨現值

針對不定期現金流計算淨現值。

格式： **XNPV(貼現率, 值, 日期)**

- 在 [貼現率] 設定貼現率。
- 在 [值] 設定不定期發生的現金流。支出設定為負值，收入設定為正值。
- 在 [日期] 設定含現金流日期的儲存格範圍或陣列常數。

範例 1 計算有不定期收益時的淨現值

	A	B	C	D	E
1	年貼現率	10%	淨現值	$255,374	
2					
3	初期投資金額	第1次	第2次	第3次	
4	$-1,000,000	$350,000	$400,000	$600,000	
5	2019/1/1	2019/3/1	2019/10/30	2020/2/1	

公式 = XNPV(B1,A4:D4,A5:D5)

說明 假設投資金額為 100 萬元，三次收益(A4:D4)皆為不定期(A5:D5)，年貼現率為 10%(B1)，計算淨現值。

相關 NPV 計算定期現金流的淨現值 ➡ p.291

數學與三角 日期和時間 統計 文字 邏輯 查閱與參照、Web Cube 資訊 資料庫 財務 工程 基本知識 實用技巧

IRR

計算定期現金流的內部報酬率

針對每月或每年定期發生的現金流，傳回內部報酬率。內部報酬率是一項投資判斷指標。和 NPV 函數的計算結果為「0」時的貼現率一樣。

格式： **IRR(範圍,[猜測值])**

- 在 [範圍] 設定包含定期支出（負數）與收入（正數）的陣列常數或儲存格範圍。值的順序會當作現金流的順序。必須分別包括一個以上的正數與負數。
- 在 [猜測值] 設定內部報酬率的猜測值。省略時，預設為 10%。

範例 1 計算投資的內部報酬率

	A	B	C	D	E
1	內部報酬率	7%			
2					
3	初期投資金額	第1年	第2年	第3年	第4年
4	$-1,000,000	$350,000	$400,000	$250,000	$150,000
5					

公式 =IRR(A4:E4)

說明 由連續定期的現金流（A4:E4）計算內部報酬率。

相關

XIRR 計算不定期現金流的內部報酬率 ➡ p.294
MIRR 計算定期現金流經修改的內部報酬率 ➡ p.295

XIRR

計算不定期現金流的內部報酬率

針對不定期現金流，計算內部報酬率。

格式： XIRR(範圍, 日期, [猜測值])

- 在 [範圍] 設定包含不定期支出（負數）與收入（正數）的陣列常數或儲存格範圍。值的順序會當作現金流的順序。必須分別包括一個以上的正數與負數。
- 在 [日期] 設定與 [範圍] 內的金額對應的日期。
- 在 [猜測值] 設定內部報酬率的猜測值。省略時，預設為 10%。

範例 1 計算不定期投資的內部報酬率

	A	B	C	D	E	F
1	內部報酬率	21%				
2						
3	初期投資金額	第1次	第2次	第3次	第4次	
4	$-1,000,000	$350,000	$400,000	$250,000	$150,000	
5	2019/1/1	2019/3/1	2019/10/30	2020/2/1	2020/4/1	
6						
7						

公式 =XIRR(A4:E4,A5:E5)

說明 由不連續定期的現金流（A4:E4）分別計算不定期（A5:E5）的內部報酬率。

相關 IRR 計算定期現金流的內部報酬率 ➡ p.293

MIRR

計算定期現金流經修改的內部報酬率

傳回連續定期現金流經修改的內部報酬率。經修改的內部報酬率是指，考量初期投資的借款利率或收益再投資的利率後，計算出來的內部報酬率。

格式： **MIRR（範圍, 安全利率, 危險利率）**

- 在 [範圍] 設定包含定期支出（負數）與收入（正數）的陣列常數或儲存格範圍。值的順序會當作現金流的順序。必須分別包括一個以上的正數與負數。
- 在 [安全利率] 設定支出（負的現金流）的利率。
- 在 [危險利率] 設定收入（正的現金流）的利率。

範例 1 計算考量借款與再投資後，經修正的內部報酬率

	A	B	C	D	E	F
1	借款(安全利率)	10%	再投資(危險利率)	12%		
2						
3	初期投資金額	第1次	第2次	第3次	第4次	
4	$-1,000,000	$350,000	$400,000	$250,000	$150,000	
5						
6	修正內部報酬率	9%				

公式 **=MIRR(A4:E4,B1,D1)**

說明 考量初期投資的借款利率 10(B1) 及收益再投資的利率 12%(D1)，計算定期現金流(A4:E4)經修正的內部報酬率。

相關 IRR 計算定期現金流的內部報酬率 ➡ p.293

財務 利率 365 2019 2016 2013

EFFECT

計算實質年利率

根據指定的名目年利率及每年的複利計算次數，傳回實質年利率。實質年利率是指一年內支付多次利息套用複利時的實質年利率。名目年利率是指表面上的年利率。

格式： **EFFECT(名目利率, 複利計算次數)**

- 在 [名目利率] 設定名目年利率。
- 在 [複利計算次數] 設定一年的複利計算次數。一年複利設定為 1，半年複利設定為 2。

財務 利率 365 2019 2016 2013

NOMINAL

計算名目年利率

根據指定的實質年利率及每年的複利計算次數，傳回名目年利率。實質年利率是指一年內支付多次利息套用複利時的實質年利率。名目年利率是指表面上的年利率。

格式： **NOMINAL(實質利率, 複利計算次數)**

- 在 [實質利率] 設定實質年利率。
- 在 [複利計算次數] 設定一年的複利計算次數。一年複利設定為 1，半年複利設定為 2。

財務 美元 365 2019 2016 2013

DOLLARDE

把以分數表示的美元價格轉換成以小數表示

把以分數表示的美元價格轉換成十進位的小數。以小數表示的美元價格會使用在證券價格上。

格式： **DOLLARDE(整數部分與分子部分, 分母)**

- 在 [整數部分與分子部分] 設定用小數點分隔分數的整數部分與小數部分。
- 在 [分母] 設定成為分數分母的整數。

Hint 假設美元價格為「10 3/4」時，設定「=DOLLARDE(10.3,4)」，會傳回轉換成十進位小數的數值「10.75」。

相關 **DOLLARFR** 把以小數表示的美元價格轉換成以分數表示 ➡ p.297

財務　美元　365　2019　2016　2013

DOLLARFR

把以小數表示的美元價格轉換成以分數表示

把以十進位小數表示的美元價格轉換成以分數表示。

格式： **DOLLARFR(小數值, 分母)**

- 在 [小數值] 設定以小數表示的數值。
- 在 [分母] 設定成為分數分母的整數。

Hint 把小數表記的「10.75」以分母 4 轉換成分數表示時，設定「=DOLLARDE(10.75,4)」，以「整數部分 . 分子部分」的格式傳回「10.3」。

財務　折舊金額　365　2019　2016　2013

DB

以定率遞減法計算折舊金額

根據定率遞減法計算資產的折舊金額。

格式： **DB(原始成本, 殘值, 耐用年限, 期間, [月])**

- 在 [原始成本] 設定資產的購買價格。
- 在 [殘值] 設定到了耐用年限時的資產價格。
- 在 [耐用年限] 設定資產的耐用年限。
- 在 [期間] 以和耐用年限相同單位設定計算折舊金額的期間。
- 在 [月] 設定購買資產第一年的月份數。省略時，預設為 12。

Hint DB 函數的定率遞減法是以一期的折舊金額為「(原始成本 - 到前期的累計攤提金額 * 折舊率)」來計算。

財務　折舊金額　365　2019　2016　2013

DDB

以倍數餘額遞減法計算折舊金額

使用倍數餘額遞減法或其他指定手法，傳回一定期間的資產折價金額。

格式： **DDB(原始成本, 殘值, 耐用年限, 期間, [折舊率])**

- 在 [原始成本] 設定資產的購買價格。
- 在 [殘值] 設定到了耐用年限時的資產價格。
- 在 [耐用年限] 設定資產的耐用年限。
- 在 [期間] 以和耐用年限相同單位設定計算折舊金額的期間。
- 在 [折舊率] 設定資產的折舊率。省略時，預設為 2，以倍數餘額遞減法進行計算。

相關　**DOLLARDE**　把以分數表示的美元價格轉換成以小數表示 ➡ p.296

財務 | 折舊金額 | 365 | 2019 | 2016 | 2013

SLN

以直線折舊法計算折舊金額

使用直線折舊法，傳回每一期資產的折舊金額。

格式：　**SLN(原始成本, 殘值, 耐用年限)**

- 在 [原始成本] 設定資產的購買價格。
- 在 [殘值] 設定到了耐用年限時的資產價格。
- 在 [耐用年限] 設定資產的耐用年限。

財務 | 折舊金額 | 365 | 2019 | 2016 | 2013

SYD

以年數合計法計算折舊金額

使用年數合計法，傳回特定期數的折舊金額。

格式：　**SYD(原始成本, 殘值, 耐用年限, 週期)**

- 在 [原始成本] 設定資產的購買價格。
- 在 [殘值] 設定到了耐用年限時的資產價格。
- 在 [耐用年限] 設定資產的耐用年限。
- 在 [週期] 設定要計算折舊金額的週期。

財務 | 折舊金額 | 365 | 2019 | 2016 | 2013

VDB

以倍數餘額遞減法計算折舊金額

使用倍數餘額遞減法或指定的方法，傳回特定期間內的資產折舊金額。

格式：　**VDB(原始成本, 殘值, 耐用年限, 期初, 期末, [折舊率], [不切換])**

- 在 [原始成本] 設定資產的購買價格。
- 在 [殘值] 設定到了耐用年限時的資產價格（資產的殘餘價值）。
- 在 [耐用年限] 設定資產的耐用年限。
- 在 [期初] 以和耐用年限相同的單位設定要計算折舊金額的第一期。
- 在 [期末] 以和耐用年限相同的單位設定要計算折舊金額的最後一期。
- 在 [折舊率] 設定資產的折舊率。省略時，預設為 2，以倍數餘額遞減法進行計算。
- 在 [不切換] 以邏輯值設定當折舊金額大於用倍數餘額遞減法計算的結果時，是否自動切換成直線法。TRUE 是不切換，FALSE 或省略時是進行切換。

AMORDEGRC ／ AMORLINC

以法國會計系統計算折舊金額

傳回法國會計系統在各會計週期的折舊金額。在會計週期途中購買了資產時，可以按照比例計算折舊金額。但是 AMORDEGRC 函數是根據資產的耐用年限，套用固定的折舊係數。

格式： **AMORDEGRC(原始成本, 購買日期, 期初, 殘值, 週期, 折舊率, [基準])**
AMORLINC(原始成本, 購買日期, 期初, 殘值, 週期, 折舊率, [基準])

- 在 [原始成本] 設定資產的購買價格。
- 在 [購買日期] 設定資產的購買日期。
- 在 [期初] 設定最初會計週期結束的日期。
- 在 [殘值] 設定到了耐用年限時的資產價格。
- 在 [週期] 設定會計年度。
- 在 [折舊率] 設定資產的折舊率。
- 在 [基準] 設定要以一年為幾天來進行計算（請參考下表）。

基準（一年的天數）

基準	一年的天數
0 或省略	360 天（NASD 方法）
1	實際天數
3	365 天
4	360 天（歐制方法）

DURATION

計算配息債券的存續期間

假設配息債券的票面額為 100，計算 Macauley 存續期間。

格式： DURATION(結算日, 到期日, 利率, 殖利率, 頻率, [基準])

- 在 [結算日] 設定債券的結算日(購買日)。
- 在 [到期日] 設定債券的到期日(贖回日)。
- 在 [利率] 設定債券的年利率。
- 在 [殖利率] 設定債券的殖利率。
- 在 [頻率] 設定每年票息付款次數。如果一年給付一次，設定為 1，一年給付 2 次設定為 2，每季給付設定為 4。
- 在 [基準] 設定代表基準天數(月 / 年)的數值(請參考下表)。

基準 (月 / 年)

基準	基準天數 (月 / 年)
0 或省略	30 天 /360 天 (NASD 方法)
1	實際天數 / 實際天數
2	實際天數 /360 天
3	實際天數 /365 天
4	30 天 /360 天 (歐制方法)

Hint DURATION 函數與 MDURATION 函數有以下關係。

$$\frac{\text{DURATION}}{1+\left(\dfrac{\text{市場殖利率}}{\text{每年息票支付}}\right)}=\text{MDURATION}$$

(Coupon payments)

MDURATION

計算配息債券的修正債券存續期間

假設配息債券的面額為 100 時，計算 Macauley 修正存續期間。

格式： **MDURATION (結算日, 到期日, 利率, 殖利率, 頻率, [基準])**

- 在 [結算日] 設定債券的結算日(購買日)。
- 在 [到期日] 設定債券的到期日(贖回日)。
- 在 [利率] 設定債券的年利率。
- 在 [殖利率] 設定債券的殖利率。
- 在 [頻率] 設定每年票息付款次數。如果一年給付一次，設定為 1，一年給付 2 次設定為 2，每季給付設定為 4。
- 在 [基準] 設定代表基準天數(月 / 年)的數值(請參考 P.300 的表格)。

COLUMN

債券

債券是指國家、地方公共團體、金融機構、一般企業向投資者借取資金，並約定支付利息（票息）、償還本金所發行的有價證券。

債券的型態包括「配息債券」及「零息債券」。配息債券以票面金額發行，定期支付利息（票息），在贖回日（到期日）贖回價值票面價值的債券。零息債券是以折扣後的票面金額發行，在贖回日以票面金額償還，利息為 0 的債券。

此外，債券還有「新發債券」與「既發債券」。新發債券是新發行的債券，以發行價格交易。既發債券是被轉賣，在市場上流通的債券，以時價交易。

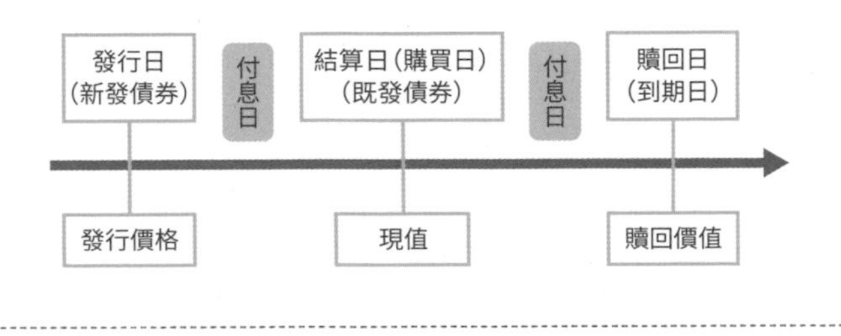

財務 證券 365 2019 2016 2013

ODDFYIELD ／ ODDLYIELD

計算最初或最後付息週期為零散配息債券的殖利率

ODDFYIELD 函數是傳回截至到期日為止仍持有，首期付息週期為零散的配息債券殖利率。ODDLYIELD 函數是傳回截至到期日為止仍持有，末期付息週期為零散的配息債券殖利率。

格式： **ODDFYIELD(結算日, 到期日, 發行日, 初次付息日, 利率, 價格, 贖回價值, 頻率, [基準])**
ODDLYIELD(結算日, 到期日, 最後付息日, 利率, 價格, 贖回價值, 頻率, [基準])

- 在 [結算日] 設定債券的結算日（購買日）。
- 在 [到期日] 設定債券的到期日（支付日）。
- 在 [發行日] 設定債券的發行日。
- 在 [初次付息日]、[最後付息日] 設定債券最初、最後的付息日。
- 在 [利率] 設定債券的利率。
- 在 [價格] 設定面額 100 元的債券價格。
- 在 [贖回價值] 設定面額 100 元的債券贖回價值。
- 在 [頻率] 設定每年利息的給付次數。如果一年給付一次，設定為 1，一年給付 2 次設定為 2，每季給付設定為 4。
- 在 [基準] 設定代表基準天數（月 / 年）的數值（請參考 P.300 的表格）。

範例 1 計算首期付息週期為零散的配息債券殖利率

	A	B	C	D	E
1	結算日	到期日	發行日	初次付息日	
2	2020/10/15	2025/3/1	2020/3/1	2021/3/1	
3	利率	價格(現在)	贖回價值	頻率(一年2次)	殖利率
4	3.50%	80	100	2	9.13%
5					

說明 算出首期付息週期為零散的配息債券殖利率。

公式 **=ODDFYIELD(A2,B2,C2,D2,A4,B4,C4,D4)**

Hint ODDFYIELD 函數的順序是「到期日 > 初次付息日 > 結算日 > 發行日」，而 ODDLYIELD 函數的順序是「到期日 > 結算日 > 最後付息日」。

ODDFPRICE ／ ODDLPRICE

計算最初或最後付息週期為零散配息債券的現值

ODDFPRICE 函數是針對首期付息週期到零散配息債券到期日為止的殖利率，傳回每 100 美元面額的現值。ODDLPRICE 是針對末期的付息週期到零散配息債券到期日為止的殖利率，傳回每 100 美元面額的現值。

格式： **ODDFPRICE(結算日, 到期日, 發行日, 初次付息日, 利率, 殖利率, 贖回價值, 頻率, [基準])**
ODDLPRICE(結算日, 到期日, 最後付息日, 利率, 殖利率, 贖回價值, 頻率, [基準])

- 在 [結算日] 設定債券的結算日。
- 在 [到期日] 設定債券的到期日（支付日）。
- 在 [發行日] 設定債券的發行日。
- 在 [初次付息日]、[最後付息日] 設定債券最初、最後的付息日。
- 在 [利率] 設定債券的利率。
- 在 [殖利率] 設定債券的殖利率。
- 在 [贖回價值] 設定面額 100 元的債券贖回價值。
- 在 [頻率] 設定每年利息的給付次數。如果一年給付一次，設定為 1，一年給付 2 次設定為 2，每季給付設定為 4。
- 在 [基準] 設定代表基準天數（月 / 年）的數值（請參考 P.300 的表格）。

Hint ODDFPRICE 函數的順序是「到期日 > 初次付息日 > 結算日 > 發行日」，而 ODDLPRICE 函數的順序是「到期日 > 結算日 > 最後付息日」。

範例 1 計算首期付息週期為零散的配息債券現值

	A	B	C	D	E
1	結算日	到期日	發行日	初次付息日	
2	2020/10/15	2025/3/1	2020/3/1	2021/3/1	
3	利率	殖利率	償還價格	頻率(一年2次)	現值
4	3.50%	6%	100	2	90.46
5					

說明 算出首期付息週期為零散配息債券的現值。

公式 =ODDFPRICE(A2,B2,C2,D2,A4,B4,C4,D4)

財務 證券 365 2019 2016 2013

ACCRINT

計算配息債券的應計利息

計算截至配息債券的結算日為止產生的應計利息（未收利息）。

格式： **ACCRINT(發行日, 初次付息日, 結算日, 利率, 票面價值, 頻率, [基準], [計算方式])**

- 在 [發行日] 設定債券的發行日。
- 在 [初次付息日] 設定債券最初的付息日。
- 在 [結算日] 設定債券的結算日（購買日）。
- 在 [利率] 設定債券的利率。
- 在 [票面價值] 設定債券的票面價值。
- 在 [頻率] 設定每年利息的給付次數。
- 在 [基準] 設定代表基準天數（月 / 年）的數值（請參考 P.300 的表格）。
- 在 [計算方式] 以邏輯值設定結算日在初次付息日之後的應計利息計算方法。如果是 TRUE 或 1，傳回自發行日到結算日為止的應計利息總計。若是 FALSE 或 0，則傳回自初次付息日到結算日的應計利息。省略時，預設為 TRUE。

範例 1 計算自配息債券發行日到結算日的應計利息

	A	B	C	D	E
1	發行日	初次付息日	結算日		
2	2019/9/1	2020/3/1	2021/10/15		
3	利率	票面價值(贖回價值)	頻率(一年2次)	基準	計算方式
4	2.00%	100	2	1	TRUE
5	應計利息				
6	4.24				
7					

公式 =ACCRINT(A2,B2,C2,A4,B4,C4,D4,E4)

說明 計算自發行日 2019/9/1 到結算日 2021/10/15 的應計利息。

ACCRINTM

計算到期配息債券的應計利息

計算在到期日給付利息的債券(到期配息債券)自發行日到結算日的應計利息。

格式： ACCRINTM(發行日, 結算日, 利率, 票面價值, [基準])

- 在 [發行日] 設定債券的發行日。
- 在 [結算日] 設定債券的結算日(購買日)。
- 在 [利率] 設定債券的年利率。
- 在 [票面價值] 設定債券的票面價值。
- 在 [基準] 設定代表基準天數(月 / 年)的數值(請參考 P.300 的表格)。

範例 1 計算到期配息債券的發行日到結算日的應計利息

	A	B	C	D	E	F	G
1	發行日	結算日	利率	票面價值	基準	應計利息	
2	2016/4/15	2021/9/15	2.00%	100	1	10.834	
3							
4							

公式 =ACCRINTM(A2,B2,C2,D2,E2)

說明 計算自發行日 2016/4/15 到結算日 2021/9/15 的應計利息。

Hint 在 [結算日] 設定到期日，可以計算自發行日起，截至到期日的應計利息。

財務 證券 365 2019 2016 2013

YIELD

計算配息債券的殖利率

計算截至到期日為止，持有配息債券時獲得的殖利率。

格式： **YIELD(結算日, 到期日, 利率, 現值, 贖回價值, 頻率, [基準])**

- 在 [結算日] 設定債券的結算日(購買日)。
- 在 [到期日] 設定債券的到期日(贖回日)。
- 在 [利率] 設定債券的年利率。
- 在 [現值] 設定面額 100 元的債券現值。
- 在 [贖回價值] 設定面額 100 元的債券贖回價值。
- 在 [頻率] 設定每年利息的給付次數。
- 在 [基準] 設定代表基準天數(月 / 年)的數值(請參考 P.300 的表格)。

範例 1 計算配息債券的殖利率

	A	B	C	D	E	F	G
1	結算日	到期日	利率	現值	贖回價值	頻率	殖利率
2	2017/4/1	2021/9/15	2.00%	95	100	2	3.214%
3							

公式 =YIELD(A2,B2,C2,D2,E2,F2,1)

說明 計算結算日 2017/4/1、到期日 2021/9/15、利率 2% 的配息債券殖利率。

PRICE

計算配息債券的現值

計算配息債券面額 100 元的現值。

格式： **PRICE(結算日, 到期日, 利率, 殖利率, 贖回價值, 頻率, [基準])**

- 在 [結算日] 設定債券的結算日（購買日）。
- 在 [到期日] 設定債券的到期日（贖回日）。
- 在 [利率] 設定債券的年利率。
- 在 [殖利率] 設定債券的殖利率。
- 在 [贖回價值] 設定面額 100 元的債券贖回價值。
- 在 [頻率] 設定每年利息的給付次數。
- 在 [基準] 設定代表基準天數（月 / 年）的數值（請參考 P.300 的表格）。

範例 1 計算配息債券的現值

	A	B	C	D	E	F	G
1	結算日	到期日	利率	殖利率	贖回價值	頻率	現值
2	2016/9/15	2021/4/1	2.00%	3.00%	100	2	95.78
3							
4							

公式 =PRICE(A2,B2,C2,D2,E2,F2,1)

說明 計算結算日 2016/9/15、到期日 2021/4/1、利率 2 %、殖利率 3 % 的配息債券現值。

相關 PRICEMAT 計算到期配息債券的現值 ➡ p.310

財務 證券 365 2019 2016 2013

DISC

計算零息債券的貼現率

傳回零息債券的貼現率。零息債券是指不支付利息，改以票面價值減去應付利息後發行，到了到期日(贖回日)可以全額取回的債券。

格式： **DISC(結算日, 到期日, 現值, 贖回價值,[基準])**

- 在 [結算日] 設定債券的結算日(購買日)。
- 在 [到期日] 設定債券的到期日(贖回日)。
- 在 [現值] 設定面額 100 元的債券現值。
- 在 [贖回價值] 設定面額 100 元的債券贖回價值。
- 在 [基準] 設定代表基準天數(月 / 年)的數值(請參考 P.300 的表格)。

財務 證券 365 2019 2016 2013

PRICEDISC

計算零息債券的現值

傳回折價債券面額 100 元的現值。

格式： **PRICEDISC(結算日, 到期日, 貼現率, 贖回價值, [基準])**

- 在 [結算日] 設定債券的結算日(購買日)。
- 在 [到期日] 設定債券的到期日(贖回日)。
- 在 [貼現率] 設定債券的貼現率。
- 在 [贖回價值] 設定面額 100 元的債券贖回價值。
- 在 [基準] 設定代表基準天數(月 / 年)的數值(請參考 P.300 的表格)。

財務 證券 365 2019 2016 2013

INTRATE

計算零息債券的殖利率

計算截至到期日仍持有零息債券時的殖利率。

格式： **INTRATE(結算日, 到期日, 投資金額, 贖回價值, [基準])**

- 在 [結算日] 設定債券的結算日(購買日)。
- 在 [到期日] 設定債券的到期日(贖回日)。
- 在 [投資金額] 設定債券的投資金額(現值)。
- 在 [贖回價值] 設定面額 100 元的債券贖回價值。
- 在 [基準] 設定代表基準天數(月 / 年)的數值(請參考 P.300 的表格)。

相關 RECEIVED 計算零息債券的贖回價值 ➡ p.309

RECEIVED

計算零息債券的贖回價值

計算零息債券到期日獲得的贖回價值。

格式： **RECEIVED(結算日, 到期日, 投資金額, 貼現率, [基準])**

- 在 [結算日] 設定債券的結算日(購買日)。
- 在 [到期日] 設定債券的到期日(贖回日)。
- 在 [投資金額] 設定債券的投資金額(現值)。
- 在 [貼現率] 設定債券的貼現率。
- 在 [基準] 設定代表基準天數(月 / 年)的數值(請參考 P.300 的表格)。

範例 1 計算零息債券到期日的贖回價格

	A	B	C	D	E	F	G
1	結算日	到期日	投資金額	貼現率	基準	贖回價值	
2	2020/9/1	2025/9/1	95	2.00%	1	105.551	

公式 =RECEIVED(A2,B2,C2,D2,E2)

說明 計算到期日 2025/9/1、貼現率 2 %、投資金額 95 的零息債券，在結算日 2020/9/1 以投資金額 95 購買的零息債券贖回價格。

PRICEMAT

計算到期配息債券的現值

傳回到期日支付利息的債券(到期配息債券)面額 100 元的現值。

格式： **PRICEMAT(結算日, 到期日, 發行日, 利率, 殖利率, [基準])**

- 在 [結算日] 設定債券的結算日(購買日)。
- 在 [到期日] 設定債券的到期日(贖回日)。
- 在 [發行日] 設定債券的發行日。
- 在 [利率] 設定債券的年利率。
- 在 [殖利率] 設定債券的殖利率。
- 在 [基準] 設定代表基準天數(月 / 年)的數值(請參考 P.300 的表格)。

範例 1 計算到期配息債券的現值

	A	B	C	D	E	F	G	H
1	結算日	到期日	發行日	利率	殖利率	基準	現值	
2	2020/9/15	2025/4/1	2020/4/1	1.50%	2.00%	1	97.865	
3								

公式 =PRICEMAT(A2,B2,C2,D2,E2,F2)

說明 計算利率 1.5%、殖利率 2% 的到期配息債券面額 100 元的現值。

 相關 YIELDMAT 計算到期配息債券的殖利率 ➡ p.311

財務 證券 365 2019 2016 2013

YIELDMAT

計算到期配息債券的殖利率

傳回到期日給付利息的債券(到期配息債券)的殖利率。

格式: **YIELDMAT(結算日, 到期日, 發行日, 利率, 現值, [基準])**

- 在 [結算日] 設定債券的結算日(購買日)。
- 在 [到期日] 設定債券的到期日(贖回日)。
- 在 [發行日] 設定債券的發行日。
- 在 [利率] 設定債券的年利率。
- 在 [現值] 設定面額 100 元的債券現值。
- 在 [基準] 設定代表基準天數(月 / 年)的數值(請參考 P.300 的表格)。

財務 證券 365 2019 2016 2013

YIELDDISC

計算零息債券的年殖利率

傳回截至到期日為止,仍持有零息債券時的年殖利率。

格式: **YIELDDISC(結算日, 到期日, 現值, 贖回價值, [基準])**

- 在 [結算日] 設定債券的結算日(購買日)。
- 在 [到期日] 設定債券的到期日(贖回日)。
- 在 [現值] 設定面額 100 元的債券現值。
- 在 [贖回價值] 設定面額 100 元的債券贖回價值。
- 在 [基準] 設定代表基準天數(月 / 年)的數值(請參考 P.300 的表格)。

COUPPCD / COUPNCD

計算配息債券結算日前或後的付息日

COUPPCD 函數是傳回配息債券結算日前的付息日。COUPNCD 函數是傳回配息債券結算日後的付息日。由於這個函數是以序列值傳回日期，必須視狀況設定日期的顯示格式。

格式： **COUPPCD(結算日, 到期日, 頻率, [基準])**
COUPNCD(結算日, 到期日, 頻率, [基準])

- 在 [結算日] 設定債券的結算日（購買日）。
- 在 [到期日] 設定債券的到期日（贖回日）。
- 在 [頻率] 設定每年利息的給付次數。
- 在 [基準] 設定代表基準天數（月 / 年）的數值（請參考 P.300 的表格）。

範例 1 計算配息債券結算日前與後的付息日

	A	B	C	D	E	F
1	結算日	到期日	頻率	基準	結算日前的付息日	結算日後的付息日
2	2020/9/15	2025/4/1	4	1	2020/7/1	2020/10/1
3	2020/12/15	2025/4/1	4	1	2020/10/1	2021/1/1
4						

公式 =COUPPCD(A2,B2,C2,D2)

公式 =COUPNCD(A2,B2,C2,D2)

說明　E2 儲存格利用 COUPPCD 函數計算結算日 2020/9/15、到期日 2025/4/1、頻率 4 的配息債券，在結算日前的付息日。F2 儲存格利用 COUPNCD 函數，計算配息債券在結算日後的付息日。

COUPNUM

計算配息債券在結算日與到期日之間的付息次數

傳回配息債券在結算日與到期日之間，給付利息的次數。小數部分四捨五入。

格式： **COUPNUM(結算日, 到期日, 頻率, [基準])**

- 在 [結算日] 設定債券的結算日(購買日)。
- 在 [到期日] 設定債券的到期日(贖回日)。
- 在 [頻率] 設定每年利息的給付次數。
- 在 [基準] 設定代表基準天數(月 / 年)的數值(請參考 P.300 的表格)。

範例 1 計算配息債券在結算日與到期日之間的付息次數

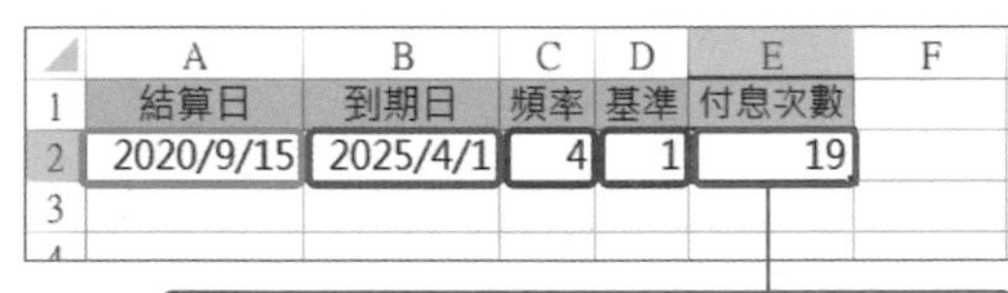

	A	B	C	D	E	F
1	結算日	到期日	頻率	基準	付息次數	
2	2020/9/15	2025/4/1	4	1	19	
3						

公式 =COUPNUM(A2,B2,C2,D2)

說明 計算結算日 2020/9/15、到期日 2025/4/1、頻率 4 的配息債券付息次數。

COUPDAYBS / COUPDAYSNC

計算之前或之後的付息日到結算日期之間的天數

COUPDAYBS 函數是傳回配息債券結算日前的付息日到結算日為止的天數。
COUPDAYSNC 函數是傳回配息債券結算日到下一個付息日的天數。

格式： **COUPDAYBS(結算日, 到期日, 頻率, [基準])**
COUPDAYSNC(結算日, 到期日, 頻率, [基準])

- 在 [結算日] 設定債券的結算日(購買日)。
- 在 [到期日] 設定債券的到期日(贖回日)。
- 在 [頻率] 設定每年利息的給付次數。
- 在 [基準] 設定代表基準天數(月 / 年)的數值(請參考 P.300 的表格)。

範例 1 計算之前或之後的付息日到結算日期之間的天數

	A	B	C	D	E	F	G
1	結算日	到期日	頻率	基準	結算日到上個付息日的天數	結算日到下個付息日的天數	
2	2020/9/15	2025/4/1	4	1	76	16	
3	2020/12/15	2025/4/1	4	1	75	17	
4							

公式 =COUPDAYBS(A2,B2,C2,D2)

公式 =COUPDAYSNC(A2,B2,C2,D2)

說明 E2 儲存格利用 COUPDAYBS 函數計算結算日 2020/9/15、到期日 2025/4/1、頻率 4 的配息債券，在結算日前的付息日到結算日的天數。F2 儲存格利用 COUPDAYSNC 函數，計算從結算日到下一個付息日的天數。

COUPDAYS

計算包含結算日的付息週期天數

傳回包含配息債券結算日的付息週期天數。

格式： **COUPDAYS（結算日, 到期日, 頻率,[基準]）**

- 在［結算日］設定債券的結算日（購買日）。
- 在［到期日］設定債券的到期日（贖回日）。
- 在［頻率］設定每年利息的給付次數。
- 在［基準］設定代表基準天數（月／年）的數值（請參考 P.300 的表格）。

範例 1 計算包含配息債券結算日的付息週期天數

	A	B	C	D	E	F
1	結算日	到期日	頻率	基準	天數	
2	2020/9/15	2025/4/1	4	1	92	
3						

公式 =COUPDAYS(A2,B2,C2,D2)

說明 計算結算日 2020/9/15、到期日 2025/4/1、頻率 4 的配息債券包含結算日在內，到下一個付息日的天數。

財務 美國國庫證券 365 2019 2016 2013

TBILLEQ

計算美國國庫證券的債券當期殖利率

截至到期日為止，仍持有美國國庫證券時，以換算成一般債券的值傳回殖利率。

格式： TBILLEQ(結算日, 到期日, 貼現率)

- 在 [結算日] 設定債券的結算日(購買日)。
- 在 [到期日] 設定債券的到期日(贖回日)。
- 在 [貼現率] 設定債券的貼現率。

財務 美國國庫證券 365 2019 2016 2013

TBILLPRICE

計算美國國庫證券的現值

傳回美國國庫證券面額 100 元的現值。

格式： TBILLPRICE(結算日, 到期日, 貼現率)

- 在 [結算日] 設定債券的結算日(購買日)。
- 在 [到期日] 設定債券的到期日(贖回日)。
- 在 [貼現率] 設定債券的貼現率。

財務 美國國庫證券 365 2019 2016 2013

TBILLYIELD

計算美國國庫證券的殖利率

傳回截至到期日為止，仍持有美國國庫證券時的殖利率。

格式： TBILLYIELD (結算日, 到期日, 現值)

- 在 [結算日] 設定債券的結算日(購買日)。
- 在 [到期日] 設定債券的到期日(贖回日)。
- 在 [現值] 設定面額 100 元的債券現值。

工程函數

工程函數提供了可以將數值單位從公尺轉換成英呎的函數，以及把十進位轉換成二進位或十六進位等處理 n 進位的函數，還有位元運算、複數運算等運用在工程領域的函數。

CONVERT

轉換數值單位

將各種數值單位轉換成其他單位，例如把一英里轉換成公里。

格式： CONVERT(數值, 轉換前的單位, 轉換後的單位)

- 在 [數值] 設定要轉換的數值。
- 在 [轉換前的單位] 使用下表顯示的單位，設定 [數值] 的單位。直接設定時，要以「"」包圍，如「"g"」。
- 在 [轉換後的單位] 使用下表顯示的單位設定轉換後的單位。例如 1 英呎「"ft"」轉換成公尺「"m"」時，設定「=CONVERT(1,"ft","m")」，會傳回「0.3048」。

主要單位

種類	名稱	單位
重量	公克	g
	Slug	sg
	磅質量（常衡制）	lbm
	U（原子量單位）	u
	盎斯質量（常衡制）	ozm
	公噸	ton
距離	公尺	m
	英里	mi
	海哩	Nmi
	英吋	in
	英呎	ft
	碼	yd
	埃	ang

種類	名稱	單位
	光年	ly
	Pica（1/6 英吋）	pica
時間	年	yr
	日	day 或 d
	時	hr
	分	mn 或 min
	秒	sec 或 s
壓力	巴斯卡	Pa 或 p
	大氣壓力	atm 或 at
	毫米汞柱	mmHg
物理力	牛頓	N
	達因	dyn 或 dy

種類	名稱	單位
	磅力	lbf
能量	焦耳	J
	爾格	e
	熱力學卡路里	c
	國際卡路里	cal
	電子伏特	eV 或 ev
	馬力時	HPh 或 hh
	瓦特時	Wh 或 wh
	英呎磅	flb
	BTU（英國熱量單位）	BTU 或 btu
功率	馬力	HP 或 h
	瓦特	W 或 w
磁力	特斯拉	T
	高斯	ga
溫度	攝氏	C 或 cel
	華氏	F 或 fah
	絕對溫度	K 或 kei
容積	茶匙	tsp
	新制茶匙	tspm
	液盎斯	oz
	杯	cup
	加侖	gal
	公升	l 或 L 或 lt
	立方埃	m3 或 m^3

種類	名稱	單位
	立方英里	mi3 或 mi^3
	立方英呎	ft3 或 ft^3
	立方英吋	in3 或 in^3
	立方海哩	Nmi3 或 Nmi^3
	容積總噸	GRT (regton)
區域	公畝	ar
	公頃	ha
	平方公尺	m2 或 m^2
	平方英里	mi2 或 mi^2
	平方英吋	in2 或 in^2
	平方英呎	ft2 或 ft^2
	平方碼	yd2 或 yd^2
	平方海哩	Nmi2 或 Nmi^2
	平方光年	ly2 或 ly^2
資訊	位元	bit
	位元組	byte
速度	英制海里	admkn
	節	kn
	每小時公尺數	m/h 或 m/hr
	每秒公尺數	m/s 或 m/sec
	每小時英哩數	mph

單位有分大小寫，要用半形設定。
以下與 10 的次方對應的縮寫可以設定加在 [轉換前的單位] 或 [轉換後的單位]。
例如縮寫「k」(10^3) 與單位「g」組合，可以寫成「kg」。

與乘數對應的縮寫

字首	10 的次方	縮寫
yotta	1E+24	Y
zetta	1E+21	Z
exa	1E+18	E
peta	1E+15	P
tera	1E+12	T
giga	1E+09	G
mega	1E+06	M
kilo	1E+03	k
hecto	1E+02	h
deca	1E+01	e

字首	10 的次方	縮寫
deci	1E-01	d
centi	1E-02	c
milli	1E-03	m
micro	1E-06	u
nano	1E-09	n
ico	1E-12	p
femto	1E-15	f
atto	1E-18	a
zepto	1E-21	z
yocto	1E-24	y

※[10 的次方] 中的「1E+24」代表「10^{24}」。

範例 1 把數值轉換成不同單位

	A	B	C	D	E	F	G	H
1	數值	轉換前的單位			轉換後	轉換後的單位		
2	1	ozm	盎斯	→	28.34952	g	公克	
3	1	ft	英呎	→	0.3048	m	公尺	
4	1	day	日	→	1440	min	分	
5	1	C	攝氏(℃)	→	33.8	F	華氏(℉)	
6	1	ha	公頃	→	10000	m2	平方公尺	
7	1	kn	節	→	1852	m/h	時速(m)	
8								

公式 =CONVERT(A2,B2,F2)

說明 計算將 1 (A2) 盎斯 (ozm) (B2) 轉換成公克 (g) (F2) 後的結果。

工程　比較數值　365 2019 2016 2013

DELTA

查詢兩個數值是否相等

查詢以引數設定的兩個數值是否相等。如果相等就傳回 1，不相等就傳回 0。

格式：　**DELTA(數值 1,[數值 2])**

- 在 [數值 1] 設定要比較的其中一個數值。
- 在 [數值 2] 設定另一個要比較的數值。省略時，預設為 0。

Hint　假設「=DELTA(5,4)」，因為不相等，所以傳回「0」。

工程　比較數值　365 2019 2016 2013

GESTEP

查詢數值是否超過臨界值

比較引數設定的數值與臨界值，數值超過臨界值就傳回 1，若小於臨界值則傳回 0。臨界值是成為界線的值。

格式：　**GESTEP(數值,[臨界值])**

- 在 [數值] 設定要與臨界值比較的數值。
- 在 [臨界值] 設定成為臨界值的數值。省略時，預設為 0。

Hint　例如「=GESTEP(5,4)」的數值(5)大於臨界值(4)，所以傳回「1」。

工程　轉換基數　365　2019　2016　2013

DEC2BIN

將十進位轉換成二進位

傳回以指定位數將十進位數值轉換成二進位的字串。

格式： DEC2BIN(數值,[位數])

- 在 [數值] 設定想轉換成二進位的十進位整數。設定值為 -512 以上、511 以下的整數。
- 在 [位數] 設定轉換後的位數。如果結果未達指定位數，會在前面補「0」。省略 [位數] 時，會顯示成所需位數的最小值。如果設定成負數，會顯示為 10 位數。

範例

範例	意義	傳回值
=DEC2BIN(5,5)	將十進位 5 轉換成 5 位數的二進位	00101
=DEC2BIN(-5)	將十進位 -5 轉換成二進位	1111111011

工程　轉換基數　365　2019　2016　2013

DEC2OCT

將十進位轉換成八進位

傳回以指定位數將十進位數值轉換成八進位的字串。

格式： DEC2OCT(數值,[位數])

- 在 [數值] 設定想轉換成八進位的十進位整數。設定值為 -536,870,912 以上、536,870,911 以下的整數。
- 在 [位數] 設定轉換後的位數。如果結果未達指定位數，會在前面補「0」。省略 [位數] 時，會顯示成所需位數的最小值。如果設定成負數，會顯示為 10 位數。

範例

範例	意義	傳回值
=DEC2OCT(10,5)	將十進位 10 轉換成 5 位數的八進位	00012
=DEC2OCT(-10)	將十進位 -10 轉換成八進位	7777777766

COLUMN

n 進位制

「n 進位制」是使用 n 種字元表示數值的記數方法。以 n 進位制顯示的值稱作「n 進位」，n 為數字。例如十進位是使用「0,1,2,3,4,5,6,7,8,9」10 個數字。超過最大值 9，就會往上進位，變成 10。

除了十進位，其他常用的還有二進位、八進位、十六進位。二進位是使用「0,1」兩種字元，八進位是使用「0,1,2,3,4,5,6,7」八種字元，十六進位是使用「0,1,2,3,4,5,6,7,8,9,A,B,C,D,E,F」十六種字元。最大值分別為超過「1」、「7」、「F」後進位。

・將十進位轉換成 n 進位

如果要將十進位轉換成 n 進位，把十進位的數值除以 n 的餘數與最後的商排在一起。假設要將十進位的「5」轉換成二進位時，如下圖所示，依序除以 2，餘數與最後的商排在一起，可以獲得「101」。

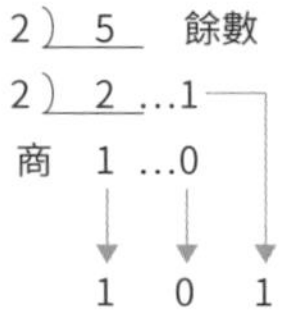

```
2) 5     餘數
2) 2 …1
商  1 …0
    ↓  ↓  ↓
    1  0  1
```

・將 n 進位轉換成十進位

使用以下方法可以將 n 進位轉換成十進位。假設要將二進位的「1101」轉換成十進位，個位是 2^0、十位是 2^1、百位是 2^2、千位是 2^3，個別相乘後相加。結果可以計算出十進位是「13」。

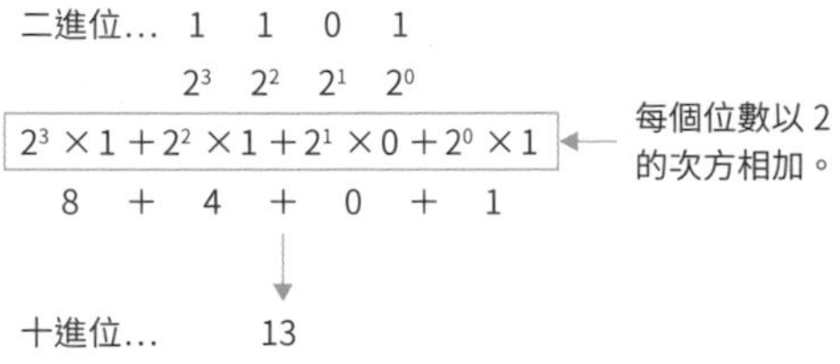

二進位… 1 1 0 1

2^3 2^2 2^1 2^0

$2^3 \times 1 + 2^2 \times 1 + 2^1 \times 0 + 2^0 \times 1$ ← 每個位數以 2 的次方相加。

8 + 4 + 0 + 1

↓

十進位… 13

工程 轉換基數 365 2019 2016 2013

DEC2HEX

將十進位轉換成十六進位

傳回以指定位數將十進位數值轉換成十六進位的字串。

格式： DEC2HEX(數值, [位數])

- 在 [數值] 設定想轉換成十六進位的十進位整數。設定值為 -549,755,813,888 以上、549,755,813,887 以下的整數。
- 在 [位數] 設定轉換後的位數。如果結果未達指定位數，會在前面補「0」。省略 [位數] 時，會顯示成所需位數的最小值。如果設定成負數，會顯示為 10 位數。

範例

範例	意義	傳回值
=DEC2HEX(45,5)	將十進位 45 轉換成 5 位數的十六進位	0002D
=DEC2HEX(-10)	將十進位 -10 轉換成十六進位	FFFFFFFFF6

工程 轉換基數 365 2019 2016 2013

BASE

將十進位轉換成 n 進位

傳回以指定位數將十進位數值轉換成 n 進位的字串。

格式： BASE(數值, 基數, [最小位數])

- 在 [數值] 以 0 以上不到 2^{53} 的範圍設定想轉換成十進位的整數。不能設定為負值。
- 在 [基數] 以 2 以上 36 以下的整數設定要變成幾進位。
- 在 [最小位數] 設定顯示為 n 進位的位數。如果結果未達指定位數，會在前面補「0」。省略位數時，會顯示成所需位數的最小值。

範例

範例例	意義	傳回值
=BASE(10,2,5)	將十進位 10 轉換成 5 位數的二進位	01010
=BASE(100,16)	將十進位 100 轉換成十六進位	64

BIN2OCT

將二進位轉換成八進位

傳回以指定位數將二進位數值轉換成八進位的字串。

格式：　**BIN2OCT(數值,[位數])**

- 在 [數值] 設定想轉換成八進位的二進位整數，最多可以設定 10 個字元。無法設定小於 1000000000(-512)的負數，或大於 111111111(511)的正數。
- 在 [位數] 設定轉換後的位數。如果結果未達指定位數，會在前面補「0」。省略 [位數] 時，會顯示成所需位數的最小值。如果設定成負數，會顯示為 10 位數。

範例

範例	意義	傳回值
=BIN2OCT(1010,3)	將二進位 1010 轉換成 3 位數的八進位	012
=BIN2OCT(11111)	將二進位 11111 轉換成八進位	37

BIN2DEC

將二進位轉換成十進位

傳回將二進位數值轉換成十進位的數值。

格式：　**BIN2DEC(數值)**

在 [數值] 設定想轉換成十進位的二進位整數，最多可以設定 10 個字元。無法設定小於 1000000000(-512)的負數，或大於 111111111(511)的正數。

範例

範例	意義	傳回值
=BIN2DEC(1010)	將二進位 1010 轉換成十進位	10
=BIN2DEC(11111)	將二進位 11111 轉換成十進位	31

工程 轉換基數 365 2019 2016 2013

BIN2HEX

將二進位轉換成十六進位

傳回以指定位數將二進位數值轉換成十六進位的字串。

格式： **BIN2HEX(數值,[位數])**

- 在 [數值] 設定想轉換成十六進位的二進位整數，最多可以設定 10 個字元。無法設定小於 1000000000(-512)的負數，或大於 111111111(511)的正數。
- 在 [位數] 設定轉換後的位數。如果結果未達指定位數，會在前面補「0」。省略 [位數] 時，會顯示成所需位數的最小值。如果設定成負數，會顯示為 10 位數。

範例

範例	意義	傳回值
=BIN2HEX(1010,3)	將二進位 1010 轉換成 3 位數的十六進位	00A
=BIN2HEX(11111)	將二進位 11111 轉換成十六進位	1F

工程 轉換基數 365 2019 2016 2013

OCT2BIN

將八進位轉換成二進位

傳回以指定位數將八進位數值轉換成二進位的字串。

格式： **OCT2BIN(數值,[位數])**

- 在 [數值] 設定想轉換成二進位的八進位整數，最多可以設定 10 個字元。無法設定小於 7777777000(-512)的負數，或大於 777(511)的正數。
- 在 [位數] 設定轉換後的位數。如果結果未達指定位數，會在前面補「0」。省略 [位數] 時，會顯示成所需位數的最小值。如果設定成負數，會顯示為 10 位數。

範例

範例	意義	傳回值
=OCT2BIN(5,5)	將八進位 5 轉換成 5 位數的二進位	00101
=OCT2BIN(7777777000)	將八進位 7777777000 轉換成二進位	1000000000

OCT2DEC

將八進位轉換成十進位

傳回將八進位數值轉換成十進位的數值。

格式： **OCT2DEC(數值)**

在 [數值] 設定想轉換成十進位的八進位整數，最多可以設定 10 個字元。

範例

範例	意義	傳回值
=OCT2DEC(10)	將八進位 10 轉換成十進位	8
=OCT2DEC(7777777766)	將八進位 7777777766 轉換成十進位	－ 10

工程 轉換基數 365 2019 2016 2013

OCT2HEX

將八進位轉換成十六進位

傳回以指定位數將八進位數值轉換成十六進位的字串。

格式： **OCT2HEX(數值,[位數])**

- 在 [數值] 設定八進位整數，最多可以設定 10 個字元。
- 在 [位數] 設定轉換後的位數。如果結果未達指定位數，會在前面補「0」。省略 [位數] 時，會顯示成所需位數的最小值。如果設定成負數，會顯示為 10 位數。

範例

範例	意義	傳回值
=OCT2HEX(100,4)	將八進位 100 轉換成 4 位數的十六進位	0040
=OCT2HEX(7777777533)	將八進位 7777777533 轉換成十六進位	FFFFFFFF5B

工程　轉換基數　365　2019　2016　2013

HEX2BIN

將十六進位轉換成二進位

傳回以指定位數將十六進位數值轉換成二進位的字串。

格式： **HEX2BIN(數值,[位數])**

- 在 [數值] 設定十六進位的整數，最多可以設定 10 個字元。無法設定為小於 FFFFFFFE00(-512)的負數，或大於 1FF(511)的正數。
- 在 [位數] 設定轉換後的位數。如果結果未達指定位數，會在前面補「0」。省略 [位數] 時，會顯示成所需位數的最小值。如果設定成負數，會顯示為 10 位數。

範例

範例	意義	傳回值
=HEX2BIN("A",5)	將十六進位 A 轉換成 5 位數的二進位	01010
=HEX2BIN("FA")	將十六進位 FA 轉換成二進位	11111010

工程　轉換基數　365　2019　2016　2013

HEX2DEC

將十六進位轉換成十進位

傳回十六進位數值轉換成十進位的數值。

格式： **HEX2DEC(數值)**

在 [數值] 設定十六進位的整數，最多可以設定 10 個字元。

範例

範例	意義	傳回值
=HEX2DEC("A")	將十六進位 A 轉換成十進位	12
=HEX2DEC("FA")	將十六進位 FA 轉換成十進位	372

工程　轉換基數　365 2019 2016 2013

HEX2OCT

將十六進位轉換成八進位

傳回以指定位數將十六進數值轉換成八進位的字串。

格式： **HEX2OCT(數值,[位數])**

- 在 [數值] 設定十六進位的整數，最多可以設定 10 個字元。無法設定為小於 FFE0000000(-536,870,912)的負數，或大於 1FFFFFFF(536,870,911)的正數。
- 在 [位數] 設定轉換後的位數。如果結果未達指定位數，會在前面補「0」。省略 [位數] 時，會顯示成所需位數的最小值。如果設定成負數，會顯示為 10 位數。

範例

範例	意義	傳回值
=HEX2OCT("A",5)	將十六進位 A 轉換成 5 位數的二進位	00012
=HEX2OCT("FA")	將十六進位 FA 轉換成二進位	372

工程　轉換基數　365 2019 2016 2013

DECIMAL

將 n 進位轉換成十進位

把以 n 進位顯示的字串轉換成十進位的數值。

格式： **DECIMAL(字串, 基數)**

- 在 [字串] 以小於 255 個字元設定 [基數] 指定的 n 進位字串。
- 在 [基數] 以介於 2 ～ 36 的範圍設定 n 進位的 n。

範例

範例	意義	傳回值
=DECIMAL(1111,2)	將二進位 1111 轉換成十進位	15
=DECIMAL("FF",16)	將十六進位 FF 轉換成十進位	255

工程 位元運算 365 2019 2016 2013

BITAND

計算邏輯與

以二進位顯示兩個數值時，相同位置的位元皆為 1 時，傳回運算(AND：邏輯與)結果 1，其餘傳回 0。

格式： BITAND(數值 1, 數值 2)

在 [數值] 設定要計算邏輯與的數值。

工程 位元運算 365 2019 2016 2013

BITOR

計算邏輯或

以二進位顯示兩個數值時，相同位置的位元至少一個為 1 時，傳回運算(OR：邏輯或)結果 1，其餘傳回 0。

格式： BITOR(數值 1, 數值 2)

在 [數值] 設定要計算邏輯或的數值。

範例 1 計算兩個數值的邏輯與、邏輯或

	A	B	C	D
1		數值	二進位	
2	數值1	45	00101101	
3	數值2	35	00100011	
4	邏輯與	33	00100001	
5	邏輯或	47	00101111	

公式 =BITAND(B2,B3)

公式 =BITOR(B2,B3)

說明 在 B4 儲存格使用 BITAND 函數，計算 B2 儲存格(45)與 B3 儲存格(35)的數值以二進位顯示時的邏輯與結果。在 B5 儲存格使用 BITOR 函數計算邏輯或的結果。確認 C2 儲存格與 C3 儲存格的二進位表記，可以瞭解，BITAND 函數是兩者皆為 1 時傳回 1，變成「00100001」。BINTOR 函數是其中一個為 1 時傳回 1，變成「00101111」。

BITXOR

計算邏輯互斥或

以二進位顯示兩個數值時，相同位置的位元只有一個為 1 時，傳回運算(XOR：邏輯互斥或)結果 1，其餘傳回 0。

格式： **BITXOR(數值 1, 數值 2)**

在 [數值] 設定要計算邏輯互斥或的數值。

範例 1 計算兩個數值的邏輯互斥或

	A	B	C	D
1		數值	二進位	
2	數值1	45	00101101	
3	數值2	35	00100011	
4	邏輯互斥或	14	00001110	
5				

公式 =BITXOR(B2,B3)

說明 B2 儲存格(45)與 B3 儲存格(35)的數值顯示成二進位時，計算邏輯互斥或的結果。B2 儲存格與 B3 儲存格轉換成二進位數值後，只有一個為 1 時，變成「00001110」。如果轉換成十進位，會變成「14」。

BITLSHIFT ／ BITRSHIFT

往左或往右移動位元

以二進位顯示數值時，傳回向左移動指定位數(位元)的結果。移動後，空下來的位置補 0；以二進位顯示數值時，傳回向右移動指定位數(位元)的結果。移動後，空下來的位置補 0。

格式： **BITLSHIFT(數值, 移動值)**
BITRSHIFT(數值, 移動值)

- 在 [數值] 設定想移動的數值。
- 在 [移動值] 設定往左或往右移動的位數(位元)。

Hint

左移運算

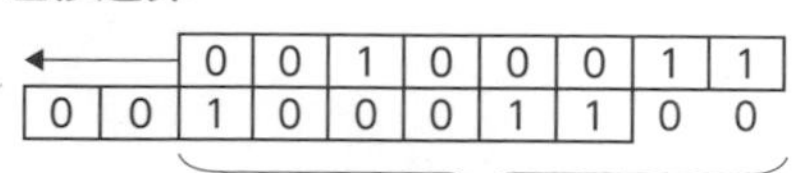

往左移動 2 位數，並刪除左邊的 2 位數，右邊的空字元補 0，變成「10001100」。

右移運算

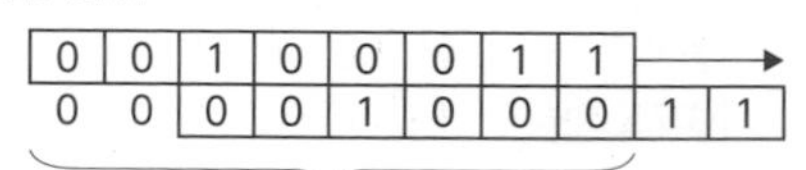

往右移動 2 位數，並刪除右邊的 2 位數，左邊的空字元補 0，變成「00001000」。

範例 1 左右移動字元

	A	B	C	D
1		十進位	二進位	
2	數值	35	00100011	
3	左移：2	140	10001100	
4	右移：2	8	00001000	

公式 =BITLSHIFT(B2,2)

公式 =BITRSHIFT(B2,2)

說明　在 B3 儲存格使用 BITLSHIFT 函數，計算將十進位 35(B2) 轉換成 8 位數的二進位值後，往左移動 2 位數的結果。在 B4 儲存格使用 BITRSHIFT 函數，計算往右移動 2 位數的結果。

工程　複數　365 2019 2016 2013

COMPLEX

設定實數與虛數，建立複數

實部為「a」，虛部為「b」，以字串傳回複數「a+bi」。

格式： **COMPLEX(實部, 虛部, [虛數單位])**

- 在 [實部] 設定複數的實係數。
- 在 [虛部] 設定複數的虛係數。
- 在 [虛數單位] 以「i」或「j」設定複數的虛數單位。省略時，預設為「i」。

範例 1 建立複數

	A	B	C	D
1	實部	虛部	複數	
2	10	3	10+3i	
3	4	0	4	
4	0	7	7i	

公式 =COMPLEX(A2,B2)

說明　假設 A2 儲存格為實部，B2 儲存格為虛部，建立複數(10+3i)。由於省略了第 3 引數，所以用「i」顯示虛數單位。

工程　複數　365 2019 2016 2013

IMREAL

取出複數的實部

從設定為字串的複數取出實部。

格式： **IMREAL(複數)**

在 [複數] 設定想取出實部的複數。虛數單位設定為「i」或「j」。例如「=IMREAL("15 + 6i")」傳回「15」。

IMAGINARY

取出複數的虛部

從設定為字串的複數取出虛部。

格式： IMAGINARY(複數)

在 [複數] 設定想取出虛部的複數。虛數單位設定為「i」或「j」。
例如「=IMAGINARY("15 ＋ 6i"」傳回「6」。

COLUMN

何謂複數

複數是由實際存在的數值，亦即實數（real number）與實際不存在的數值，亦即虛數（imaginary number）組合而成，顯示為「實數＋虛數」的數值。
虛數是指平方後變成 –1 的數值，可以用虛數單位 i 顯示為「$i^2 = -1$」、「$i = \pm\sqrt{-1}$」。複數可以使用實數 a、b 與虛數單位 i，顯示為「a+bi」。在這個公式中，a 是「實部」，b 是「虛部」。
此外，複數「α=a+bi」是 x 軸為實軸，y 軸為虛軸，以 xy 平面上的座標（a,b）顯示的平面稱作「複數平面」。假設代表複數 α 的 A 點為 A（α），結果如下圖所示。另外，連接 0 與 A（α）的直線和 X 軸的角度 θ 稱作幅角。

複數平面

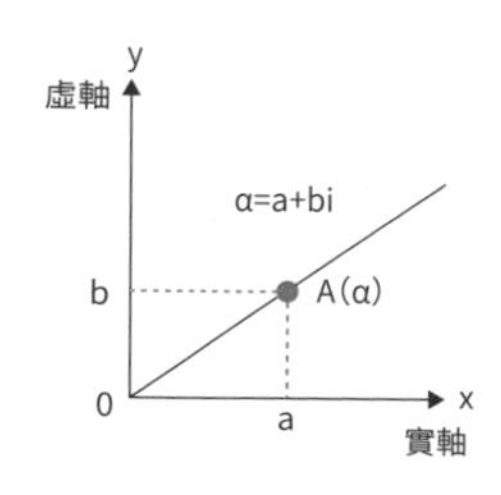

工程 複數 365 2019 2016 2013

IMCONJUGATE

計算複數的共軛複數

以字串傳回指定複數的共軛複數。這是指把複數「a+bi」變成「a-bi」的複數。

格式： **IMCONJUGATE(複數)**

在 [複數] 設定要計算共軛複數的複數。虛數單位設定為「i」或「j」。
例如「=IMCONJUGATE("15+6i")」傳回「15-6i」。

工程 複數 365 2019 2016 2013

IMABS

計算複數的絕對值

傳回指定複數的絕對值。公式「$\sqrt{a^2+b^2}$」可以計算複數「a+bi」的絕對值。

格式： **IMABS(複數)**

在 [複數] 設定要計算絕對值的複數。虛數單位設定為「i」或「j」。
例如「=IMABS("3+4i")」傳回「5」。

工程 複數 365 2019 2016 2013

IMARGUMENT

計算複數的幅角

傳回複數的幅角。傳回值的單位為弧度。

格式： **IMARGUMENT(複數)**

在 [複數] 設定要計算幅角的複數。虛數單位設定為「i」或「j」。

工程 複數 365 2019 2016 2013

IMSUM

計算複數的總和

傳回多個指定複數的總和。兩個複數的總和可以用公式「$(a+b_i)+(c+d_i)=(a+c)+(b+d)_i$」表示。

格式：IMSUM(複數 1,[複數 2],…)

在 [複數] 設定要計算總和的複數。
例如「=IMSUM("3+4i","2+6i")」傳回「5+10i」。

工程 複數 365 2019 2016 2013

IMSUB

計算複數的差

傳回多個指定複數的差。兩個複數的差可以用公式「$(a+b_i)-(c+d_i)=(a-c)+(b-d)_i$」表示。

格式：IMSUB(複數 1, 複數 2)

- 在 [複數 1] 設定要被減去的複數。
- 在 [複數 2] 設定要減去的複數。
  例如「=IMSUB("3+4i","2+6i")」傳回「1-2i」。

工程 複數 365 2019 2016 2013

IMPRODUCT

計算複數的乘積

傳回多個指定複數的乘積。兩個複數的乘積可以用公式「$(a+b_i)(c+d_i)=(ac-bd)+(ad+bc)_i$」表示。

格式：IMPRODUCT(複數 1,[複數 2],…)

在 [複數] 設定要計算乘積的複數。
例如「=IMPRODUCT("2+3i","3+4i")」傳回「-6+17i」。

工程　複數　365 2019 2016 2013

IMDIV

計算複數的商

傳回指定複數的商。兩個複數的商可以用公式

「$\frac{(a+b_i)}{(c+d_i)}=\frac{(ac+bd)+(bc-ad)_i}{c^2+d^2}$」表示。

格式： IMDIV(複數 1, 複數 2)

- 在 [複數 1] 設定當作被除數的複數(分子)。
- 在 [複數 2] 設定當作除數的複數(分母)。

例如「=IMDIV("2+3i","3+4i")」傳回「0.72+0.04i」。

工程　複數　365 2019 2016 2013

IMPOWER

計算複數的次方

傳回指定複數的次方值。

格式： IMPOWER(複數, 數值)

- 在 [複數] 設定要計算次方的複數。
- 在 [數值] 設定次方的指數。可以設定成整數、分數、負數。

例如「=IMPOWER("2+3i",2)」傳回「-5+12i」。

工程　複數　365 2019 2016 2013

IMSQRT

計算複數的平方根

傳回指定複數的平方根。

格式： IMSQRT(複數)

在 [複數] 設定要計算平方根的複數。

例如「=IMSQRT("2+3i")」傳回「1.67414922803554+0.895977476129838i」。

工程 複數 365 2019 2016 2013

IMSIN

計算複數的正弦

傳回指定複數的正弦(sine)。

格式： **IMSIN(複數)**

在 [複數] 設定要計算正弦的複數。
例如「=IMSIN("2+3i")」傳回「9.15449914691143-4.16890695996656i」。

工程 複數 365 2019 2016 2013

IMCOS

計算複數的餘弦

傳回指定複數的餘弦(cosine)。

格式： **IMCOS(複數)**

在 [複數] 設定要計算餘弦的複數。
例如「=IMCOS("2+3i")」傳回「-4.18962569096881-9.10922789375534i」。

工程 複數 365 2019 2016 2013

IMTAN

計算複數的正切

傳回指定複數的正切(tangent)。

格式： **IMTAN(複數)**

在 [複數] 設定要計算正切的複數。
例如「=IMTAN("2+3i")」傳回「-0.00376402564150425+1.00323862735361i」。

工程 複數 365 2019 2016 2013

IMSEC

計算複數的正割

傳回指定複數的正割(secant)。

格式： **IMSEC(複數)**

在 [複數] 設定要計算正割的複數。
例如「=IMSEC("2+3i")」傳回「-0.0416749644111443+0.0906111371962376i」。

工程 複數 365 2019 2016 2013

IMCSC

計算複數的餘割

傳回指定複數的餘割(cosecant)。

格式： **IMCSC(複數)**

在 [複數] 設定要計算餘割的複數。
例如「=IMCSC("2+3i")」傳回「0.0904732097532074+0.0412009862885741i」。

工程 複數 365 2019 2016 2013

IMCOT

計算複數的餘切

傳回指定複數的餘切(cotangent)。

格式： **IMCOT(複數)**

在 [複數] 設定要計算餘切的複數。
例如「=IMCOT("2+3i")」傳回「-0.00373971037633696-0.996757796569358i」。

工程 複數 365 2019 2016 2013

IMSINH

計算複數的雙曲正弦

傳回指定複數的雙曲正弦(hyperbolic sine)。

格式： IMSINH(複數)

在 [複數] 設定要計算雙曲正弦的複數。
例如「=IMSINH("2+3i")」傳回「-3.59056458998578+0.53092108624852i」。

工程 複數 365 2019 2016 2013

IMCOSH

計算複數的雙曲餘弦

傳回指定複數的雙曲餘弦(hyperbolic cosine)。

格式： IMCOSH(複數)

在 [複數] 設定要計算雙曲餘弦的複數。
例如「=IMCOSH("2+3i")」傳回「-3.72454550491532+0.511822569987385i」。

工程 複數 365 2019 2016 2013

IMSECH

計算複數的雙曲正切

傳回指定複數的雙曲正切(hyperbolic secant)。

格式： IMSECH(複數)

在 [複數] 設定要計算雙曲正切的複數。
例如「=IMSECH("2+3i")」傳回「-0.263512975158389-0.0362116365587685i」。

工程　複數　365　2019　2016　2013

IMCSCH

計算複數的雙曲餘割

傳回指定複數的雙曲餘割(hyperbolic cosecant)。

格式：　**IMCSCH(複數)**

在 [複數] 設定要計算雙曲餘割的複數。
例如「=IMCSCH("2+3i")」傳回「-0.27254866146294-0.0403005788568915i」。

工程　複數　365　2019　2016　2013

IMEXP

計算複數的指數函數值

以自然對數為底數，傳回指定複數的次方。
公式為「$e^{(a+bi)} = e^a e^{bi} = e^a(\cos b + i\sin b)$」。

格式：　**IMEXP(複數)**

在 [複數] 設定要計算指數函數的複數。
例如「=IMEXP("2+3i")」傳回「-7.3151100949011+1.0427436562359i」。

工程　複數　365　2019　2016　2013

IMLN

計算複數的自然對數

傳回指定複數的自然對數。公式為「$\ln(a+bi) = \ln\sqrt{a^2+b^2} + i\tan^{-1}\left(\frac{b}{a}\right)$」。

格式：　**IMLN(複數)**

在 [複數] 設定計算自然對數的複數。
例如「=IMLN("2+3i")」傳回「1.28247467873077+0.982793723247329i」。

工程　複數　365　2019　2016　2013

IMLOG10

計算複數的常用對數

傳回以指定複數的 10 為底數的對數（常用對數）。
公式為「$\log_{10}(a+bi)=(\log_{10}e)\ln(a+bi)$」。

格式： IMLOG10(複數)

在 [複數] 設定要計算常用對數的複數。
例如「=IMLOG10("2+3i")」傳回「0.556971676153418+0.426821890855467i」。

工程　複數　365　2019　2016　2013

IMLOG2

計算以複數的 2 為底數的對數

傳回以指定複數的 2 為底數的對數。
公式為「$\log_{2}(a+bi)=(\log_{2}e)\ln(a+bi)$」。

格式： IMLOG2(複數)

在 [複數] 設定以 2 為底數，要計算對數的複數。
例如「=IMLOG2("2+3i")」傳回「1.85021985907055+1.41787163074572i」。

工程　誤差函數　365　2019　2016　2013

ERF ／ ERF.PRECISE

計算誤差函數的積分值

ERF 函數會傳回下限～上限之間的誤差函數積分值。ERF.PRECISE 函數是傳回 0 ～上限之間的誤差函數積分值。

格式： ERF(下限,[上限])
ERF.PRECISE(上限)

- 在 [下限] 設定誤差函數的積分下限值。
- 在 [上限] 設定誤差函數的積分上限值。ERF 函數省略 [上限] 時，積分會介於 0 ～ [下限] 之間。

ERFC ／ ERFC.PRECISE

計算互補誤差函數的積分值

傳回下限～無限大(∞)之間互補誤差函數的積分值。ERFC 函數成為 ERF 函數的補函數，「ERF(x)+ERFC(x)=1」的關係成立。

格式：　**ERFC(下限)**
　　　　ERFC.PRECISE(下限)

在 [下限] 設定互補誤差函數的積分下限值，上限為「∞」。
例如「=ERFC(1)」與「=ERFC.PRECISE(1)」都會傳回「0.157299207」。

工程　Bessel 函數　365 2019 2016 2013

BESSELJ

計算第一種 Bessel 函數的值

傳回第一種 Bessel 函數「$J_n(x)$」的結果。

格式：　**BESSELJ(x,n)**

- 在 [x] 設定要代入 Bessel 函數「$J_n(x)$」的數值 x。
- 在 [n] 設定要代入 Bessel 函數「$J_n(x)$」的次數 n。

工程 | Bessel 函數 | 365 | 2019 | 2016 | 2013

BESSELY

計算第二種 Bessel 函數的值

傳回第二種 Bessel 函數「$Y_n(x)$」的結果。

格式： BESSELY(x,n)

- 在 [x] 設定要代入第二種 Bessel 函數「$Y_n(x)$」的數值 x。
- 在 [n] 設定次數 n。

工程 | Bessel 函數 | 365 | 2019 | 2016 | 2013

BESSELI

計算第一種變形 Bessel 函數的值

傳回第一種變形 Bessel 函數「$I_n(x)$」的計算結果。

格式： BESSELI(x,n)

- 在 [x] 設定代入第一種變形 Bessel 函數「$I_n(x)$」的數值 x。
- 在 [n] 設定次數 n。

工程 | Bessel 函數 | 365 | 2019 | 2016 | 2013

BESSELK

計算第二種變形 Bessel 函數的值

傳回第二種變形 Bessel 函數「$K_n(x)$」的計算結果。

格式： BESSELK(x,n)

- 在 [x] 設定代入第二種變形 Bessel 函數「$K_n(x)$」的數值 x。
- 在 [n] 設定次數 n。

基本知識

本章整理了使用函數時，必須先學會的基本知識，包括函數使用的引數、運算子、函數的輸入方法、儲存格參照、邏輯表達式、陣列常數、陣列公式、顯示格式等。

» 何謂函數

函數是一種事先定義計算方法的公式。Excel 準備了數百種的函數，可以按照目的，立即執行各種運算及統計。函數把取得的值當作「引數」進行計算，並將結果當作「傳回值」傳回。函數依照類別整合在「公式」標籤的「函數庫」群組中。

函數的格式

＝函數名稱(引數)

- 在( ) 設定計算時需要的值或算式，一般稱作引數。
- 各個函數需要的引數值不同，其中包括有多個引數的函數、可以省略引數的函數、沒有引數的函數。
- 即使是沒有引數的函數也不能省略()。
- 函數可以省略用 [ ] 包圍的引數。
- 引數為字串時，會以「"」(雙引號)包圍。

函數範例

函數名稱	格式	功能
SUM	=SUM(數值 1,[數值 2],…)	計算加總
NOW	=NOW()	計算現在的日期時間
PHONETIC	=PHONETIC(範圍)	取得注音標示
ROUND	=ROUND(數值 , 位數)	將數值四捨五入
IF	=IF(邏輯表達式 , 真 ,[假])	依照是否符合條件改變顯示內容
VLOOKUP	=VLOOKUP(搜尋值 , 範圍 , 欄號 ,[搜尋方法])	取出其他資料表的資料

函數庫

從「公式」標籤「函數庫」群組的各類函數清單中選取函數，就能在儲存格內輸入函數。你也可以直接在儲存格輸入函數，函數的輸入步驟請參考 p.350。

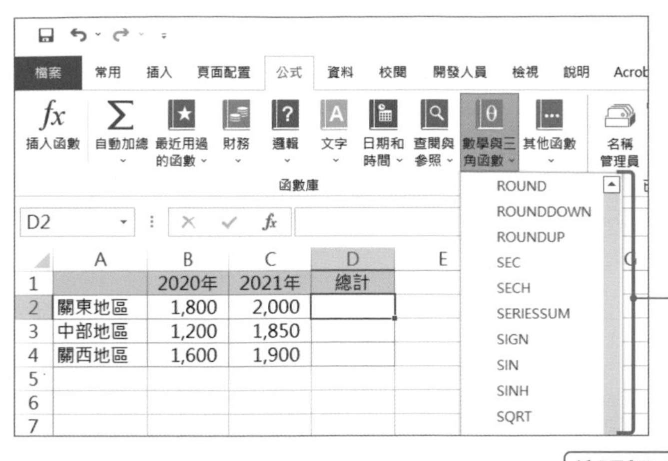

依照類別整理歸納

» 引數

引數是函數提出答案(傳回值)時，所需的值。各個函數需要的引數種類五花八門，請先確認有哪些引數種類。

引數的主要種類

引數的種類		內容	範例
儲存格參照		參照的儲存格或儲存格範圍內的數值、字串等資料會傳給函數。可以使用定義了儲存格或儲存格範圍的名稱	=SUM(A1:C3) 說明：A1 ～ C3 儲存格的數值加總
常數	數值	可以計算的數值，如 100 或 -0.25	=INT(12.3) 說明：捨去「12.3」的小數部分
	字串	中文、英數字、符號等字串。設定時，要使用「"」包圍字串	=UPPER("abc") 說明：把「abc」轉換成大寫
	邏輯值	邏輯表達式的結果為「TRUE」或「FALSE」。有時也會以 FALSE 為 0、TRUE 為 1 的數值表示	=NOT(TRUE) 說明：如果是「TRUE」就傳回「FALSE」
	陣列常數	欄以「,」(逗號)分隔，列以「;」(分號)分隔，用「{}」(中括弧)包圍整體進行設定。例如 {10,20} 是 1 列 2 欄，「10,20;30,40」是 2 列 2 欄的陣列常數	=IF(OR(A1={1,2}),"○","×") 說明：A1 儲存格的值為 1 或 2 時，顯示為「○」，否則顯示為「×」

引數的種類		內容	範例
常數	錯誤值	#N/A、#DIV/0! 等函數或公式的結果不正確而發生錯誤，或出現意料之外的情況時，輸入的錯誤值	=ERROR.TYPE(#DIV/0!) 說明：查詢錯誤值「#DIV/0!」的種類
邏輯表達式		這是使用了比較運算子的公式，或傳回「TRUE」、「FALSE」的函數。運算式成立時為「TRUE」，不成立為「FALSE」	=IF(A1>10,"○","") 說明：A1 儲存格若大於 10，顯示為「○」，否則不顯示內容
公式		可以將公式的結果設定為引數。使用時不加上「=」	=INT(10/3) 說明：「10÷3」的結果捨去小數部分
函數		可以將函數的結果設定為引數。使用時，不加上「=」。把函數設定為函數的引數稱作「巢狀式」	=YEAR(TODAY()) 說明：從今天的日期取出年份

※ 常數是指不會改變的固定值。

» 運算子

函數或公式使用的符號稱作運算子。運算子有不同種類的功能，請先確認種類、意義及用法。此外，運算子全都是以半形輸入。

算術運算子

輸入執行加減乘除等基本運算的公式時，會使用這種運算子。

算術運算子清單

運算子	說明	範例	結果
+	加法	= 20 + 10	30
−	減法	= 20 – 10	10
*	乘法	= 20 * 10	200
/	除法	= 20 / 10	2
%	百分比	= 10 * 50%	5
^	次方	= 20 ^ 2	400

運算的優先順序

算術運算子有優先順序，會影響計算的順序，如下表所示。假如想先計算優先順序較低的部分，要使用()包圍。順序一樣時，會從左往右依序計算。例如「=2+3*4」會先計算「3*4」，結果傳回「14」。假如用「()」包圍，如「=(2+3)*4」，會先計算「2+3」，結果傳回「20」。

運算子的優先順序

優先順序	1	2	3	4	5	6	7	8
運算子	參照運算子	負號「－」	%	^	＊,／	＋,－	&	比較運算子

比較運算子

比較兩個值，結果成立時傳回「TRUE」，不成立時傳回「FALSE」。

比較運算子

運算子	意義	範例（A1 為 20）	結果
＝	等於	A1=10	FALSE
＞	大於	A1>10	TRUE
＜	小於	A1<10	FALSE
＞＝	以上	A1>=10	TRUE
＜＝	以下	A1<=10	FALSE
＜＞	不等於	A1<>10	TRUE

字串運算子

連結一個以上的字串，建立連續的字串。

字串運算子

運算子	意義	範例（A1 為「藍」）	結果
&	連結字串	A1&"天"	藍天

參照運算子

結合參照的儲存格範圍。

參照運算子

運算子	說明	範例	結果
:（冒號）	儲存格範圍（從〇到〇）	A1:B3	①冒號
,（逗號）	儲存格參照（〇與〇）	A1,B3	②逗號
（半形空格）	兩個儲存格範圍的共通範圍	A1:B2 A2:B3	③半形空格

①冒號

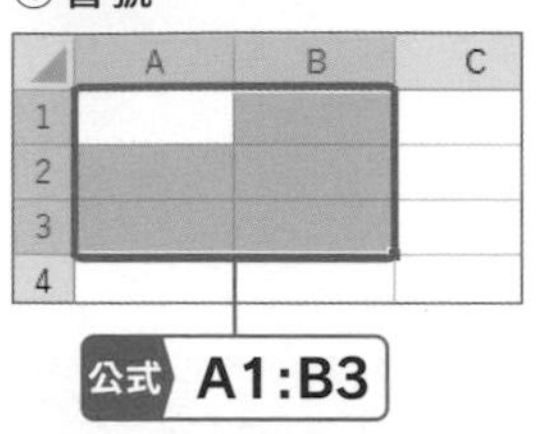

②逗號

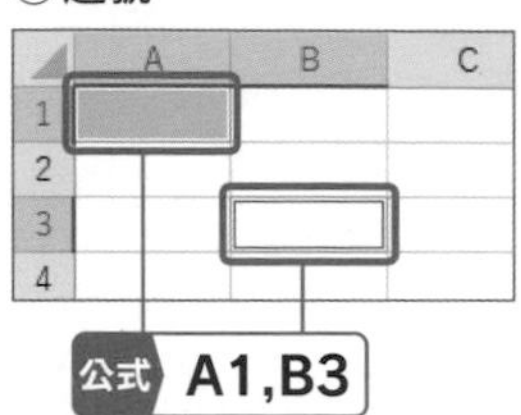

③半形空格

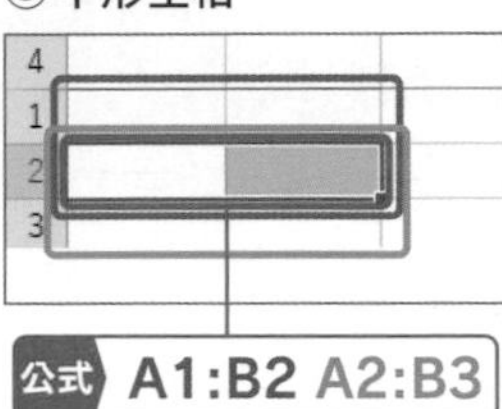

» 輸入函數

函數是從在儲存格內輸入「＝」開始。利用「公式自動完成」的輸入輔助功能，可以正確、有效率地輸入函數。

輸入函數

以下將以計算星期編號的 WEEKDAY 函數（p.94）為例，說明輸入步驟。

1. 選取要輸入函數的儲存格，用半形輸入「=w」，就會顯示以「w」為開頭的函數清單。
2. 按下［↓］鍵，選取「WEEKDAY」，接著按下［Tab］鍵。

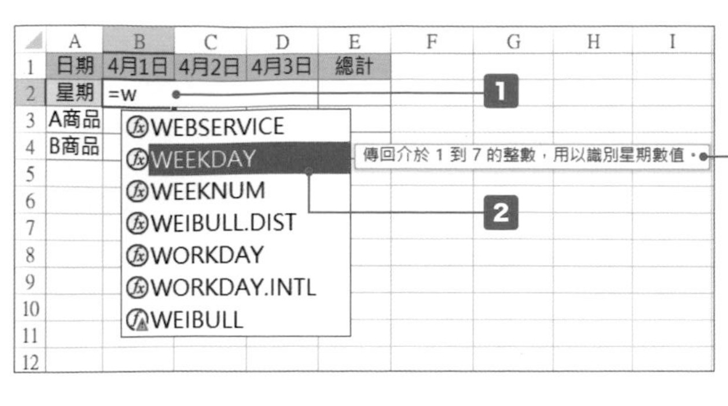

以提示方式顯示該函數的簡單說明。

3 自動輸入函數名稱及左括弧「(」。

4 按一下 B1 儲存格，設定第一個引數。

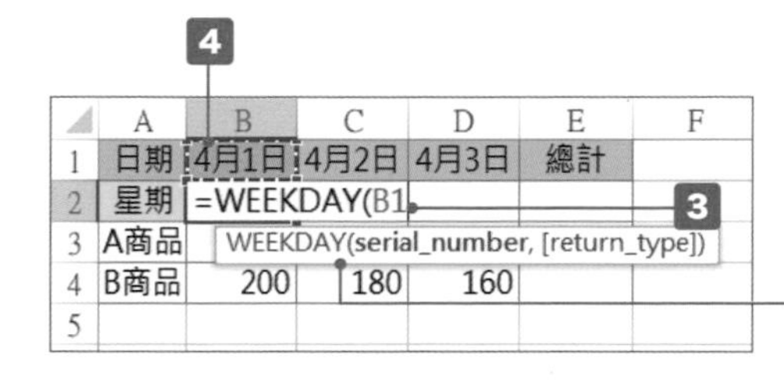

顯示 WEEKDAY 函數的格式，目前設定中的引數顯示為粗體。

5 輸入逗號「,」。

6 在第二個引數設定星期編號的種類。此時會自動顯示選項，請按下［↓］鍵，選擇種類(這個範例選擇 2)，再按下［Tab］鍵。

7 自動輸入引數。輸入右括弧「)」，按下［Enter］鍵確定。

1	日期	4月1日	4月2日	4月3日	總計
2	星期	=WEEKDAY(B1,2)			
3	A商品	150	100	120	

7 即使省略右括弧也會自動輸入。

8 在儲存格顯示函數的計算結果。

9 在公式列顯示輸入的函數。

COLUMN

使用［插入函數］對話視窗

在還不熟悉函數的輸入操作時，也可以使用［插入函數］對話視窗來輸入函數。輸入關鍵字，搜尋函數，可以篩選、選取函數。

❶ 按一下要輸入函數的儲存格。

❷ 按一下［插入函數］鈕。

❸ 開啟［插入函數］對話視窗，在［搜尋函數］輸入關鍵字，再按下［Enter］鍵。

❹ 顯示搜尋出來的函數清單後，按下目標函數。

❺ 按下［確定］鈕，會顯示選取函數的［函數引數］對話視窗，可以在這裡設定引數。

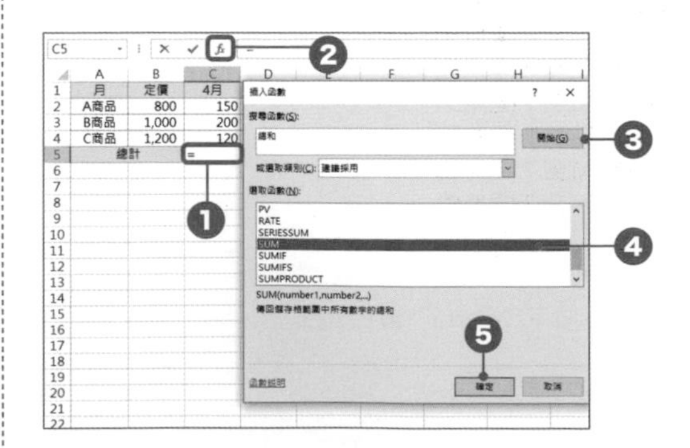

» 修改函數

按一下公式列上的公式，就會在參照中的儲存格或儲存格範圍顯示和參數顏色一樣的外框，這稱作「顏色參照」，可以執行改變大小或移動等操作。此外，利用提示能輕易選取引數。以下將以調整 SUM 函數的加總範圍為例，說明修改函數的方法。

使用顏色參照修改儲存格範圍

1 選取已經輸入函數的儲存格，在公式列上按一下，顯示游標。

2 在儲存格範圍顯示和引數相同顏色的外框（顏色參照）。

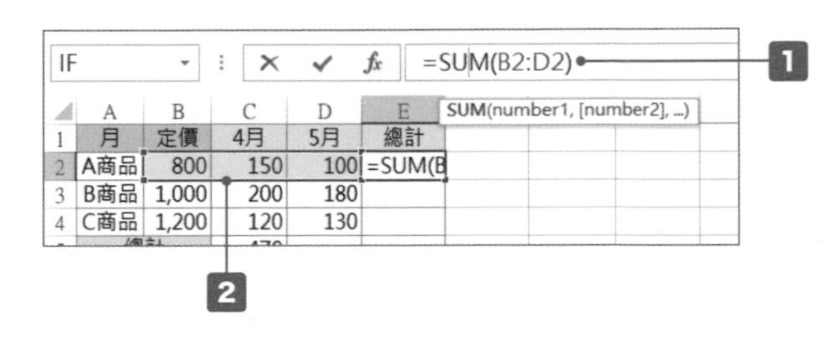

	A	B	C	D	E
1	月	定價	4月	5月	總計
2	A商品	800	150	100	=SUM(B
3	B商品	1,000	200	180	
4	C商品	1,200	120	130	

3 將游標移動到外框四邊的控制點（■），變成⤢圖形狀之後，拖曳調整大小。

IF　=SUM(B2:D2)　SUM(number1, [nu

	A	B	C	D	E
1	月	定價	4月	5月	總計
2	A商品	800	150	100	=SUM(B
3	B商品	1,000	200	180	

將游標移動到外框的邊線上，當形狀變成⯐圖時，就可以拖曳移動。

也可以在公式列直接修改儲存格位址。

4 修改公式列上的儲存格範圍。

5 按下 [Enter] 鍵，確定修改。

IF　=SUM(C2:D2)　4

SUM(number1, [number2], ...)　5

	A	B	C	D	E
1	月	定價	4月	5月	總計
2	A商品	800	150	100	C2:D2)
3	B商品	1,000	200	180	
4	C商品	1,200	120	130	

使用提示選取引數

1. 選取輸入了函數的儲存格，在公式列上按一下，顯示游標。
2. 按一下提示中要修改的引數。

3. 選取公式中的引數。

4. 重新拖曳儲存格範圍。
5. 確認修改了儲存格範圍後，按下［Enter］鍵確定。

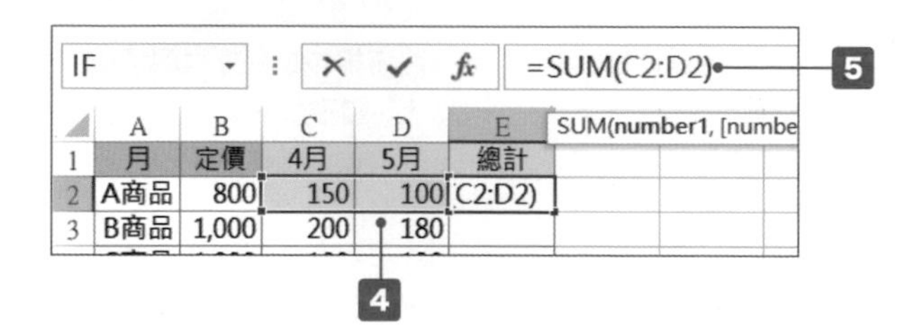

COLUMN

使用 [函數引數] 對話視窗修改引數

開啟 [函數引數] 對話視窗，使用畫面中的項目可以編輯函數。你可以一邊確認畫面中的提示或結果，一邊完成設定。

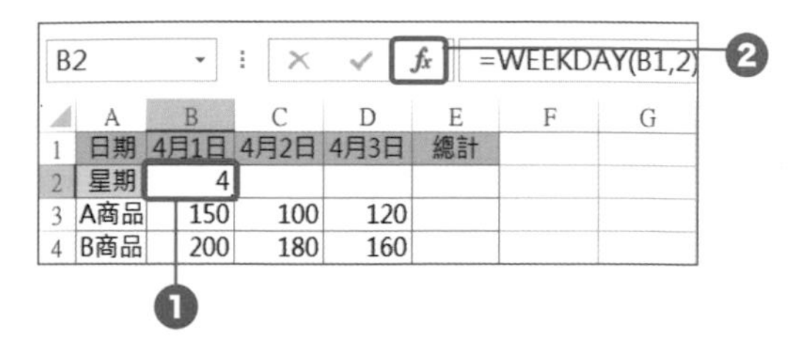

❶ 選取想修改函數的儲存格。

❷ 按一下 [插入函數] 鈕。

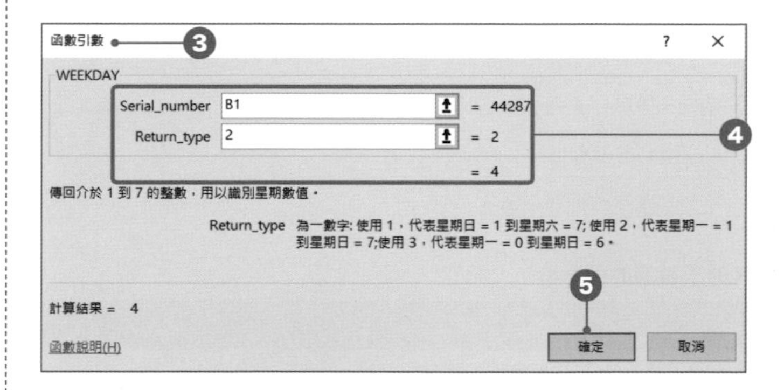

❸ 開啟 [函數引數] 對話視窗。

❹ 在對話視窗內，一邊確認提示，一邊設定引數。

❺ 按下 [確定] 鈕。

» 儲存格的參照方式

在公式或函數內使用輸入儲存格的值時，可以參照儲存格。儲存格的參照方法有兩種，包括 A1 參照形式與 R1C1 參照形式，一般會使用 A1 參照形式。以下將說明儲存格的參照方式。

A1 參照形式

這是指組合 A ～ XFD 的欄標題與 1 ～ 1048576 的列標題來參照儲存格的方法。如果是 A 欄的第一列，會設定成「A1」。另外，以下也將一併說明如何參照其他工作表或其他活頁簿的儲存格。

同一工作表內的儲存格

範例	內容
B3	B 欄第三列的儲存格
A1:C10	A 欄第一列的儲存格～ C 欄第十列的儲存格範圍
2:2	第二列所有的儲存格
2:5	第二～五列所有的儲存格
A:A	A 欄所有的儲存格
A:C	A ～ C 欄所有的儲存格

其他工作表或其他活頁簿的儲存格

參照對象	格式	範例
參照其他工作表的儲存格	工作表名稱 ! 儲存格位址	Sheet1!A1
參照其他活頁簿的儲存格（開啟活頁簿時）	[活頁簿名稱] 工作表名稱 ! 儲存格位址	[Book1.xlsx]Sheet1!$A$1
參照其他活頁簿的儲存格（關閉活頁簿時）	' 儲存位置 [活頁簿名稱] 工作表名稱 '! 儲存格位址	'C:\Data\[Book1.xlsx]Sheet1'!$A$1

※ 參照其他活頁簿的儲存格時，儲存格參照會變成絕對參照。

R1C1 參照形式

這是指「R（列號）C（欄號）」的形式，不論列欄都用數值設定參照的儲存格。例如，A1 儲存格是第一列第一欄，所以是「R1C1」，D3 儲存格式是第三列第四欄，所以是「R3C4」。以「R1C1」的形式設定時，會形成絕對參照。若要使用相對參照，請以 [ ] 包圍數字，如「R[1]C[1]」。

在公式內以相對參照進行儲存格參照時，會把公式的儲存格當作基準，以「R[列的移動數]C[欄的移動數]」的形式設定參照的儲存格。移動數為正值時，列往下移動，欄往右移動。若為負值，列往上移動，欄往左移動。例如「R[-1]C[3]」代表參照「基準儲存格往上一列往右三欄的儲存格」。
若要將參照方法改成 R1C1 參照形式，請按一下 [檔案] → [選項]，開啟 [Excel 選項] 對話視窗，勾選 [公式] 中的 [R1C1 欄名列號顯示法]。

» 定義名稱

將儲存格或儲存格範圍命名後儲存，可以在函數內用名稱取代儲存格參照。例如，先將 SUM 函數要加總的數值範圍，或 VLOOKUP 函數參照的資料表命名之後，就能輕鬆設定公式。

命名儲存格範圍

1. 選取要命名的儲存格範圍。
2. 按一下名稱方塊，輸入名稱(這個範例輸入「總計」)，按下 [Enter] 鍵，就完命名儲存格範圍的操作。

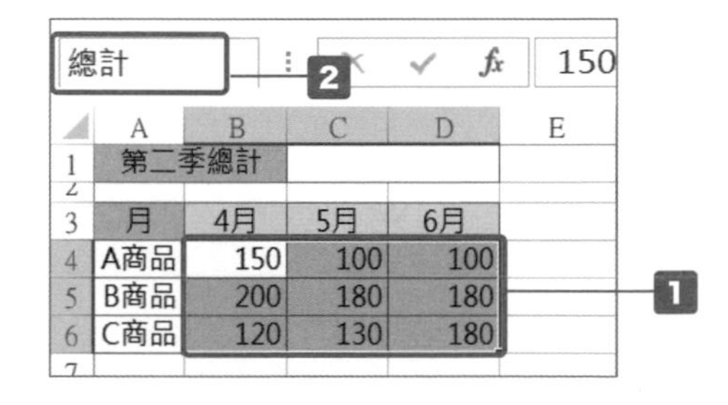

在函數使用命名後的儲存格範圍

1. 按一下要輸入函數的儲存格，輸入「=SUM(」。
2. 按下 [F3] 鍵。

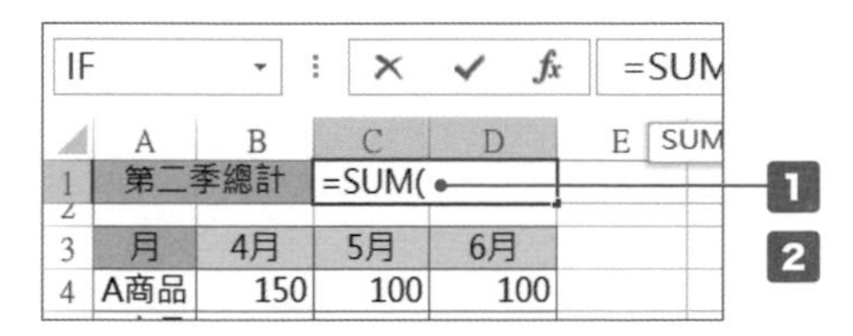

直接輸入名稱也可以完成設定。

3 開啟 [貼上名稱] 對話視窗。

4 按一下要在函數使用的名稱(這裡是指「總計」)。

5 按下 [確定] 鈕。

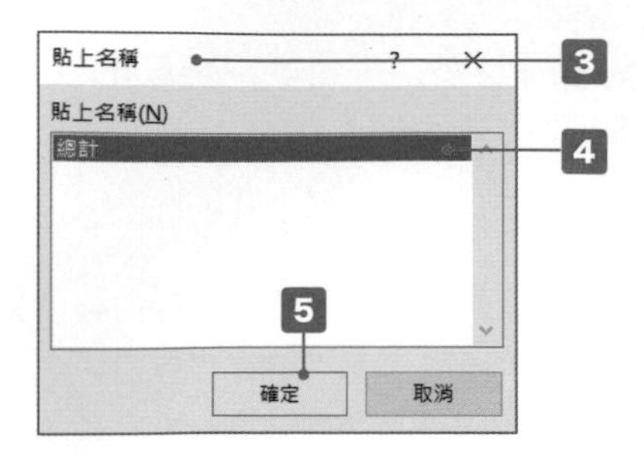

6 輸入名稱。

7 輸入「)」，按下 [Enter] 鍵確定。

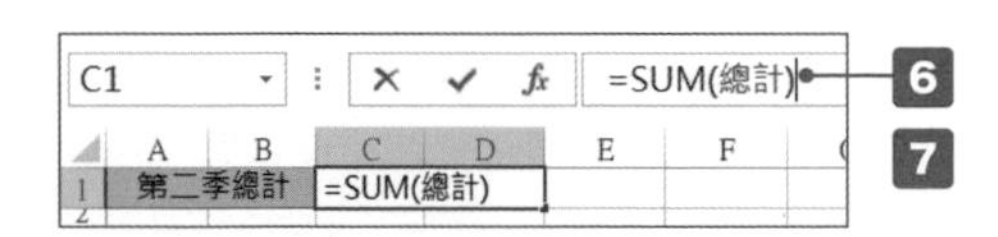

8 使用名稱取代儲存格參照，就能設定總計範圍。

C1 =SUM(總計) **8**

	A	B	C	D
1	第二季總計			1340
3	月	4月	5月	6月
4	A商品	150	100	100
5	B商品	200	180	180
6	C商品	120	130	180

刪除名稱

1. 按一下 [公式] → [名稱管理員]。
2. 開啟 [名稱管理員] 對話視窗，按一下要刪除的名稱。
3. 按下 [刪除] 鈕，顯示確認訊息後，再按下 [確定] 鈕。
4. 按下 [關閉] 鈕，關閉對話視窗。

» 拷貝函數（自動填滿功能）

如果想在連續的儲存格內拷貝公式或函數，可以使用自動填滿功能。

1. 按一下想拷貝函數的儲存格，將游標移動到右下角的控制點(■)，當游標形狀變成 [+] 之後，拖曳到拷貝目的地。

	A	B	C	D	E
1	月	4月	5月	總計	
2	A商品	150	100	250	
3	B商品	200	180		
4	C商品	120	130		
5	總計	470	410		

公式 =SUM(B2:C2)

1

2 拷貝公式，並顯示每一列的總計。

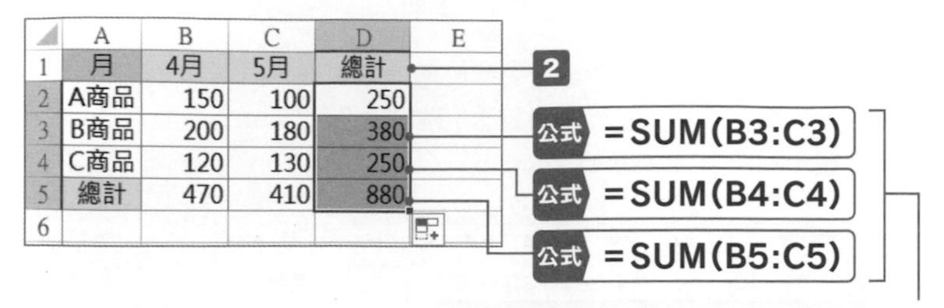

	A	B	C	D	E
1	月	4月	5月	總計	
2	A商品	150	100	250	
3	B商品	200	180	380	
4	C商品	120	130	250	
5	總計	470	410	880	
6					

拷貝公式後，也會自動調整參照對象。

COLUMN

不拷貝格式

執行自動填滿功能時，會一併拷貝原本的儲存格格式。假如拷貝時，不想拷貝格式，可以利用自動填滿後顯示的 [自動填滿選項] 選單，執行 [填滿但不填入格式] 命令。

❶ 按一下 [自動填滿選項]
❷ 按一下 [填滿但不填入格式]

	A	B	C	D	E	F	G
1	月	4月	5月	總計			
2	A商品	150	100	250			
3	B商品	200	180	380			
4	C商品	120	130	250			
5	總計	470	410	880			
6							
7							
8							
9							
10							
11							

❶
複製儲存格(C)
僅以格式填滿(F)
填滿但不填入格式(O) ❷
快速填入(F)

» 相對參照、絕對參照、混合參照

拷貝公式時，會根據拷貝對象，自動調整參照的儲存格，這種參照方法稱作相對參照。即使拷貝，也不想改變參照的儲存格時，可以將參照方法改成絕對參照。絕對參照是在列號與欄號前面加上「$」，如「$A$1」。此外，設定成「$A1」或「A$1」，可以只固定欄或只固定列。這種參照方法稱作混合參照。

相對參照

拷貝公式時，會根據拷貝的儲存格，以相同的位置關係（相對）改變儲存格參照。

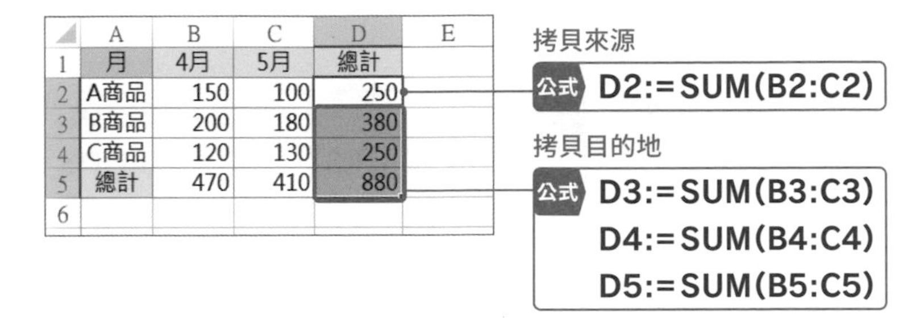

	A	B	C	D	E
1	月	4月	5月	總計	
2	A商品	150	100	250	
3	B商品	200	180	380	
4	C商品	120	130	250	
5	總計	470	410	880	
6					

絕對參照

這個範例的結構比公式是「各商品的數量 / 總計」。總計儲存格（D5）固定，E2 儲存格的公式為「=D2/$D$5」，設定成「$D$5」絕對參照後，即使拷貝公式，也會固定 D5 儲存格的儲存格參照，計算出正確的結構比。

	A	B	C	D	E	F
1	月	4月	5月	總計	結構比	
2	A商品	150	100	250	28%	
3	B商品	200	180	380	43.2%	
4	C商品	120	130	250	28.4%	
5	總計	470	410	880	100.0%	
6						

拷貝來源

公式 E2:=D2/$D$5

拷貝對象

公式 E3:=D3/$D$5
E4:=D4/$D$5
E5:=D5/$D$5

混合參照

如下表所示，計算每月的商品營業額時，先在 F2 儲存格輸入「=$B2*C2」，只固定 B 欄的定價儲存格，拷貝公式時，可以參照每個商品的定價儲存格來執行計算。

	A	B	C	D	E	F	G	H
1	月	定價	4月	5月		4月營業額	5月營業額	
2	A商品	800	150	100		120,000	80,000	
3	B商品	1,000	200	180		200,000	180,000	
4	C商品	1,200	120	130		144,000	156,000	
5	總計		470	410				
6								

拷貝來源

公式 F2:=$B2*C2

拷貝對象

公式 G2:=$B2*D2
F3:=$B3*C3　G3:=$B3*D3
F4:=$B4*C4　G4:=$B4*C4

參照的切換方法

如果要切換相對參照、絕對參照、混合參照，在列號、欄號前直接輸入「$」就可以改變。在想更改的儲存格參照內顯示游標，按下［F4］鍵即可切換。

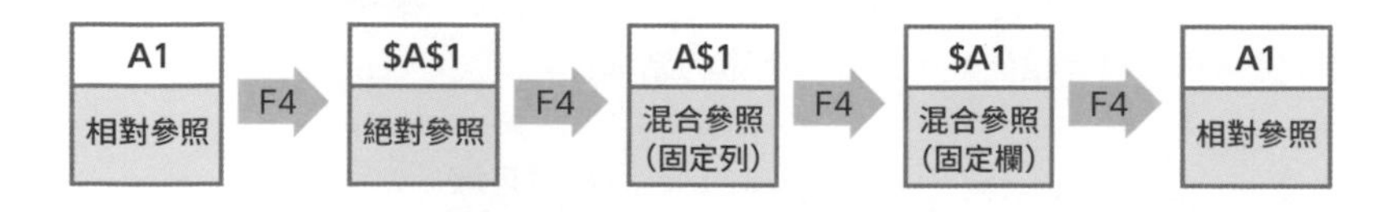

1 按一下 E2 儲存格，輸入「=D2/D5」。
2 確認游標位於想更改成絕對參照的儲存格參照(這裡是指 D5 儲存格)內，按下［F4］鍵。

	A	B	C	D	E	F
1	月	4月	5月	總計	結構比	
2	A商品	150	100	250	=D2/D5	
3	B商品	200	180	380		
4	C商品	120	130	250		
5	總計	470	410	880		
6						

輸入函數後，若要更改，只要按一下公式列，把游標移動到要更改的儲存格參照，再按下［F4］鍵。

3 儲存格參照變成絕對參照後，按下 [Enter] 鍵確定，在 E3 ～ E5 儲存格拷貝公式。

	A	B	C	D	E	F
1	月	4月	5月	總計	結構比	
2	A商品	150	100	250	=D2/$D$5	
3	B商品	200	180	380		
4	C商品	120	130	250		
5	總計	470	410	880		
6						

3

» 邏輯表達式

邏輯表達式是指結果為「TRUE」或「FALSE」的公式。使用比較運算子，比較兩個值的公式，還有 AND 函數(p.204)、ISBLANK 函數(p.255)等傳回值為 TRUE 或 FALSE 的函數，也會當作邏輯表達式處理。

使用比較運算子的邏輯表達式

下圖 C3 儲存格輸入的邏輯表達式「=B3>=$C$1」是指「B3 儲存格的值大於 C1 儲存格的值」，這裡的結果成立，所以傳回 TRUE。

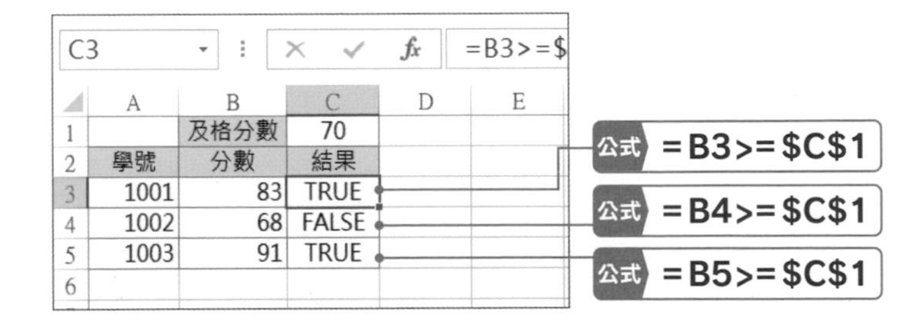

使用函數的邏輯表達式

下圖的 C2 儲存格使用 ISBLANK 函數(p.255)，輸入「=ISBLANK(B2)」邏輯表達式，代表「查詢 B2 儲存格是否為空欄」。這個範例非空欄，所以傳回 FALSE。

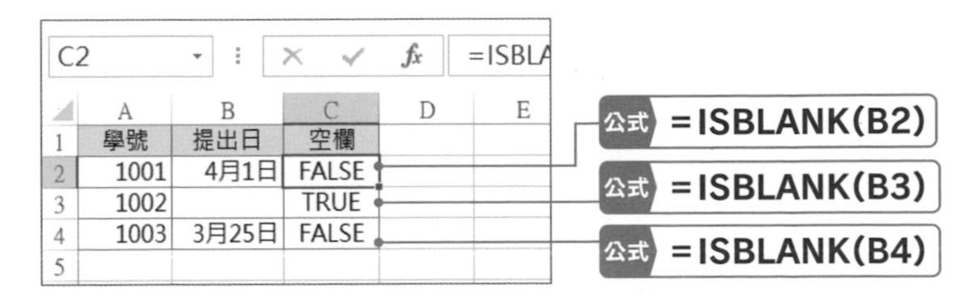

使用邏輯表達式的函數範例

邏輯表達式很少單獨使用，通常會用在函數的引數，如 IF 函數 (p.202)。下圖在 C3 儲存格使用 IF 函數，輸入「=IF(B3>=$C$1," 及格 "," 不及格 ")，代表「B3 儲存格大於 C1 儲存格時，顯示「及格」，否則顯示「不及格」」。在第一引數使用邏輯表達式，傳回值會依照該結果而異。這個範例的邏輯表達式成立，所以顯示為「及格」。

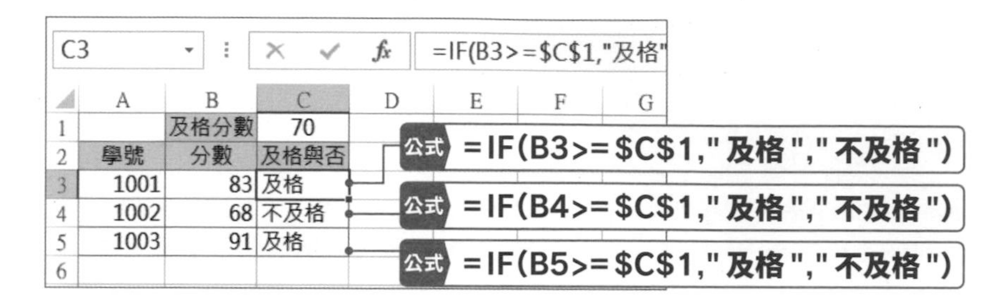

» 萬用字元

萬用字元是可以用來代替任意字串的符號。「*」(星號) 可以代替 0 個字元以上的任意字串，「?」(問號) 可以代替 1 個字元的任意字串。如果想把萬用字元當作字串處理，會在萬用字元前面加上「~」(波浪號)。使用萬用字元，能以模糊條件，如「包含○○」比較字串，或設定搜尋條件。此外，萬用字元都要用半形輸入。

萬用字元

萬用字元	說明
*	0 個字元以上的任意字串
?	任意的 1 個字元
~	把之後的「*」、「?」、「~」當作字串處理

使用範例

範例	說明	字串（範例）
海 *	以「海」為開頭的字串	海、海邊、海底、海洋生物
* 海	以「海」為結尾的字串	海、內海、日本海
* 海 *	包含「海」的字串	海、海邊、內海、海洋生物、海天一色
?? 海	第三個字是「海」的三個字字串	日本海、地中海
海 ?	以海為開頭的兩個字字串	海邊、海女、海底、海上
? 海 *	第二個字為海的字串	大海、內海

使用萬用字元的範例

下圖的 F2 儲存格使用 SUMIF 函數(p.30)，輸入「=SUMIF(B2:B7," 玄關 *",C2:C7)」。這是指在「商品欄(B2:B7)搜尋「以玄關為開頭」的字串，把找到的銷售數列(C2:C7)數值加總」。

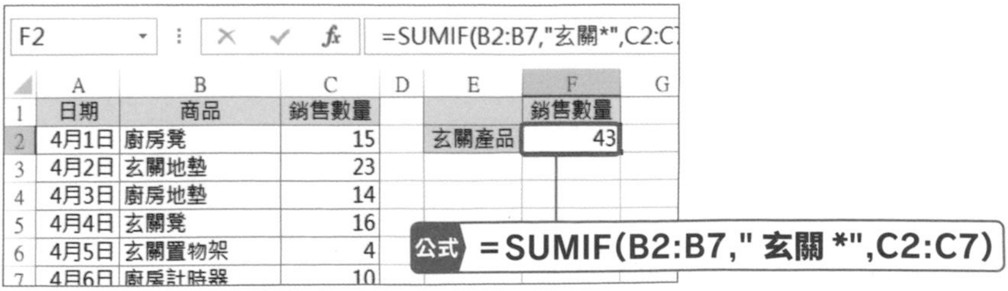

F2 =SUMIF(B2:B7,"玄關*",C2:C7

	A	B	C	D	E	F	G
1	日期	商品	銷售數量			銷售數量	
2	4月1日	廚房凳	15		玄關產品	43	
3	4月2日	玄關地墊	23				
4	4月3日	廚房地墊	14				
5	4月4日	玄關凳	16				
6	4月5日	玄關置物架	4				
7	4月6日	廚房計時器	10				

公式 =SUMIF(B2:B7," 玄關 *",C2:C7)

» 陣列常數

陣列是由列與欄形成的值集合，可以把儲存格範圍當作陣列處理。陣列常數是以字串設定的陣列，整個陣列用「{ }」包圍，以「,」(逗號)分隔欄，用「;」(分號)分隔列。在函數內，可以使用陣列常數設定陣列，取得設定的儲存格範圍。

在公式或函數內設定儲存格範圍時，選取公式列內的儲存格範圍，按下 [F9] 鍵，可以把儲存格內的資料顯示為陣列常數。

以陣列常數確認 SUM 函數內的儲存格範圍值

分別在 A2、B2、C2 儲存格輸入 1、2、3，在 D2 儲存格輸入「=SUM(A2:C2)」。A2:C2 儲存格等於一列三欄的陣列常數「{1,2,3}」。

1 按一下 D2 儲存格，在公式列拖曳選取儲存格範圍(A2:C2)。
2 按下 [F9] 鍵。

IF | =SUM(A2:C2) ← **1**
SUM(number1, [n ← **2**

	A	B	C	D
1	值1	值2	值3	總計
2	1	2	3	(A2:C2)

3 公式列上的儲存格範圍顯示為陣列常數。
4 確認之後，按下 [Esc] 鍵，回到儲存格參照。

IF | =SUM({1,2,3}) ← **3**
SUM(number1, [num ← **4**

	A	B	C	D
1	值1	值2	值3	總計
2	1	2	3	{1,2,3})
3				

在步驟 **4** 按下 [Enter] 鍵之後，會以陣列常數確認函數。萬一按錯時，請按下 [復原] 鈕。

在 VLOOKUP 函數內以陣列常數設定參照的資料表

VLOOKUP 函數(p.214)的功能是參照其他資料表，取出資料。第二引數通常是用來設定資料表的儲存格範圍，不過也能設定為陣列常數。

1 在 B3 儲存格輸入「=VLOOKUP(A3,{10,"A 商品";20,"B 商品";30,"C 商品"},2,FALSE)」，按下 [Enter] 鍵。

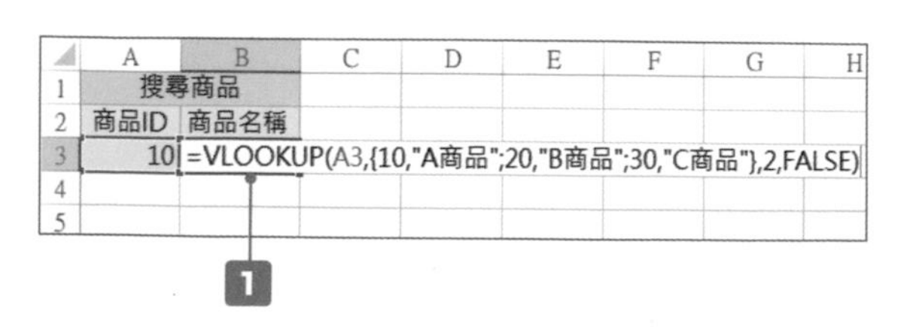

在 VLOOKUP 函數的第二引數以二欄三列的陣列常數設定要參照的資料表。

2 在陣列常數的資料表中，搜尋與 A3 儲存格「10」對應的值，顯示「A 商品」。

B3 | =VLOOKUP(A3,{10,"A商品";20,"B商品";30,

	A	B	C	D	E	F	G	H	I
1	搜尋商品								
2	商品ID	商品名稱							
3	10	A商品 ← **2**							

» 陣列公式

陣列公式是使用儲存格範圍或陣列常數等陣列進行計算，以一個公式把多個值當作陣列傳回。輸入陣列公式時，先選取要顯示結果的儲存格或儲存格範圍，輸入公式後，按下 [Ctrl] ＋ [Shift] ＋ [Enter] 鍵確定，就會輸入以中括弧「{ }」包圍的陣列公式。如果是 Microsoft365，只要在顯示結果的開頭儲存格輸入公式，按下 [Enter] 鍵，輸入了公式的其他儲存格也會自動顯示結果，這就稱作溢出功能。

使用陣列公式一次完成「定價 × 數量」的計算

1. 選取要顯示結果的儲存格（這個範例是指 D2:D4 儲存格）。
2. 輸入「=」。

	A	B	C	D	E
1	商品名稱	定價	數量	金額	
2	A商品	800	10	=	
3	B商品	1,000	2		
4	C商品	1,200	5		
5					

3. 拖曳定價的儲存格範圍（這個範例是指 B2:B4 儲存格），輸入「*」，拖曳數量的儲存格範圍（這個範例是指 C2:C4 儲存格），會在儲存格顯示「=B2:B4*C2:C4」。
4. 按下 [Ctrl] ＋ [Shift] ＋ [Enter] 鍵，確定當作陣列公式。

	A	B	C	D	E
1	商品名稱	定價	數量	金額	
2	A商品	800	10	=B2:B4*C2:C4	
3	B商品	1,000	2		
4	C商品	1,200	5		
5					
6					
7					

5. 在金額的儲存格範圍（這個範例是指 D2:D4 儲存格）輸入陣列公式「{=B2:B4*C2:C4}」，分別在各個儲存格顯示「定價 * 數量」的結果。

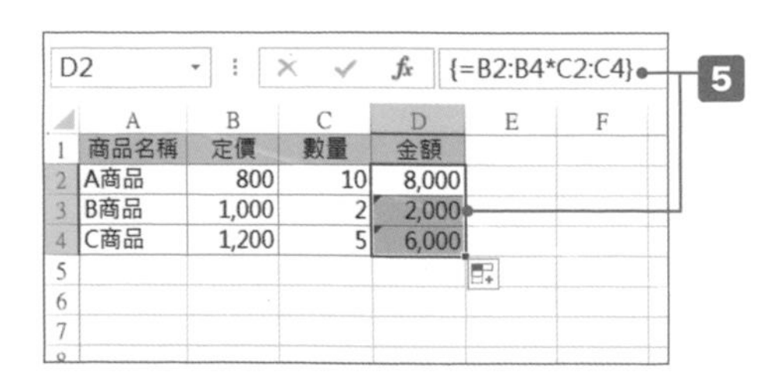

D2 {=B2:B4*C2:C4}

	A	B	C	D	E	F
1	商品名稱	定價	數量	金額		
2	A商品	800	10	8,000		
3	B商品	1,000	2	2,000		
4	C商品	1,200	5	6,000		
5						
6						
7						

如果要修改或刪除陣列公式，必須選取所有輸入了陣列公式的儲存格範圍再執行操作，無法個別編輯。

組合陣列與函數，一次完成加總

以下建立了一次就能計算各列「定價 × 數量」的陣列公式，將其當作 SUM 函數的引數，就可以立即顯示銷售總計。

❶ 按一下 C5 儲存格，輸入「=SUM(B2:B4*C2:C4)。
❷ 按下 [Ctrl] + [Shift] + [Enter] 鍵。

	A	B	C	D	E
1	商品名稱	定價	數量		
2	A商品	800	10		
3	B商品	1,000	2		
4	C商品	1,200	5		
5	銷售總計		=SUM(B2:B4*C2:C4)		
6					

❶ ❷

❸ 用「{}」包圍 SUM 函數，可以一次完成各商品定價 × 數量的加總。

C5 {=SUM(B2:B4*C2:C4)} ❸

	A	B	C	D	E	F	G
1	商品名稱	定價	數量				
2	A商品	800	10				
3	B商品	1,000	2				
4	C商品	1,200	5				
5	銷售總計		16,000				
6							
7							
8							

使用傳回陣列的函數

有些函數會傳回陣列當作結果。這種函數也是先選取要顯示結果的儲存格範圍，輸入函數，按下 [Ctrl] + [Shift] + [Enter] 鍵，確定輸入。
以下將以傳回區間內資料個數的 FREQUENCY 函數(p.105)為例來介紹。

❶ 選取要顯示結果的儲存格範圍(這個範例是 F2:F5)，輸入「=FREQUENCY(B2:B6,D2:D4)」，按下 [Ctrl] + [Shift] + [Enter] 鍵。

	A	B	C	D	E	F	G	H
1	NO	分數		上限值	分數	人數		
2	1001	63		49	不到50	=FREQUENCY(B2:B6,D2:D4)		
3	1002	51		59	50幾分			
4	1003	33		69	60幾分			
5	1004	92			70分以上			
6	1005	69						
7								
8								

1

2 把 FREQUENCY 函數當作陣列公式輸入，顯示各區間內的資料個數。

F2 {=FREQUENCY(B2

	A	B	C	D	E	F
1	NO	分數		上限值	分數	人數
2	1001	63		49	不到50	1
3	1002	51		59	50幾分	1
4	1003	33		69	60幾分	2
5	1004	92			70分以上	1
6	1005	69				

2

計算日期和時間

Excel 是以稱作序列值的數值管理日期和時間資料（請參考 p.81）。因此可以把日期和時間資料當作數值處理，進行計算。但是請注意，只能使用 1900 年 1 月 1 日到 9999 年 12 月 31 日為止的日期。處理日期與時間的函數請參考「日期和時間函數」（p.77）。

計算日期

日期的序列值是把 1900/1/1 當作「1」，每經過一天就加 1 的數值。因此，A2 儲存格的日期經過五天後，可以用「=A2+5」計算出來，而五天前能使用「=A2-5」進行計算，如下圖所示。如果要計算一個月前或一個月後（EDATE 函數），還有排除週六、日的五天後（WORKDAY 函數），就可以使用這種函數進行計算。

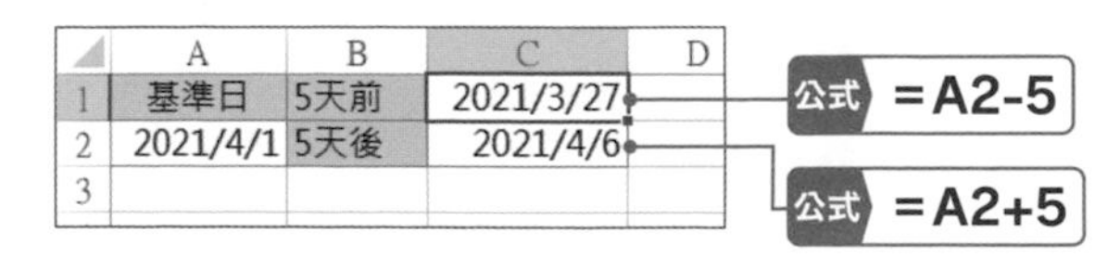

	A	B	C	D
1	基準日	5天前	2021/3/27	
2	2021/4/1	5天後	2021/4/6	
3				

計算工作時間總計

時間的序列值是 0 時為「0」，24 時為「1」，24 小時是以 0 到 1 之間的小數來管理。因此，時間的總計每超過 24 就歸零。如果要顯示超過 24 小時的工作時間，顯示格式會變成 [h]:mm。

1 按一下想更改顯示格式的儲存格，利用 p.373 的步驟，開啟 [設定儲存格格式] 對話視窗。

	A	B	C	D	E
1	日期	工作時間		時薪	$1,200
2	4月1日(週四)	08:45		打工費	
3	4月2日(週五)	09:30			
4	4月3日(週六)	07:30			
5	時間總計	01:45			
6					
7					
8					

1

2 按一下 [數值] → [自訂]。
3 在 [類型] 欄輸入 [h]:mm。
4 按下 [確定] 鈕。

5 顯示正確的總計時間

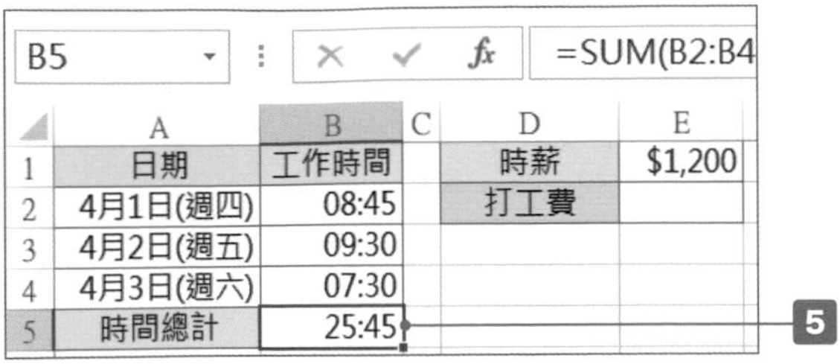

B5 =SUM(B2:B4

	A	B	C	D	E
1	日期	工作時間		時薪	$1,200
2	4月1日(週四)	08:45		打工費	
3	4月2日(週五)	09:30			
4	4月3日(週六)	07:30			
5	時間總計	25:45			

5

正確計算工資

如下圖所示，若想將 B5 儲存格的工作時間總計與 E1 儲存格的時薪相乘，在 E2 儲存格計算打工費時，輸入公式「=B5*E1」，會變成「S1,288」。如果要正確計算工資，必須將總計的工作時間乘上 24，把單位由「時：分」轉換成「時間」。

1 按一下要計算打工費的儲存格（這個範例是指 E2 儲存格）。

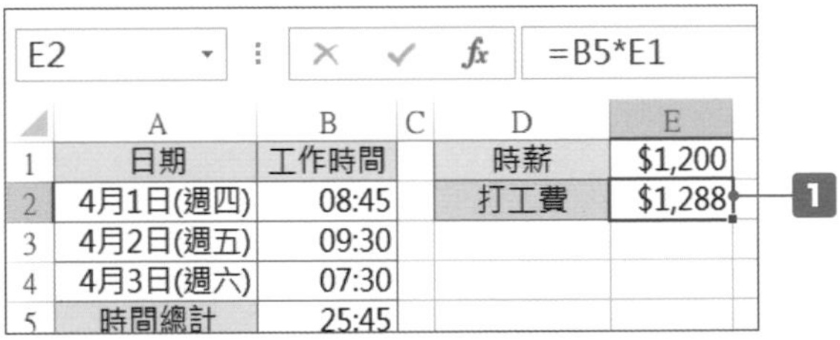

E2 =B5*E1

	A	B	C	D	E
1	日期	工作時間		時薪	$1,200
2	4月1日(週四)	08:45		打工費	$1,288
3	4月2日(週五)	09:30			
4	4月3日(週六)	07:30			
5	時間總計	25:45			

1

2 按一下公式列，修改成「=B5*E1*24」，按下 [Enter] 鍵。

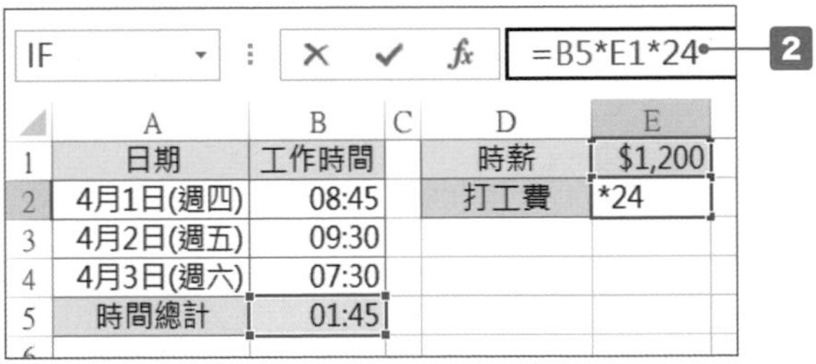

IF =B5*E1*24

	A	B	C	D	E
1	日期	工作時間		時薪	$1,200
2	4月1日(週四)	08:45		打工費	*24
3	4月2日(週五)	09:30			
4	4月3日(週六)	07:30			
5	時間總計	01:45			

2

3 計算出正確的打工費。

E2 =B5*E1*24

	A	B	C	D	E
1	日期	工作時間		時薪	$1,200
2	4月1日(週四)	08:45		打工費	$30,900
3	4月2日(週五)	09:30			
4	4月3日(週六)	07:30			
5	時間總計	25:45			
6					

3

» 設定顯示格式

函數的傳回值可以是序列值或小數。如果很難瞭解原本的值，只要更改顯示格式，就會比較容易辨識、瞭解。顯示格式包括事先準備、已經定義的顯示格式，以及使用格式符號建立的自訂顯示格式。

函數	傳回值			顯示格式	
=WORKDAY（"2021/4/1",3） (計算 2021/4/1 起三個工作天後的日期)	44292	序列值	➡	2021/4/6	已定義的格式：簡短日期
			➡	中華民國 110 年 4 月 6 日(二)	自訂：ggge 年 m 月 d 日(aaa)

如果很難瞭解原本的函數傳回值，只要設定顯示格式，就會比較容易看懂。

設定已經定義的顯示格式

1 按一下想更改顯示格式的儲存格。

2 按一下 [常用] → [數值格式] 的 [▼] → [簡短日期]。

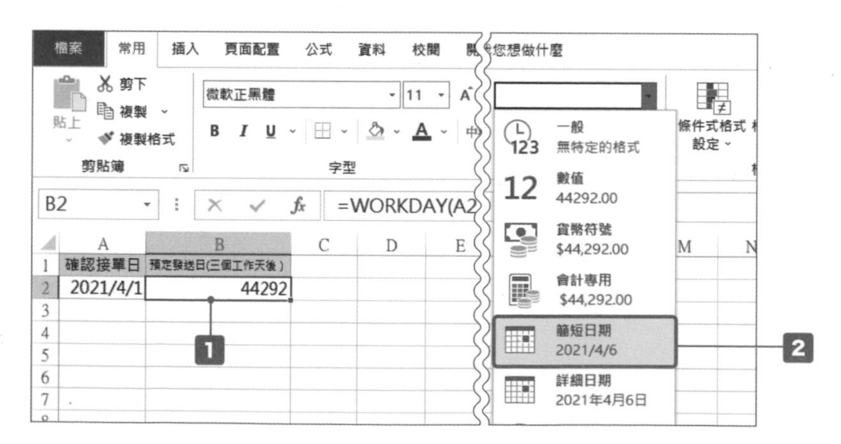

3 設定已經定義的日期顯示格式。

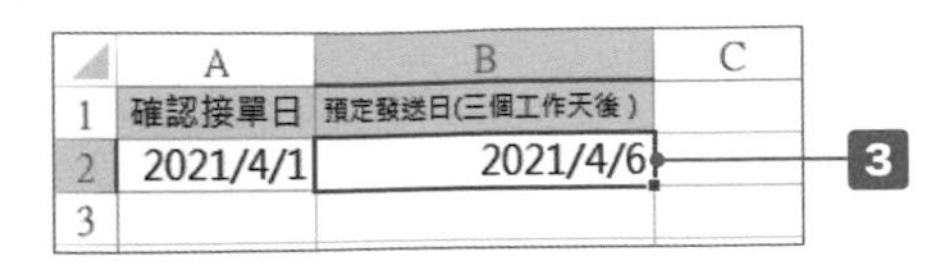

設定自訂顯示格式

1 按一下要設定顯示格式的儲存格。

2 按一下 [常用] → [數值] 群組的 [對話方塊啟動器]。

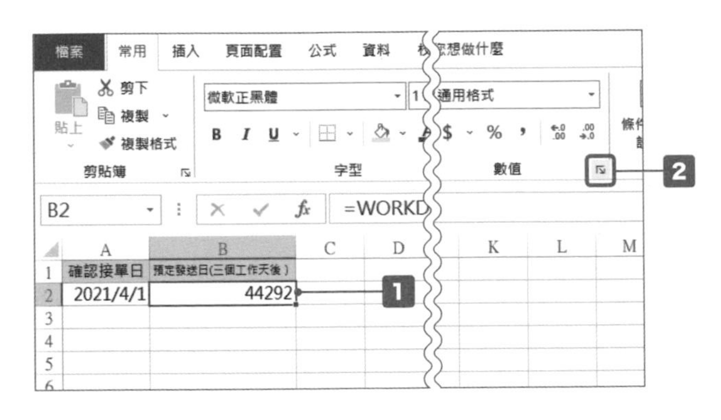

3 在 [設定儲存格格式] 對話視窗的 [數值] 標籤，按一下 [自訂]。

4 在 [類型] 欄設定格式符號(「ggge 年 m 月 d 日」)。

5 按下 [確定] 鈕。

6 按下 [確定] 鈕。

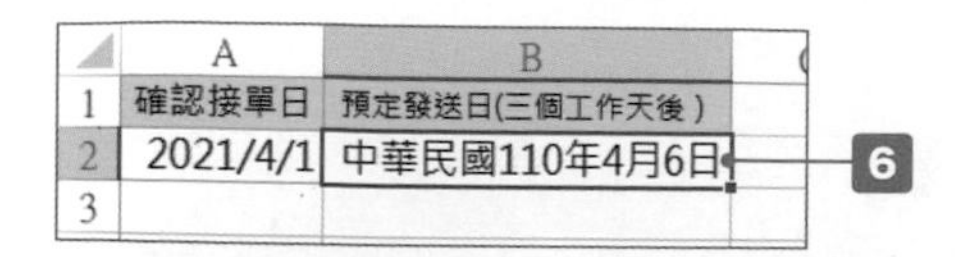

日期和時間的格式符號

格式符號	內容
yy、yyyy	以二位數、四位數顯示西元年份
e、ee	顯示民國年份。ee 為顯示兩位數
gg	顯示民國
ggg	顯示中華民國
m、mm	顯示月份。mm 為顯示兩位數
mmm	以「Jan」、「Feb」的格式顯示月份
mmmm	以「January」、「February」的格式顯示月份
d、dd	顯示日期。dd 為顯示兩位數
ddd	以「Sun」、「Mon」的格式顯示星期
dddd	以「Sunday」、「Monday」的格式顯示星期
aaa	以「日」、「一」的格式顯示星期
aaaa	以「星期日」、「星期一」的格式顯示星期
h、hh	顯示時。hh 為顯示兩位數
m、mm	顯示分。mm 為顯示兩位數
s、ss	顯示秒。ss 為顯示為兩位數
[h]、[m]、[s]	分別顯示時、分、秒
AM/PM、am/pm	使用 12 小時制顯示時間
A/P、a/p	

日期和時間的設定範例（輸入值：2021/4/1 18:05:20）

顯示格式	顯示結果
m/d	4/1
m/d(aaa)	4/1(四)
yyyy/mm/dd	2021/04/01
yyyy 年 mm 月	2021 年 04 月
gee. m .d(ddd)	R03.4.1(Thu)
gggee 年 mm 月 dd 日	中華民國 110 年 04 月 01 日
hh:mm	18:05
h:mm AM/PM	6:05PM
h 時 mm 分 ss 秒	18 時 05 分 20 秒

自訂顯示格式的設定方法

設定自訂顯示格式時，可以如下圖所示，用「;」(分號)隔開，最多能設定四個類別。只設定一個時，所有數值皆套用相同格式。設定兩個時，會變成「正數與 0 的格式；負數的格式」。

格式：	正數	;	負數	;	0	;	字串	;
例：	△0.0	;	▲0.0	;	–	;	@	;
	如果是正數，加 上「△」，顯示到小數點第一位		如果是負數，加 上「▲」，顯示到小數點第一位		如果是 0，顯示為「–」		如果是字串，直接顯示	

數值的主要格式符號

0	代表一位數的數值。假如數值的位數比顯示格式的位數少時，會以 0 補滿至顯示格式的位數
#	代表一位數的數值。會直接顯示數值或顯示格式的位數。在第一位設定「#」時，若值為「0」，就不會顯示任何內容
?	代表一位數的數值。數值的位數比顯示格式的位數少時，會以空格補滿至顯示格式的位數。如果想對齊小數點的位置或分數的位置，可以使用這個符號
.	顯示小數點
,	顯示每三位數的位數分隔。想顯示以千或百萬為單位的數值時，也可以使用
%	顯示百分比
/	顯示為分數
E、e	顯示為指數

設定範例

顯示格式	輸入值	顯示格式
0000	1	0001
	10	0010
#,##0	0	0
	1500	1,500
#,###	0	
	1500	1,500

顯示格式	輸入值	顯示格式
0.0	1.26	1.3
	10	10.0
??.??	123.4	123.4
	12.345	12.35
# ?/?	1.5	1 1/2

» 3D 加總

3D 加總是指把其他工作表中相同儲存格位址的資料加總。假設要在「新宿」、「澀谷」、「池袋」工作表，建立相同格式的資料表，並在「所有門市」工作表進行加總，可以執行以下操作。

❶ 按一下加總用的資料表儲存格，輸入「=SUM(」。
❷ 按一下要加總的第一個工作表標題。

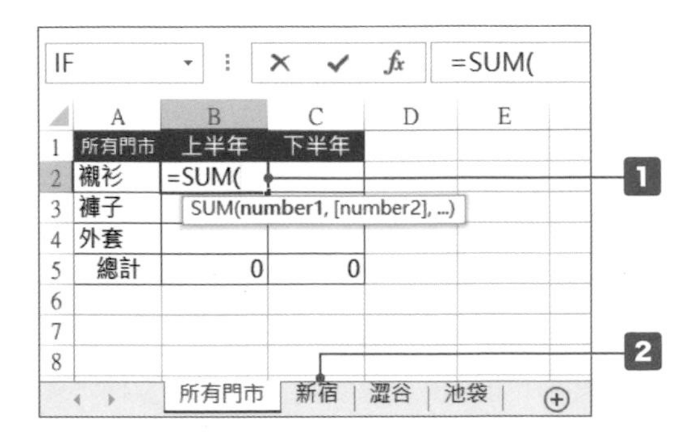

❸ 按一下要計算加總的起點儲存格。
❹ 按住 [Shift] 鍵不放並按一下最後一個要加總的工作表標題。
❺ 按下 [Enter] 鍵。

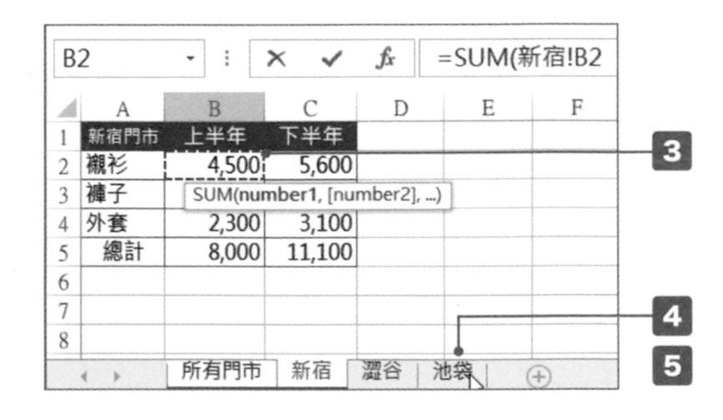

❻ 確認公式列設定了 SUM 函數「=SUM(新宿 : 池袋 !B2)」。

❼ 把在 B2 儲存格輸入的函數拷貝至 C4 儲存格。

》錯誤處理

有時輸入公式的儲存格右上角會顯示綠色標誌，這是一種錯誤指標，代表發生錯誤或可能有錯誤。選取儲存格時，出現◈(錯誤檢查選項)，當游標移入時，會顯示錯誤內容或選單，請設定適當的處理方式。以下也將一併說明錯誤的種類及內容。

沒有問題的錯誤

❶ 按一下顯示了錯誤指標的儲存格，將游標移動到錯誤檢查選項，確認訊息。

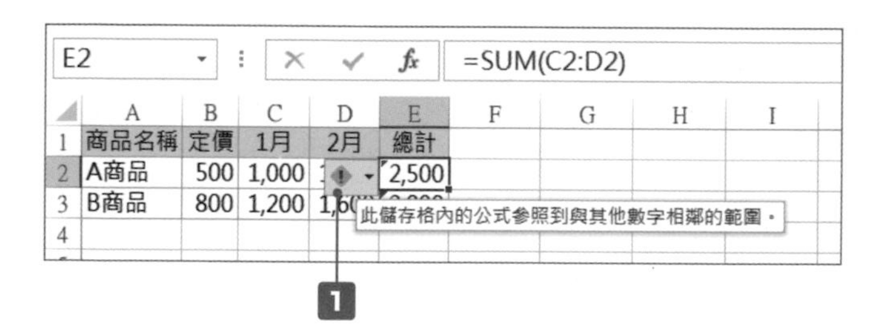

2 按一下錯誤檢查選項，再按一下 [略過錯誤]，就會隱藏錯誤指標。

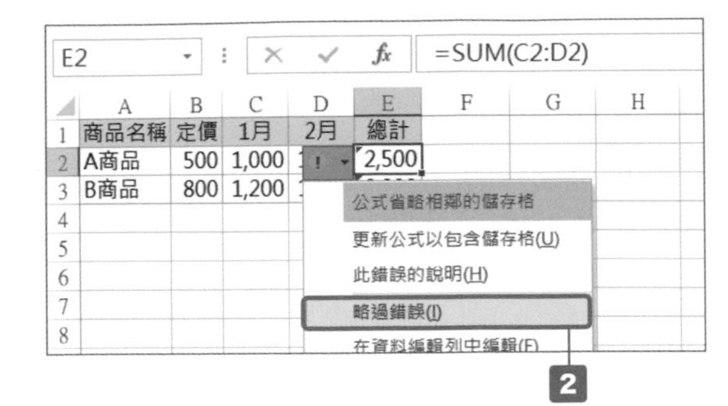

這裡發生了參照錯誤，因此只要修改成應該參照的儲存格即可。

顯示在畫面上的錯誤指標不會被列印出來。

必須處理的錯誤

1 按一下顯示了錯誤值的儲存格，將游標移動到 [錯誤檢查選項]，確認錯誤內容。

A4 =VLOOKUP(#REF!,商品2,2,FALSE)

	A	B	C	D	E
1	搜尋商品		NO	商品名稱	定價
2	1001		1001	A商品	500
3	商品名稱		1002	B商品	800
4	#REF!		1003	C商品	1,000

移動或刪除儲存格會造成無效的儲存格參照，或是由函數傳回參照錯誤。

2 修改公式。

A4 =VLOOKUP(A2,商品,2,FALSE)

	A	B	C	D	E
1	搜尋商品		NO	商品名稱	定價
2	1001		1001	A商品	500
3	商品名稱		1002	B商品	800
4	A商品		1003	C商品	1,000
5			1004	D商品	1,200

主要的錯誤值種類

公式不正確時，會在儲存格顯示含有「#」的錯誤值。主要的錯誤值如下表所示，請確認錯誤值的種類及內容。

錯誤值	內容
#######	數值或日期無法放入儲存格的寬度內，或日期、時間變成負值
#NULL!	設定儲存格範圍時，沒有正確使用範圍運算子「:」或「,」
#DIV/0!	除以 0 或空白
#VALUE!	函數設定的引數不適當，或參照的儲存格有問題
#REF!	公式參照了無效的儲存格，例如公式參照的儲存格被刪除等
#NAME?	使用了無法辨識的字串，例如函數名稱或範圍名稱錯誤，儲存格範圍少了「:」(冒號)等
#NUM!	公式或函數包含了無效數值時
#N/A	在 VLOOKUP 函數等找不到參照值，或沒有輸入計算要用到的值
#SPILL!	陣列公式的輸出儲存格非空白，或儲存格被合併時，無法執行溢出功能
#BLOCKED!	無法連結來源，例如不允許存取等
#UNKNOWN!	使用中的 Excel 不支援、資料類型不明等
#FIELD!	參照的欄位不存在等
#CALC!	在陣列內設定了儲存格參照。在陣列公式傳回空的陣列時等

實用技巧

本章將介紹函數的運算方法、驗證方法等使用函數時的實用技巧，以及必須先瞭解的知識。此外，還會介紹幾個即使沒有設定函數，也能自動加總、可以結合或分割文字的功能。同時也一併整理了很方便的快速鍵及相容性函數。

» 條件式格式設定

設定 [條件式格式]，可以根據數值大小更改填色的顏色或文字的顏色等格式。選取想要設定格式的儲存格，在 [常用] → [條件式格式設定] 選取想設定的條件或格式。在 [新增規則] 對話視窗內也可以利用條件設定函數等公式。

在週六、日的儲存格上色

以下將使用傳回星期編號的 WEEKDAY 函數，在日期為週六、日的儲存格，設定加上顏色的條件式格式。

1 選取日期的儲存格範圍(這個範例是 A2:A6)。
2 按一下 [常用] → [條件式格式設定] → [新增規則]。

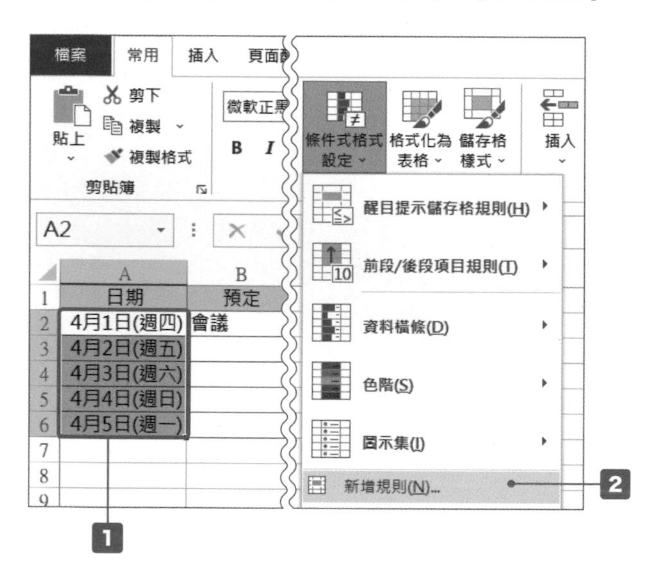

3 在 [新增格式化規則] 對話視窗中，按一下 [使用公式來決定要格式化哪些儲存格]。
4 輸入「=WEEKDAY(A2,2)>=6」。
5 按下 [格式] 鈕，在顯示的對話視窗中設定格式(這個範例設定成填滿淺藍色)。

6 按下 [確定] 鈕。

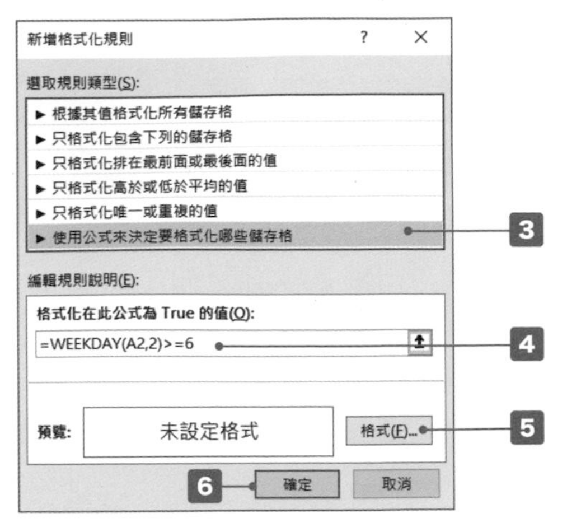

WEEKDAY 函數的第二引數變成 2 時，會由星期一開始，依序傳回 1、2、…7 的星期編號。在第一引數設定第一個要選取的儲存格，條件是 A2 儲存格的星期編號為 6 以上(六或日)。這裡是以相對參照執行設定，所以設定之後，會參照 A3~A6 儲存格。

Hint 如果要解除條件式格式設定，選取設定了條件式格式的儲存格範圍，按一下 [常用] → [條件式格式設定] → [清除規則] → [清除選取儲存格的規則]。

7 在日期為六日的儲存格顯示顏色。

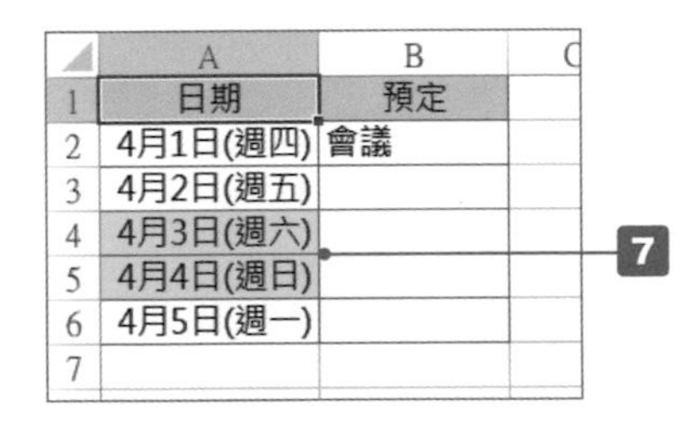

Hint 如果要在資料表的六、日整列加上顏色，在步驟 **1** 選取整個資料表(A2:B6)，並在步驟 **4** 設定「=WEEKDAY($A2,2)>=6」。

COLUMN

條件式格式的種類

條件式格式有以下這些種類。請瞭解各個種類的特色並加以運用。

醒目提示儲存格規則	前段 / 後段項目規則
在與條件一致的儲存格加上顏色	在前段或後段儲存格加上顏色
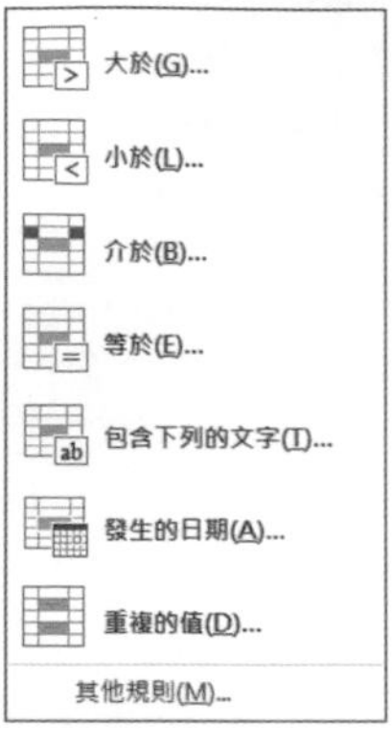 大於(G)... 小於(L)... 介於(B)... 等於(E)... 包含下列的文字(T)... 發生的日期(A)... 重複的值(D)... 其他規則(M)...	前 10 個項目(T)... 前 10%(P)... 最後 10 個項目(B)... 最後 10%(O)... 高於平均(A)... 低於平均(V)... 其他規則(M)...

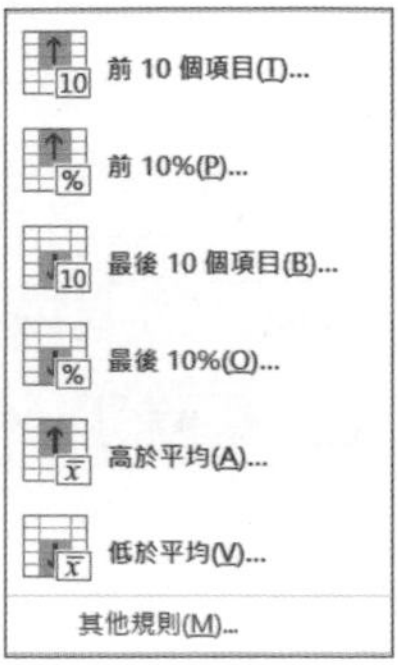

資料橫條	圖示集
以顏色橫條顯示數值大小	以圖示顯示數值大小
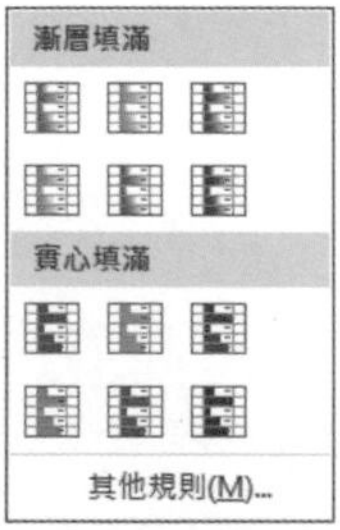 漸層填滿 實心填滿 其他規則(M)...	方向性 圖形 指標 評等 其他規則(M)...
色階	
以顏色變化顯示數值大小	
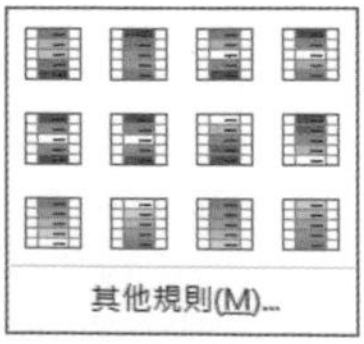 其他規則(M)...	

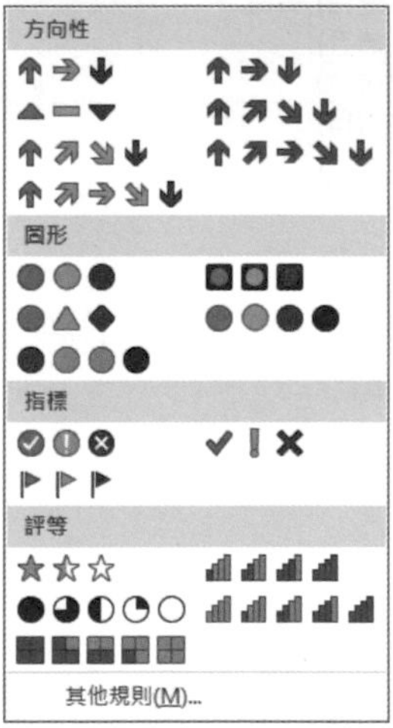

資料驗證

使用 [資料驗證]，可以設定儲存格內輸入的資料種類或範圍。例如以選取 1 ～ 5 的整數或選項的方式輸入，這樣能避免輸入錯誤。另外，利用公式或函數也可以設定條件。例如，使用 WORKDAY 函數設定下單後的三個工作天內，或使用 COUNTIF 函數設定不輸入重複的資料。

設定 [資料驗證]

1 選取要設定資料驗證的儲存格

2 按一下 [資料] → [資料驗證]。

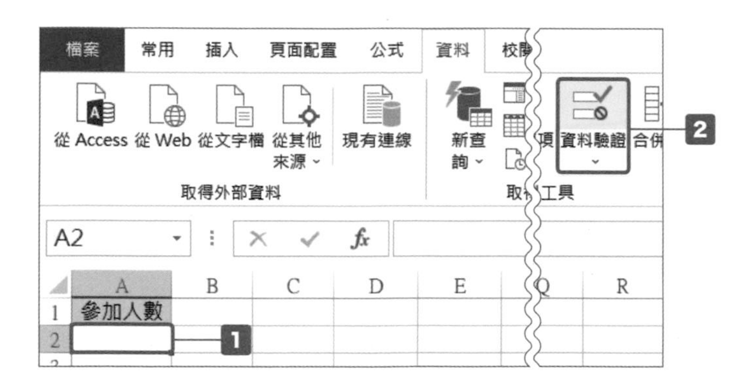

3 開啟 [資料驗證] 對話視窗。

4 在 [設定] 標籤的 [儲存格內允許] 選取種類(請參考 p.386 的表格)。

5 在 [資料] 設定條件的項目。

6 設定條件的範圍。

7 按下 [確定] 鈕。

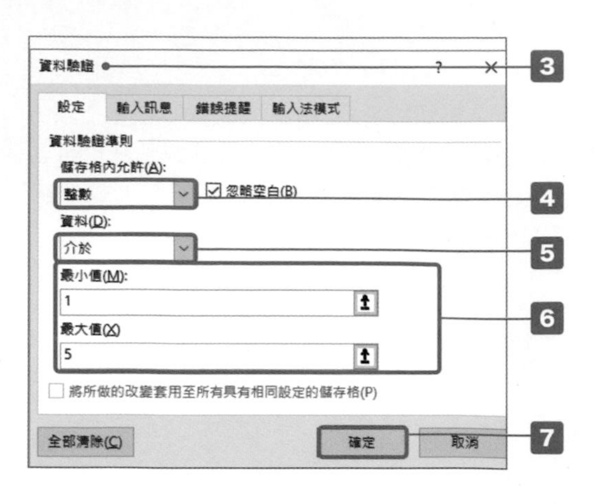

8 當你輸入了違反資料驗證規則的資料時，會顯示錯誤訊息。

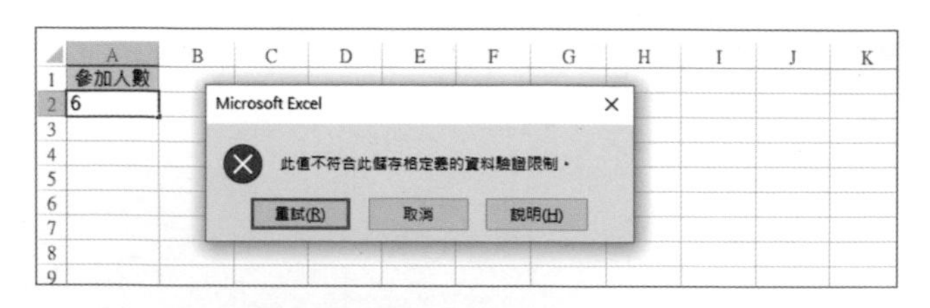

儲存格內允許

儲存格內允許	內容
任意值	沒有限制
整數	指定範圍的整數
實數	指定範圍的實數
清單	指定的選項
日期	指定範圍的日期
時間	指定範圍的時間
文字長度	指定長度的字串
自訂	與指定公式一致的值

使用 WORKDAY 函數，限制輸入值為下單後的三個工作天內

1 選取要設定資料驗證的儲存格，開啟 [資料驗證] 對話視窗。

2 在 [儲存格內允許] 設定 [日期]。

3 在 [資料] 選取 [小於或等於]。

4 在 [結束日期] 輸入「=WORKDAY(A2,3)」。

5 按下 [確定] 鈕。

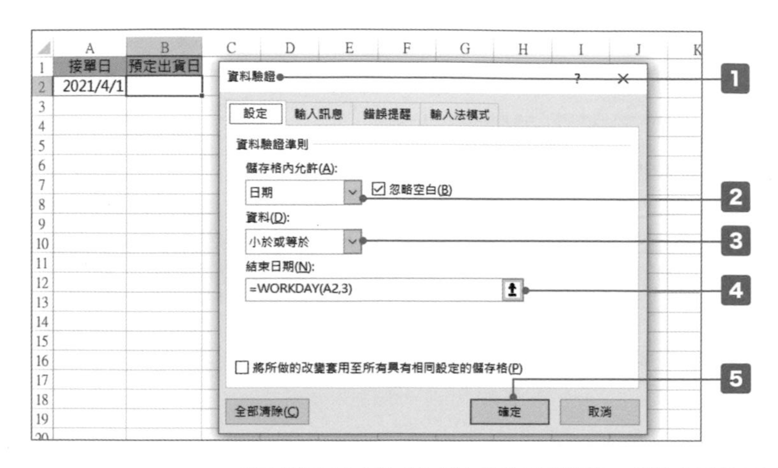

這個意思是「從 A2 儲存格的日期開始，排除六日的三天後」。

使用 COUNTIF 函數，限制輸入重複的電子郵件

1 選取要設定資料驗證的儲存格範圍，開啟 [資料驗證] 對話視窗。

2 在 [儲存格內允許] 選取 [自訂]。

3 在 [公式] 輸入「=COUNTIF(B:B,B2)=1」。

4 按下 [確定] 鈕。

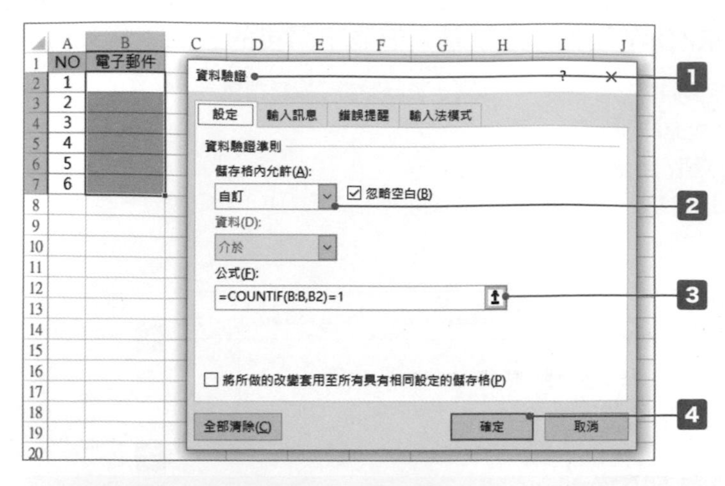

這個意思是「在 B 欄內與 B2 儲存格同值的儲存格只有一個」。雖然現在參照了選取中的 B2 儲存格，但是設定之後，會自動分別參照 B3、B4 儲存格的位址。

Hint 如果要取消已經設定的資料驗證，請選取設定了資料驗證的儲存格，開啟 [資料驗證] 對話視窗，按下 [設定] 標籤的 [全部清除] 鈕。

» 資料庫

資料庫是指根據特定主題收集的資料。Excel 可以把根據一定規則建立的資料表當作資料庫，執行排序、篩選等各種資料庫功能。此外，函數也提供了許多以資料庫為基礎的部分。以下將介紹資料庫的概要。

當作資料庫的資料表

- 資料表的第一列為欄標題。
- 在欄標題設定與第二列以後（記錄列）不同的格式。
- 在每一欄輸入相同種類的資料。
- 在第二列之後輸入資料，以一列一筆資料（紀錄）準備各欄。
- Excel 會自動偵測資料庫的資料表範圍，所以與資料表相鄰的儲存格先維持空白。

資料庫的結構

	A	B	C	D	E
1	物件NO	物件名稱	最近的車站	徒步	房租
2	1001	SP公寓	新宿三丁目	5	$180,000
3	1002	HD住宅	初台	10	$150,000
4	1003	GRANDE新宿	新宿	9	$120,000
5	1004	SKZ公寓	下北澤	8	$100,000
6	1005	新宿Grade Heights	西新宿	15	$95,000
7	1006	YYG公寓	新宿	12	$90,000
8					

欄位名稱：欄標題

記錄：一筆資料

欄位：同種類的資料集合

Excel 的主要資料庫功能

功能	內容
排序	依照數值大小排序，或依照 ABC 排序
篩選	篩選與條件一致的資料
統計	每次切換資料時，插入合計列，執行金額加總的統計
表格	可以有效率地將資料輸入資料庫，快速進行表格的格式設定、排序、篩選
樞紐分析表	可以建立任意在欄位配置列、欄的統計表

Hint 使用資料庫功能時，請先在資料庫內按一下，移動到選取中的儲存格。包含選取儲存格在內的整個表格會自動辨識成資料庫範圍。如果沒有正確辨識時，請選取資料庫範圍之後，再執行資料庫功能。

» 表格

以資料庫格式建立的資料表可以轉換成表格。轉換成表格後，會在表格最下一列自動新增輸入列，並沿用表格的樣式、在儲存格設定的格式、公式，所以能快速完成輸入。此外，還能立即使用排序或篩選等資料庫的功能。

把資料表轉換成表格

❶ 在資料表內按一下，移動到要選取的儲存格。

❷ 按一下 [插入] → [表格]。

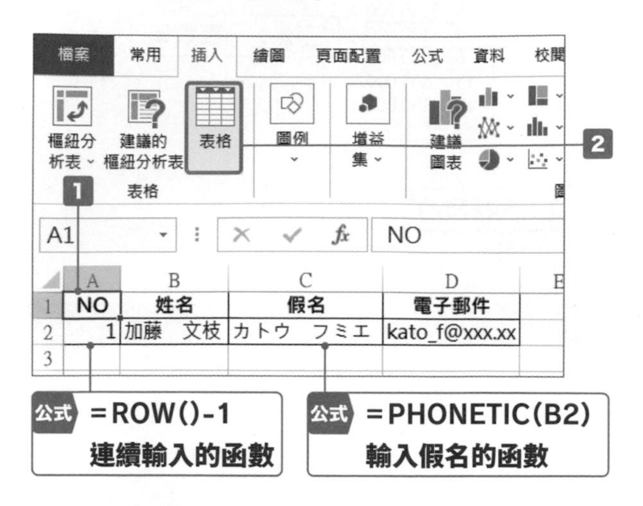

❸ 在 [建立表格] 對話視窗確認已經選取了整個資料表。

❹ 按下 [確定] 鈕，轉換成表格。

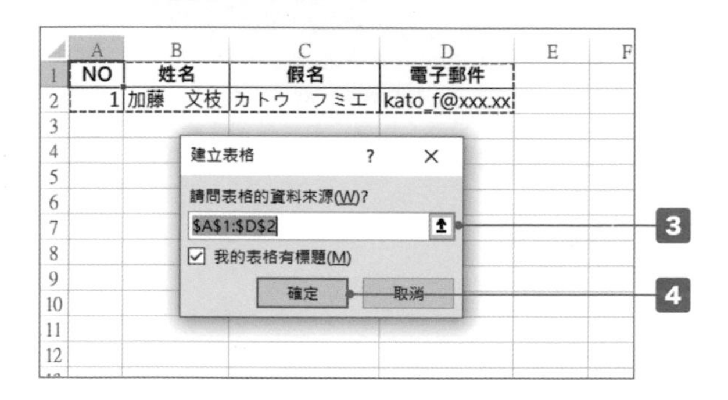

❺ 在記錄列的最後一列按下 [Tab] 鍵，會自動新增輸入列，延續儲存格內設定的函數，自動顯示 NO 及假名。

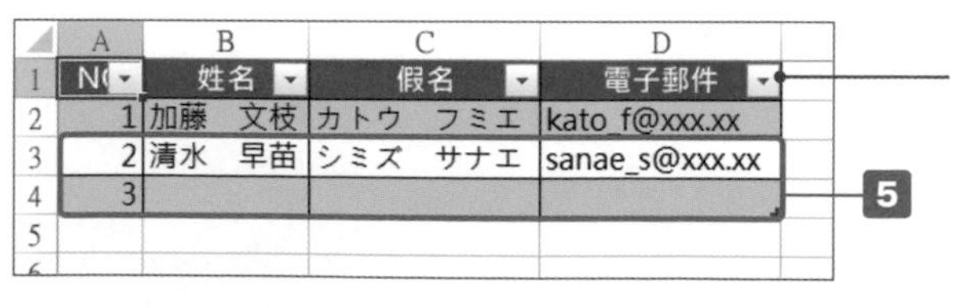

資料表轉換成表格，在欄標題顯示篩選按鈕，同時在整個表格套用了樣式。

Hint

- 按一下顯示在表格第一列的 [▼](篩選按鈕),使用選單執行排序或篩選。
- 如果想解除表格,恢復成原本的資料表時,可以按一下 [表格工具] → [表格設計] → [轉換為範圍]。已經設定的框線或填滿等格式會保留下來。

» 結構化參照

資料表轉換成表格後,儲存格、列、欄等參照方法會轉換成 [結構化參照]。在資料表內輸入公式,再按一下參照的儲存格,會輸入稱作指定元的符號,代表按一下滑鼠的位置。

以下將以在 [含稅價格] 欄輸入公式「單價 ×1.1」為例來說明。

1 按一下 [含稅價格] 欄內的第一列,輸入「=」,再按一下單價 C2 儲存格,就會輸入「[@ 單價]」。接著輸入「*1.1」,變成「=[@ 單價]*1.1」,再按下 [Enter] 鍵。

IF | =[@單價]*1.1

	A	B	C	D	E	F
1	商品N	商品名稱	單價	含稅價		
2	1001	襯衫(白)	1,500	=[@單價]*1.1		
3	1002	襯衫(粉紅)	1,500			
4	1003	褲子	4,800			
5	1004	外套	6,500			
6						

1

2 整欄自動輸入「=[@ 單價]*1.1」,顯示各列的含稅價格。之後在新一列輸入資料時,會自動顯示含稅價格。

D3 | =[@單價]*1.1

	A	B	C	D	E
1	商品N	商品名稱	單價	含稅價	
2	1001	襯衫(白)	1,500	1650	
3	1002	襯衫(粉紅)	1,500	1650	
4	1003	褲子	4,800	5280	
5	1004	外套	6,500	7150	
6					

結構化參照的指定元

指定元	內容
[#All]	整個表格
[#Headers]	欄標題列
[#Data]	資料列
[#Totals]	合計列
[@]	輸入公式同一列的儲存格
[標題名稱]	對應欄名的資料部分
[@ 標題名稱]	[@] 與 [標題名稱] 交叉的儲存格

» 大綱

大綱是指在工作表加上收合機制，收合或展開列或欄，切換顯示狀態的功能。使用 [自動建立大綱]，就能根據 SUM 函數等儲存格範圍自動建立大綱，可以只保留加總欄或列，隱藏明細部分。

1 按一下資料表，按一下 [資料] → [組成群組] 的 [▼] → [自動建立大綱]。

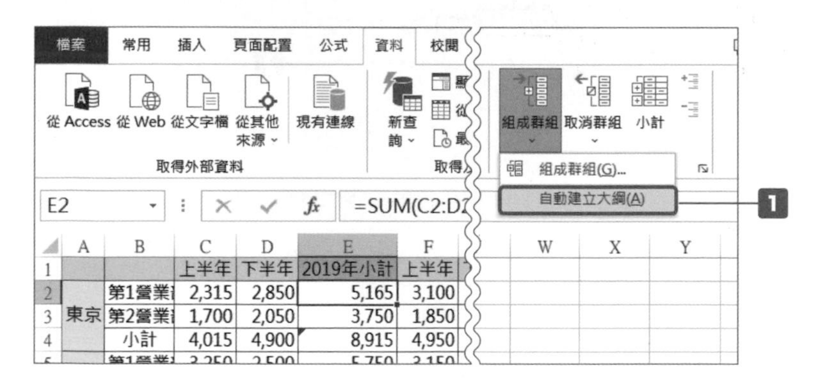

2 根據表內 SUM 函數參照的儲存格範圍，自動建立大綱。
3 按下欄按鈕的 [2]，只顯示 2019 年與 2020 年的加總。
4 按下列按鈕的 [1]，只顯示地區的加總。

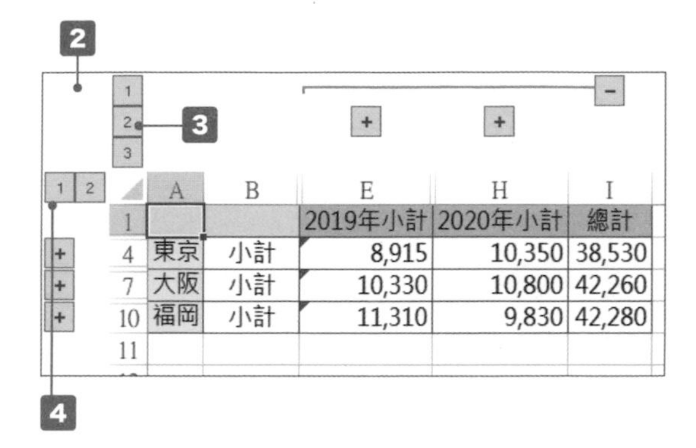

按下數字最大的按鈕，會顯示全部資料。按下 [+] 可以展開資料，按下 [−] 能收合資料。

» 小計

使用 [小計] 功能，每次切換表內的欄位值時，會自動插入列，可以顯示指定欄位的小計值。執行這項功能之前，必須先用商品名稱排序，整理相同資料。

1 按一下想執行小計的欄(這個範例是指 [商品名稱] 欄)。
2 按一下 [資料] → [從 A 到 Z] 或 [從 Z 到 A]。

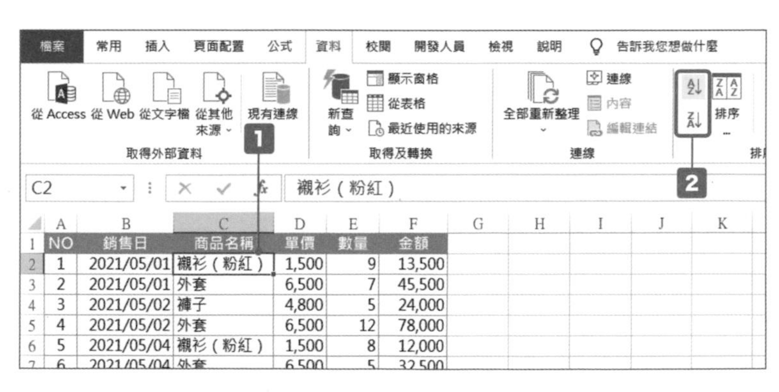

3 以商品名稱排序。

4 按一下 [資料] → [小計]，開啟 [小計] 對話視窗。

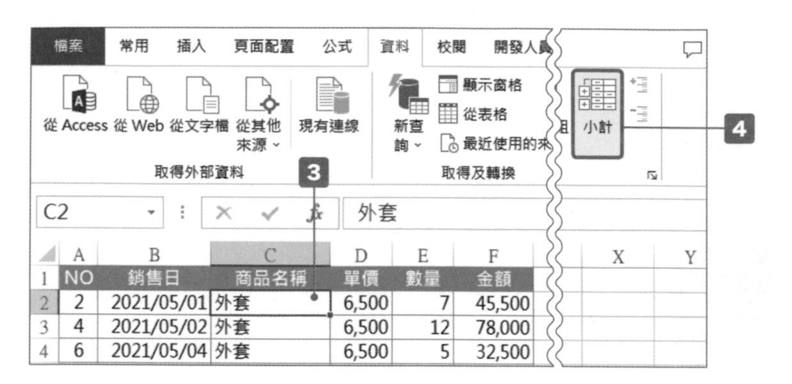

5 選取成為小計對象的欄位名稱。

6 選取小計方法。

7 勾選要新增小計的欄。

8 按下 [確定] 鈕。

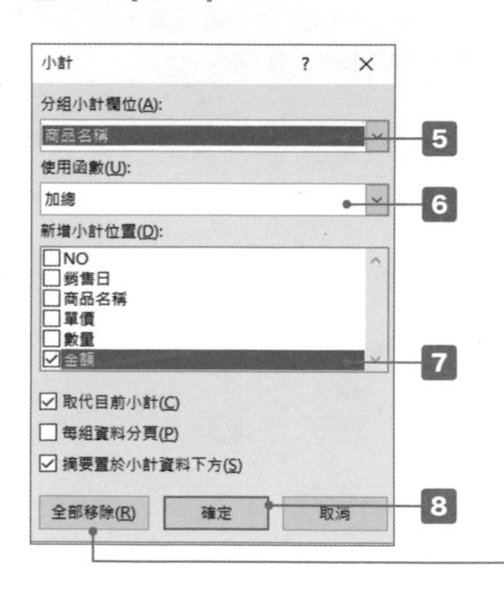

按下 [全部移除] 鈕，會刪除合計列，恢復成原本的資料表。

9 每次切換商品時，會插入列，以設定的小計方法顯示小計結果。

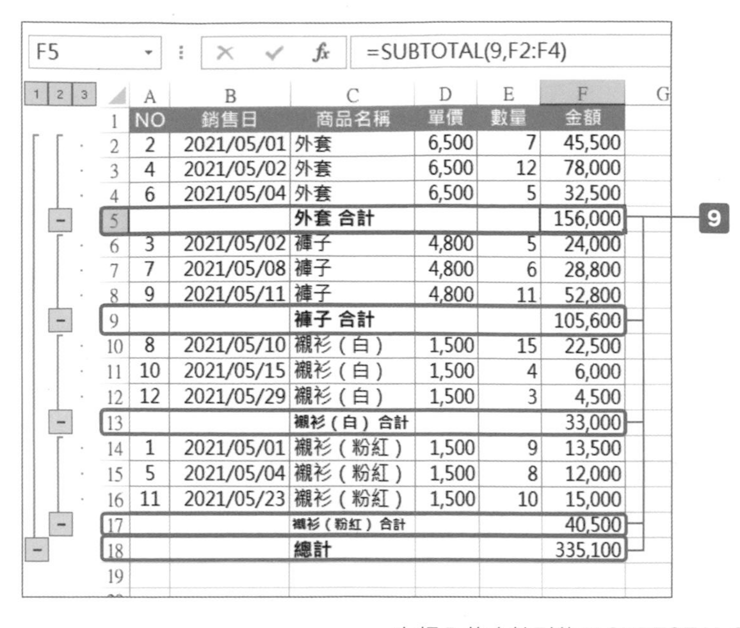

F5 =SUBTOTAL(9,F2:F4)

	A	B	C	D	E	F
1	NO	銷售日	商品名稱	單價	數量	金額
2	2	2021/05/01	外套	6,500	7	45,500
3	4	2021/05/02	外套	6,500	12	78,000
4	6	2021/05/04	外套	6,500	5	32,500
5			外套 合計			156,000
6	3	2021/05/02	褲子	4,800	5	24,000
7	7	2021/05/08	褲子	4,800	6	28,800
8	9	2021/05/11	褲子	4,800	11	52,800
9			褲子 合計			105,600
10	8	2021/05/10	襯衫(白)	1,500	15	22,500
11	10	2021/05/15	襯衫(白)	1,500	4	6,000
12	12	2021/05/29	襯衫(白)	1,500	3	4,500
13			襯衫(白)合計			33,000
14	1	2021/05/01	襯衫(粉紅)	1,500	9	13,500
15	5	2021/05/04	襯衫(粉紅)	1,500	8	12,000
16	11	2021/05/23	襯衫(粉紅)	1,500	10	15,000
17			襯衫(粉紅)合計			40,500
18			總計			335,100
19						

在插入的合計列使用 SUBTOTAL 函數計算小計。

» 合併彙算

合併彙算是把項目排列不同，或有部分項目不一樣的資料表整合在一起的功能。統計時，要設定包含資料表的頂端列或最左欄的項目名稱與統計值的範圍。合併彙算是以項目名稱為基準來進行統計。統計結果可以是數值，也可以設定為與原始資料的連結。

1 按一下要建立合併彙算的資料表左上方儲存格。

2 按一下 [資料] → [合併彙算]。

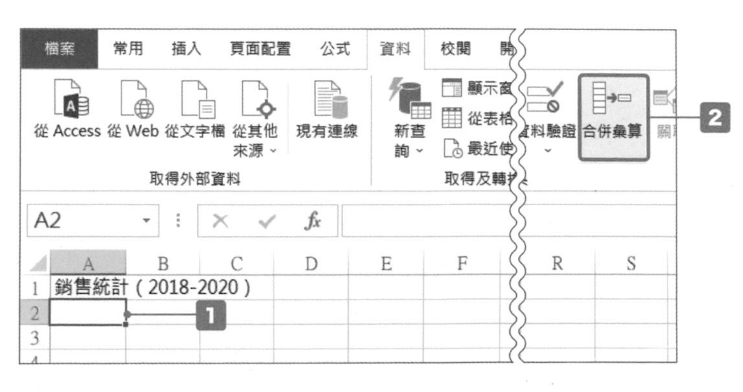

❸ 在 [合併彙算] 對話視窗確認 [函數] 為 [加總]。

❹ 按一下 [參照位址] 欄，選取要合併彙算的資料表項目名稱與值的儲存格範圍。

❺ 按下 [新增] 鈕。

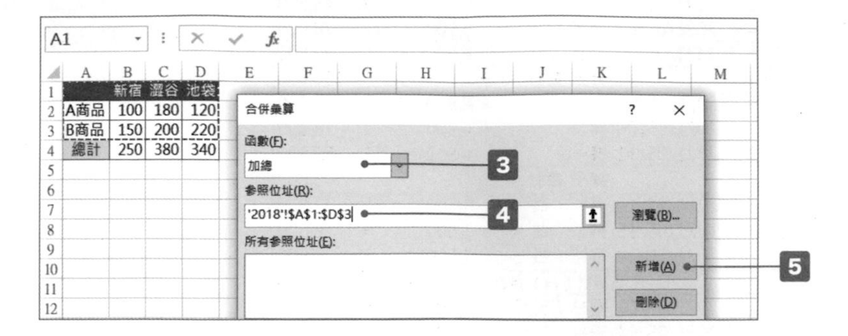

❻ 同樣新增在其他工作表的項目名稱與值的儲存格範圍。

❼ 勾選 [頂端列]、[最左欄]、[建立來源資料的連結]。

❽ 按下 [確定] 鈕。

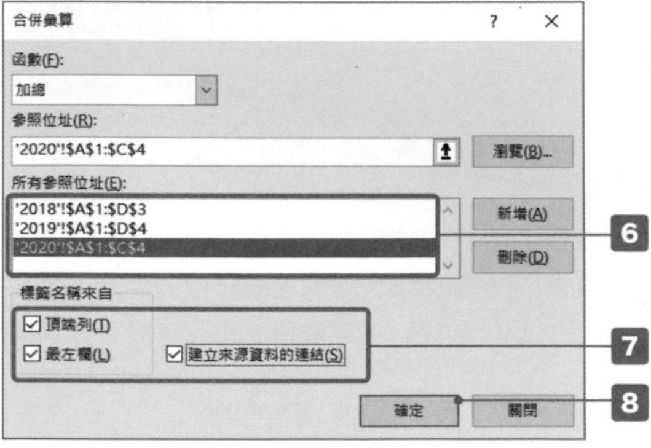

取消勾選「建立來源資料的連結」，只會顯示統計結果。

❾ 以連結來源資料的狀態合併。

❿ 自動設定大綱。

11 按一下大綱的 [1]，展開資料。

12 可以確認參照來源資料的各個儲存格公式。

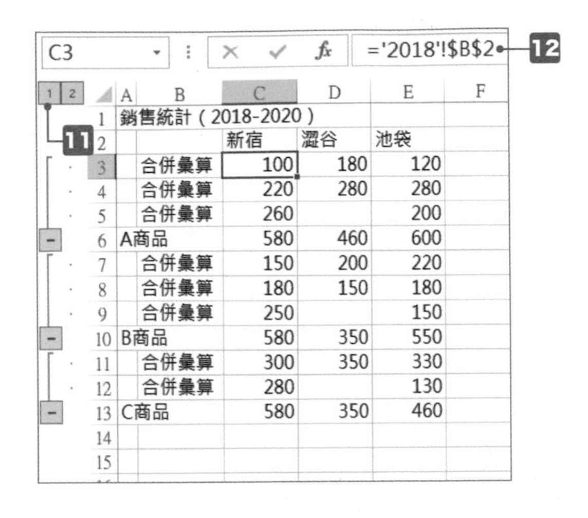

》快速填入

快速填入是分析已經輸入的資料類型，自動在剩餘的儲存格輸入資料的功能。例如，可以從姓名單獨取出姓氏部分，或把縣市與地址合併。不使用公式、函數，就能合併或分割同一列的儲存格值。

合併儲存格的值

1 在第一個儲存格（這個範例是指 D2 儲存格）輸入「都道府縣」＋「地址 1」。

2 按一下 [資料] → [快速填入]。

3 按照相同規則，自動在剩餘的儲存格輸入資料。

	A	B	C	D	E
1	顧客編號	都道府縣	地址1	地址	
2	1001	千葉縣	市川市xxx	千葉縣市川市xxx	
3	1002	東京都	世田谷区xxx	東京都世田谷区xxx	
4	1003	神奈川縣	橫濱市xxxx	神奈川縣橫濱市xxxx	
5					
6					

分割儲存格的值

1 在第一個儲存格（這個範例是指 C2 儲存格）輸入「姓」，按一下 [資料] → [快速填入]。

2 按照相同規則，自動在剩餘的儲存格輸入資料。

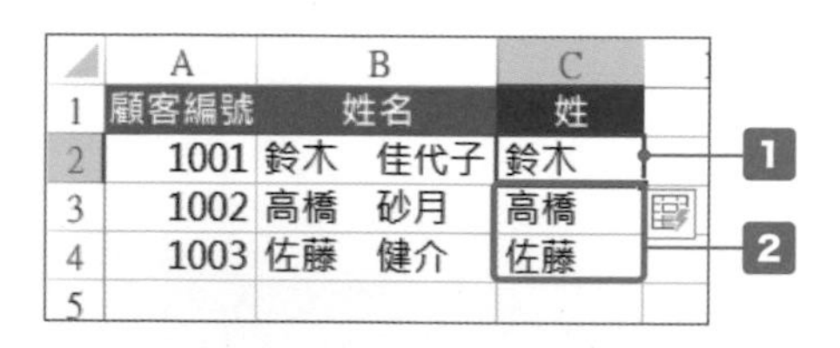

	A	B	C
1	顧客編號	姓名	姓
2	1001	鈴木　佳代子	鈴木
3	1002	高橋　砂月	高橋
4	1003	佐藤　健介	佐藤
5			

» 模擬分析

模擬分析是當改變了儲存格的值時，調查對工作表內輸入的公式結果有何影響的功能，包括目標搜尋、分析藍本管理員、運算列表等三種。以下將簡單介紹分析藍本管理員及運算列表。

目標搜尋

目標搜尋功能是反算公式參照的儲存格數值，讓公式結果變成目標值。假設車貸 150 萬元，年利率 2.5%，分 36 個月償還時，使用 PMT 函數（p.280），計算月支付額為「$-43.292」，如以下步驟所示。利用目標搜尋功能，可以計算 PMT 函數的結果變成「$-35,000」時，還款月數是幾個月。

1 按一下 [資料] → [模擬分析] → [目標搜尋]。

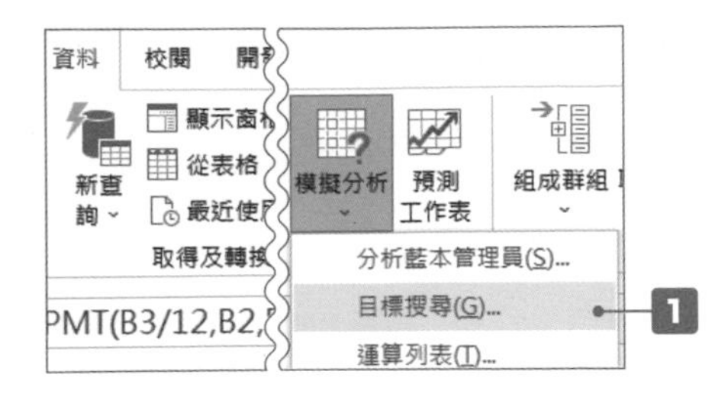

2 在 [目標搜尋] 對話視窗的 [目標儲存格]，按一下要計算目標值的算式儲存格「B4」。

3 在 [目標值] 輸入成為目標的數值「-35000」。

4 在 [變數儲存格] 按一下想反算數值的 B2 儲存格。

5 按一下 [確定] 鈕。

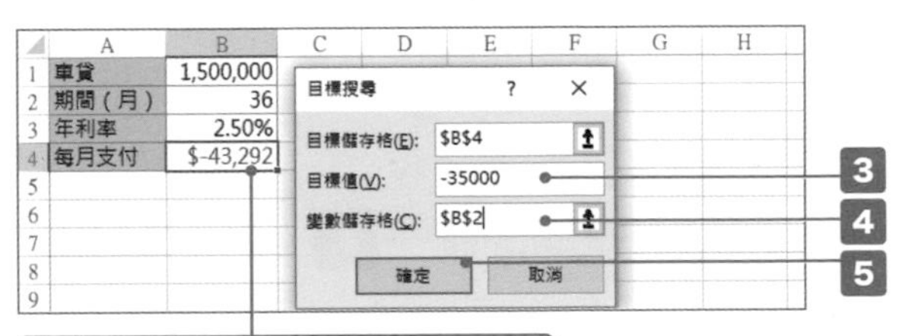

式 =PMT(B3/12,B2,B1)

6 B4 儲存格成為目標值，反算之後，在 B2 儲存格顯示最佳數值。由此可知，還款時間只要 45 個月。

7 按一下 [確定] 鈕。

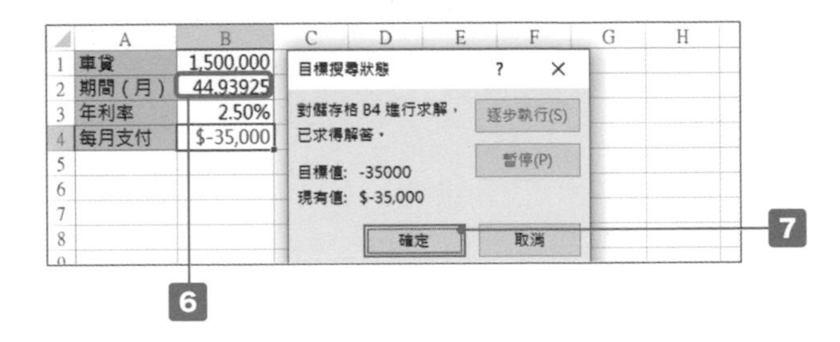

Hint 分析藍本管理員的功能是儲存模擬用的值組合，可以在資料表內切換顯示。假設車貸 150 萬元、年利率 2.5%，將還款期間 48 個月、36 個月、24 個月的值類型儲存成藍本，就可以切換類型，顯示在該資料表的儲存格內。

運算列表

運算列表是更改了公式中使用的儲存格值時，建立計算結果清單的功能。例如使用 PMT 函數計算貸款時，借款 200 萬元，還款期限為五年時的年利率為 2.0% 左右，可以建立改變某些項目後，計算每月還款金額的試算表。

以下把年利率當作變化值，先輸入變化值清單。

1. 在變化值清單的右上儲存格(E2)輸入試算用的公式，選取包含變化值的欄與公式的儲存格範圍(D2:E7)。
2. 按一下 [資料] → [模擬分析] → [運算列表]。

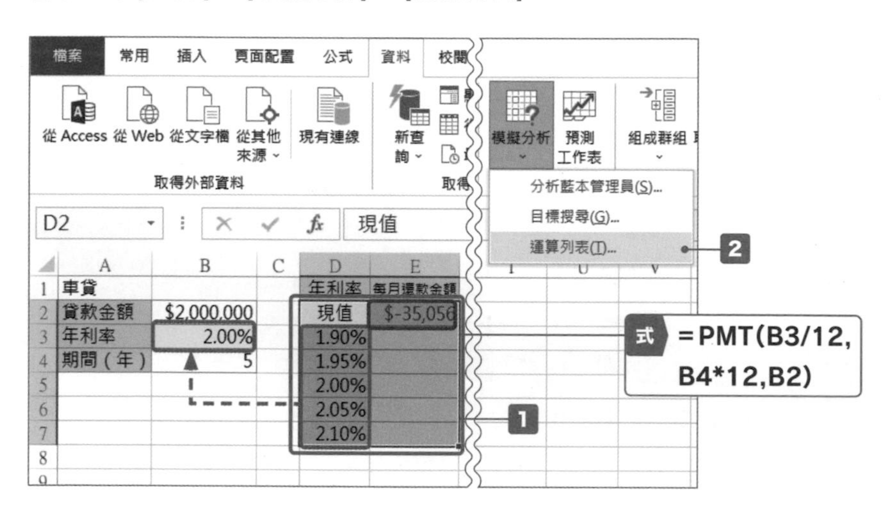

3. 在 [運算列表] 對話視窗的 [欄變數儲存格]，按一下要代入變化值的儲存格(B3)。
4. 按下 [確定] 鈕。

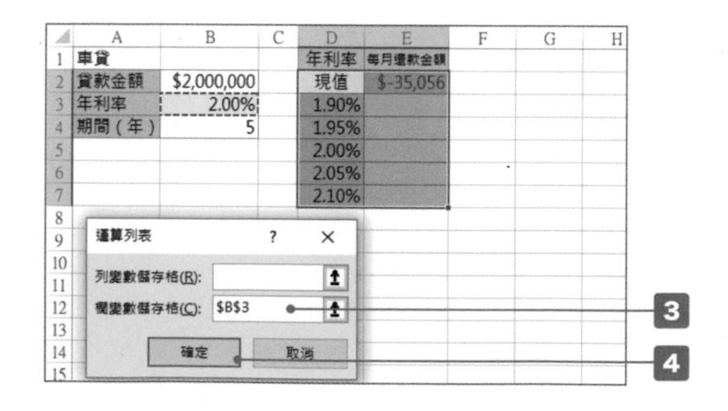

5 顯示對應各個變化值的計算結果。

	A	B	C	D	E
1	車貸			年利率	每月還款金額
2	貸款金額	$2,000,000		現值	$-35,056
3	年利率	2.00%		1.90%	$-34,968
4	期間（年）	5		1.95%	$-35,012
5				2.00%	$-35,056
6				2.05%	$-35,099
7				2.10%	$-35,143
8					

» 循環參照

公式本身參照了輸入公式的儲存格，這種狀態稱作「循環參照」。形成循環參照時，會顯示訊息，請修改公式的儲存格參照。以下將會一併說明如何找出發生循環參照的儲存格。

修正循環參照

以下將故意發生循環參照，藉此確認該如何操作。

1 在 D2 儲存格輸入「=SUM(B2:D2)」，包含 D2 本身，然後按下 [Enter] 鍵。

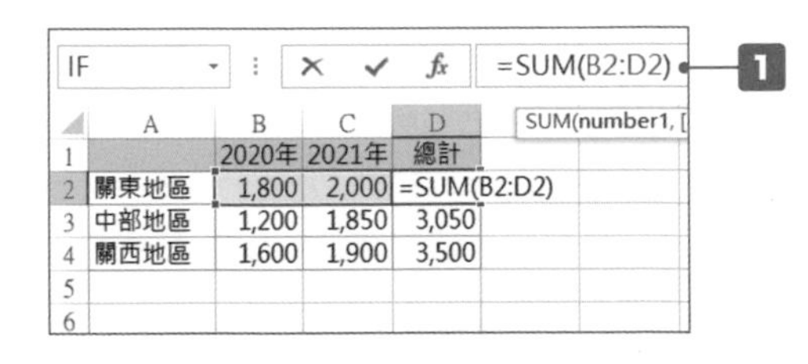

2 顯示發生了循環參照的訊息，按下 [確定] 鈕。

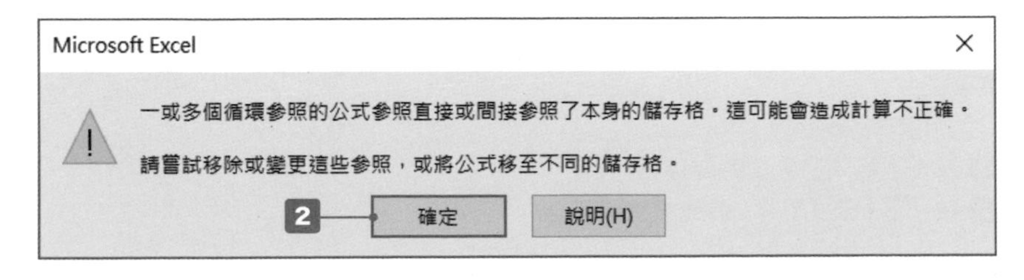

❸ 按一下形成循環參照的儲存格，修改公式。

IF | =SUM(B2:D2) ← ❸

	A	B	C	D	E	F
1		2020年	2021年	總計		
2	關東地區	1,800	2,000	2:D2)		
3	中部地區	1,200	1,850	3,050		
4	關西地區	1,600	1,900	3,500		

搜尋循環參照

❶ 按一下 [公式] → [錯誤檢查] 的 [▼]。

❷ 將游標移動到 [循環參照]，顯示形成循環參照的儲存格位址，按下該儲存格位址，會選取該儲存格。

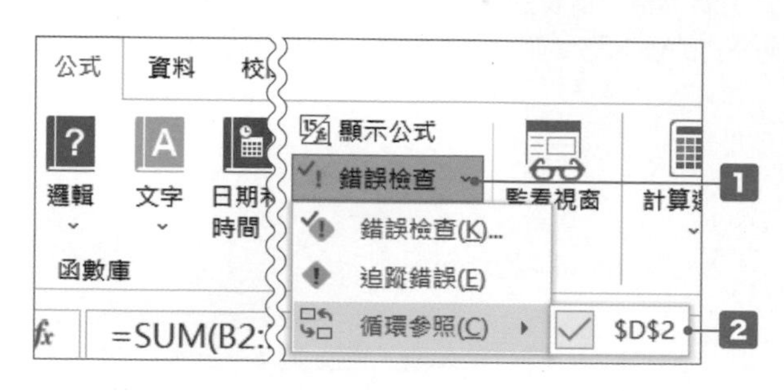

» 追蹤前導參照、追蹤從屬參照

追蹤前導參照是從公式參照的儲存格，往公式所在的儲存格顯示箭頭。追蹤從屬參照是選取儲存格，往參照該儲存格的公式顯示箭頭。這個功能可以用視覺確認與公式結果有關的儲存格位置，藉此驗證公式。

顯示追蹤前導參照的箭頭

追蹤前導參照是從輸入公式參照的儲存格或儲存格範圍，顯示往選取儲存格的箭頭。

❶ 按一下輸入了公式的儲存格。

❷ 按一下 [公式] → [追蹤前導參照]。

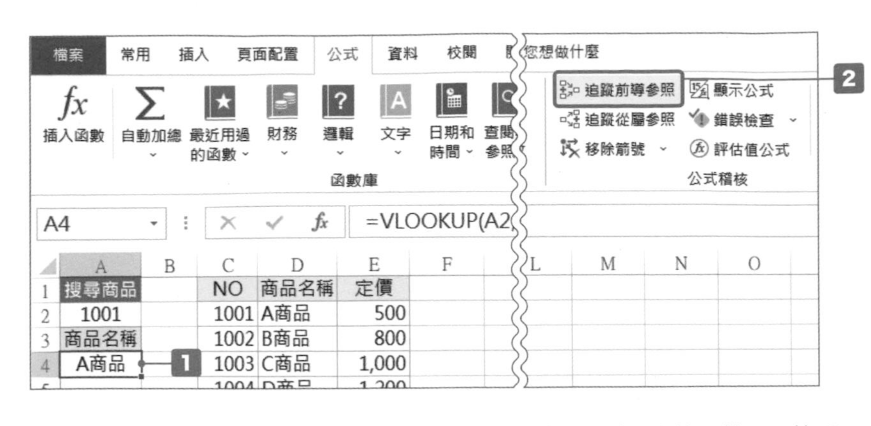

3 從儲存格內公式「=VLOOKUP(A2, 商品,2,FALSE) 參照的儲存格開始顯示箭頭。

	A	B	C	D	E
1	搜尋商品		NO	商品名稱	定價
2	1001		1001	A商品	500
3	商品名稱		1002	B商品	800
4	A商品		1003	C商品	1,000
5			1004	D商品	1,200

追蹤從屬參照

追蹤從屬參照是選取的儲存格參照了輸入在其他儲存格的公式時，往輸入了公式的儲存格方向顯示箭頭。

1 按一下想查詢從屬參照的儲存格。

2 按一下 [公式] → [追蹤從屬參照]。

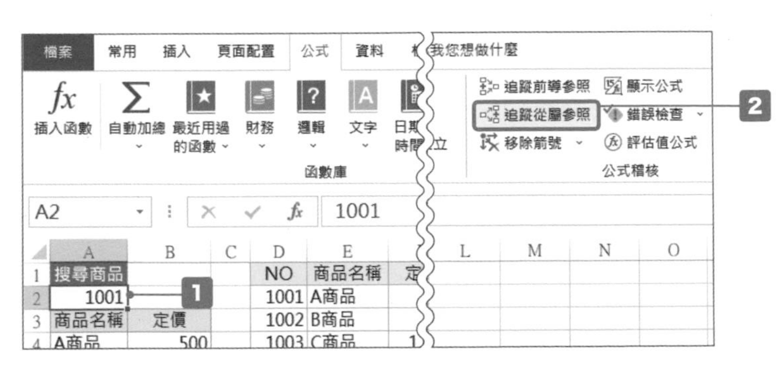

❸ 往輸入了參照儲存格公式的儲存格顯示箭頭。

3

	A	B	C	D	E	F	G
1	搜尋商品			NO	商品名稱	定價	
2	1001			1001	A商品	500	
3	商品名稱	定價		1002	B商品	800	
4	A商品	500		1003	C商品	1,000	
5				1004	D商品	1,200	
6							

公式 =VLOOKUP(A2,商品,2,FALSE)

公式 =VLOOKUP(A2,商品,3,FALSE)

Hint 如果要刪除追蹤前導參照或追蹤從屬參照的箭頭，請按一下 [公式] → [移除箭號]。

» 評估值公式

如果想確認函數內的儲存格參照、邏輯表達式、驗證函數、引數的指定內容或儲存格參照是否正確，可以使用的方法包括開啟 [評估值公式] 對話視窗，依序驗證公式內的引數，以及在公式列上驗證部分公式。

在 [評估值公式] 對話視窗依序驗證公式

使用 [評估值公式] 對話視窗，可以按照順序逐一確認公式內的計算內容，找出哪裡有問題。

❶ 按一下想驗證公式的儲存格。
❷ 按一下 [公式] → [評估值公式]。

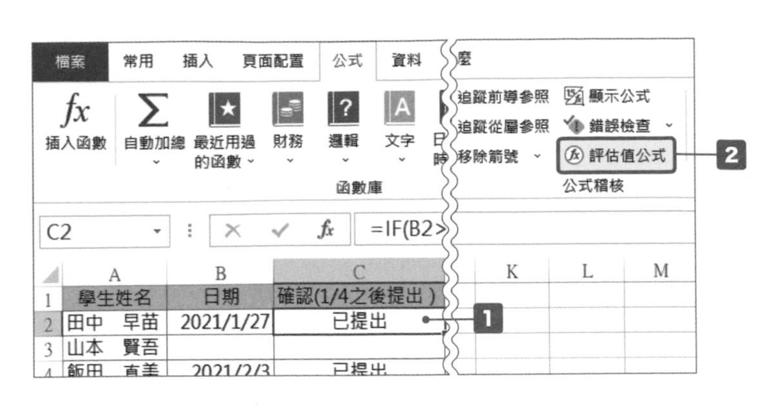

❸ 在 [評估值公式] 對話視窗的 [評估] 欄顯示公式，並在最初執行的公式加上底線。

❹ 按下 [評估值] 鈕。

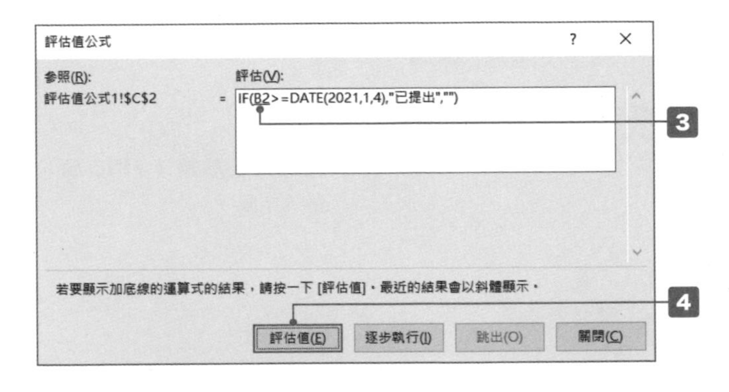

❺ 執行畫了底線的部分（這個範例是顯示序列值），接著在下一個要執行的公式畫上底線。

❻ 同樣按下 [評估值] 鈕，逐一確認。

❼ 結束評估後，按下 [關閉] 鈕。

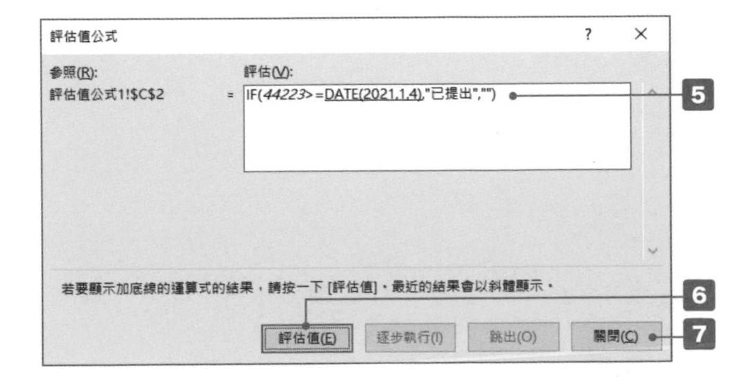

使用 [F9] 在公式列上驗證

你可以直接驗證公式內想知道結果的部分。選取想調查的公式並按下 [F9] 鍵。

1 按一下想驗證的公式儲存格。

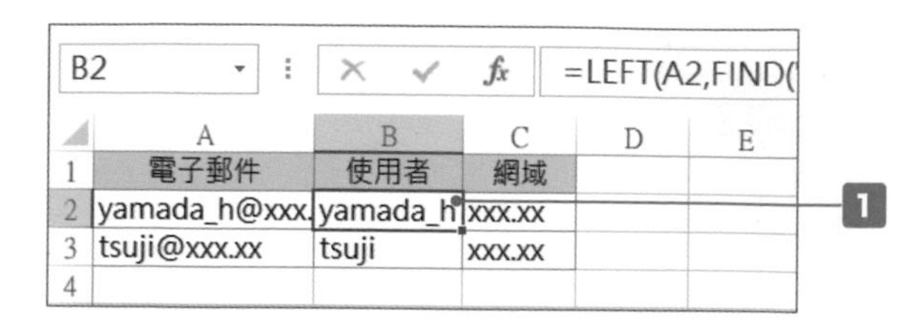

2 在公式列選取要驗證的部分。

3 按下 [F9] 鍵。

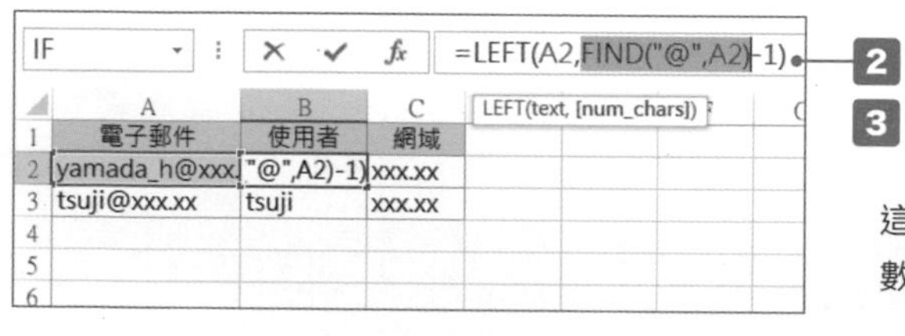

這個案例驗證了 FIND 函數的結果。

4 執行選取的部分並顯示結果。

5 確認之後，按下 [Esc] 鍵並還原。

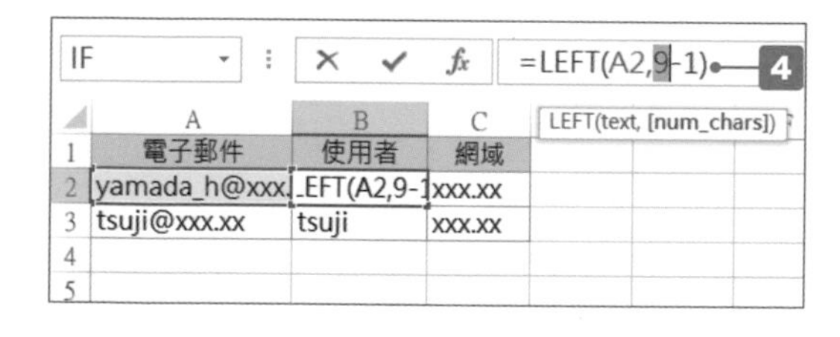

請注意！在步驟 5 按下 [Enter] 鍵後，執行的結果會留在公式內。如果不小心誤按，請按下 [復原] 鈕。

» 顯示公式

一般會在儲存格顯示公式的計算結果，不過也可以顯示成公式。顯示輸入在儲存格內的所有公式，想要確認、列印或修改公式時，就很方便。

1 按一下 [公式] → [顯示公式]。

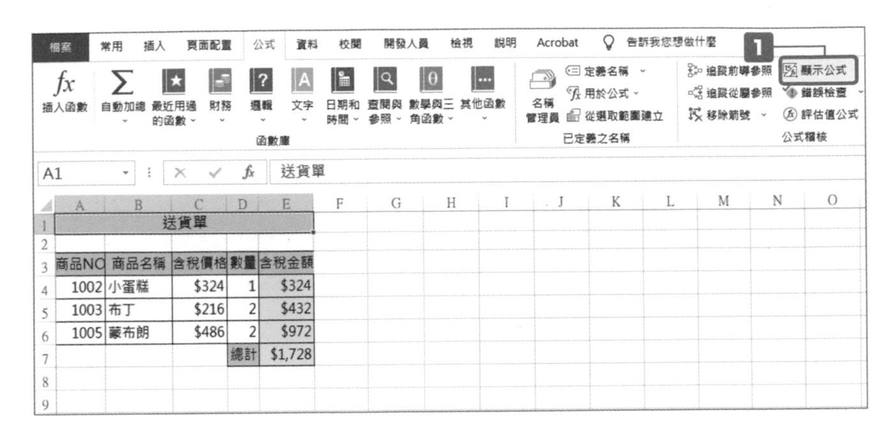

2 增加資料表的欄寬，顯示公式。確認內容，加上必要的修正後，再次按一下 [公式] → [顯示公式]，恢復原狀。

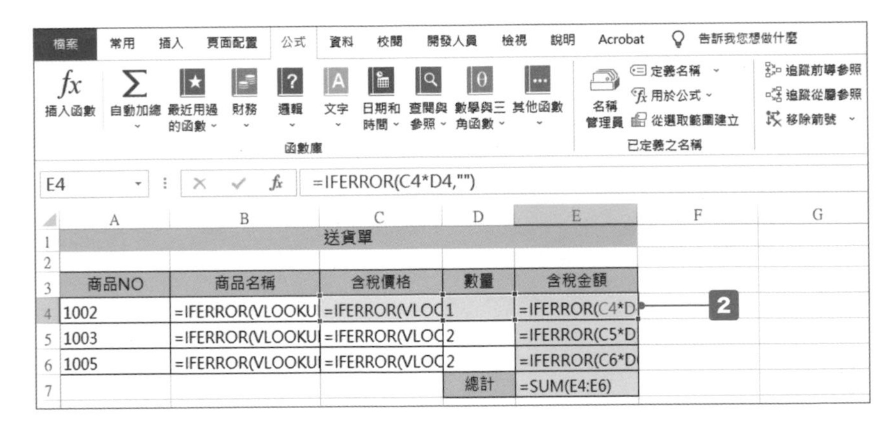

» 切換自動／手動重算

在 Excel 更改公式使用的儲存格值時，每次都會自動重新計算。如果要停止自動重算，等全部修改完畢後再重新計算，可以切換成手動重算。切換成手動後，開啟中的整個活頁簿就不會執行重新計算，重新啟動 Excel 也會維持手動狀態。因此當你完成必要操作後，請一定要恢復成自動重算。

將重算設定切換成手動

❶ 按一下 [公式] → [計算選項] → [手動]。

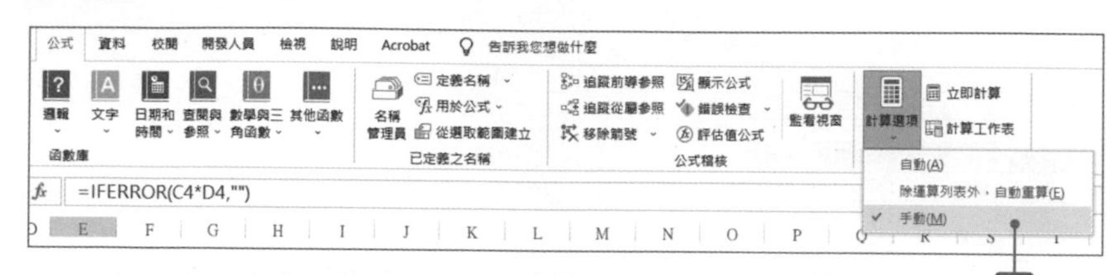

如果要恢復成自動重算，請按一下 [公式] → [計算選項] → [自動]。

注意 在 Excel 開啟中的整個活頁簿不會再重算。

在手動重算的狀態執行重新計算

❶ 按一下 [公式] → [立即計算]，或按下 [F9] 鍵，讓開啟中的整個活頁簿執行重算。

按一下 [計算工作表]，只有選取中的工作表會執行重算。

» 常用的快速鍵

以下要介紹 Excel 常用、很方便的快速鍵。

活頁簿的基本操作

快速鍵	操作內容
Ctrl+N	建立空白文件、空白活頁簿
Ctrl+O	顯示 [檔案] 標籤的 [開啟]
Ctrl+F12	顯示 [開啟] 對話視窗
Ctrl+S	儲存檔案
F12	開啟 [另存新檔] 對話視窗
Ctrl+W	關閉文件、活頁簿
Alt+F4	關閉文件、活頁簿／關閉應用程式
Ctrl+P	顯示 [檔案] 標籤的 [列印]
Ctrl+Z	取消前項操作，恢復原狀
Ctrl+Y	重作剛才復原的操作
F4	重複前項操作
esc	取消現在的操作
Ctrl+Home	移動到 A1 儲存格
Home	移動到選取儲存格的 A 欄
Page Up	往上捲動一個畫面
Page Down	往下捲動一個畫面
Alt+Page Down	往右捲動一個畫面
Alt+Page Up	往左捲動一個畫面
Ctrl+↓	選取輸入資料範圍下方的儲存格
Ctrl+↑	選取輸入資料範圍上方的儲存格
Ctrl+→	選取輸入資料範圍右邊的儲存格
Ctrl+←	選取輸入資料範圍左邊的儲存格
Ctrl+End	選取表內右下方的儲存格

工作表

快速鍵	操作內容
Ctrl + Page Up	切換成左邊的工作表
Ctrl + Page Down	切換成右邊的工作表
Shift + F11	插入新的工作表
F11	插入圖表工作表並建立標準圖表

選取範圍

快速鍵	操作內容
Ctrl + Shift + :	選取作用儲存格的目前範圍
Shift + Space	選取工作表的整列
Ctrl + Space	選取工作表的整欄
Shift + ↑、↓、→、←	往上下左右放大、縮小選取範圍
Ctrl + Shift + ↓	選取到資料範圍尾端的儲存格
Ctrl + Shift + ↑	選取到資料範圍頂端的儲存格
Ctrl + Shift + →	選取到資料範圍右邊的儲存格
Ctrl + Shift + ←	選取到資料範圍左邊的儲存格
Ctrl + A	選取整個資料表、整個工作表

輸入

快速鍵	操作內容
F2	在儲存格末尾顯示游標
Alt + Enter	在儲存格內換行
Ctrl + ;	輸入今天的日期
Ctrl + :	輸入目前的時間
Ctrl + D	輸入和上一個儲存格一樣的內容
Ctrl + R	輸入和左邊儲存格一樣的內容
Ctrl + Enter	在多個儲存格輸入一樣的資料
F4	輸入公式時，切換儲存格的絕對參照、混合參照、相對參照

輸入公式

快速鍵	操作內容
F3	開啟 [貼上名稱] 對話視窗
F9	執行重算、驗證公式（在公式列上使用時）
Alt + Shift + =	輸入自動加總的公式
Shift + F3	開啟 [插入函數] 對話視窗

設定格式

快速鍵	操作內容
Ctrl + C	將選取內容拷貝至剪貼簿
Ctrl + X	將選取內容剪下至剪貼簿
Ctrl + V	貼上剪貼簿的內容
Ctrl + Alt + V	開啟 [選擇性貼上] 對話視窗
Ctrl + Shift + ~	恢復一般顯示格式
Ctrl + Shift + #	設定日期的顯示格式
Ctrl + @	設定時間的顯示格式
Ctrl + Shift + &	設定外框線
Ctrl + Shift + _	刪除框線

其他操作

快速鍵	操作內容
Ctrl + F	顯示 [尋找及取代] 對話視窗的 [尋找] 標籤
Ctrl + H	顯示 [尋找及取代] 對話視窗的 [取代] 標籤
Ctrl + G ／ F5	顯示 [到] 對話視窗
F7	執行拼字檢查
Shift + F2	插入附註

» 相容性函數

Excel2010 之後增加了新的函數，而原本就存在，與新函數有相同功能的函數為了向下相容，成為相容性函數保留下來。

相容性函數清單

相容性函數	分類	說明	現行函數
CEILING	數學與三角函數	傳回四捨五入至基準值倍數的數值	CEILING.PRECISE
FLOOR	數學與三角函數	傳回無條件捨去至基準值倍數的數值	FLOOR.PRECISE
FDIST	統計	傳回兩組資料（右尾）F 分布的機率函數值	F.DIST.RT
FINV	統計	傳回（右尾）F 分布機率函數的反函數值	F.INV.RT
FTEST	統計	傳回 F 檢定的結果	F.TEST
TDIST	統計	傳回 t 分布的機率	T.DIST.RT T.DIST.2T
TINV	統計	傳回 t 分布的雙尾反函數值	T.INV.2T
TTEST	統計	傳回 t 檢定的結果	T.TEST
ZTEST	統計	傳回 z 檢定的單尾 P 值	Z.TEST
CHIDIST	統計	傳回卡方分布的右尾機率值	CHISQ.DIST.RT
CHIINV	統計	傳回卡方分布右尾機率的反函數值	CHISQ.INV.RT
CHISQTEST	統計	執行卡方檢定	CHISQ.TEST
FORECAST	統計	使用現值預測未來值	FORECAST.LINEAR
LOGNORMDIST	統計	傳回對數常態分布的分布函數值	LOGNORM.DIST
LOGINV	統計	傳回對數常態型累積分布函數的反函數	LOGNORM.INV

相容性函數	分類	說明	現行函數
BETADIST	統計	傳回累積 β 機率密度函數的值	BETA.DIST
BETAINV	統計	傳回 β 分布的累積 β 機率密度函數之反函數值	BETA.INV
GAMMADIST	統計	傳回 gamma 分布函數的值	GAMMA.DIST
GAMMAINV	統計	傳回 gamma 分布的累積分布函數之反函數值	GAMMA.INV
GAMMALN	統計	傳回 gamma 函數值的自然對數	GAMMALN.PRECISE
MODE	統計	傳回範圍內的眾數數值	MODE.SNGL
EXPONDIST	統計	傳回指數分布的機率密度、累積分布	EXPON.DIST
RANK	統計	傳回數值清單中指定值的順序	RANK.EQ
CONFIDENCE	統計	計算使用常態分布的母體信賴區間	CONFIDENCE.NORM
NORMDIST	統計	傳回一般常態分布的機率或累積機率	NORM.S.DIST
NORMINV	統計	傳回常態分布的累積分布函數之反函數	NORM.INV
NORMSDIST	統計	傳回一般常態分布的累積分布函數值	NORM.S.DIST
NORMSINV	統計	傳回一般常態分布的累積分布函數之反函數值	NORM.S.INV
STDEVP	統計	傳回母體的標準差	STDEV.P
STDEV	統計	傳回母體的不偏標準差	STDEV.S
COVER	統計	傳回共變異數	COVARIANCE.P
BINOMDIST	統計	傳回二項式分布的機率或累積機率	BINOM.DIST
CRITBINOM	統計	傳回累積二項式分布成為基準值以上的最小值	BINOM.INV
NEGBINOMDIST	統計	傳回負的二項式分布的機率函數值	NEGBINOM.DIST

相容性函數	分類	說明	現行函數
PERCENTRANK	統計	以百分比傳回陣列內值的順序	PERCENTRANK.INC
PERCETILE	統計	傳回數值的百分位數	PERCENTILE.INC
QUARTILE	統計	傳回數值的四分位數	QUARTILE.INC
VARP	統計	傳回整個母體的變異數	VAR.P
VAR	統計	傳回母體的不偏變異數	VAR.S
POISSON	統計	傳回波式機率值	POISSON.DIST
WEIBULL	統計	傳回韋伯分布	WEIBULL.DIST
HYPGEOMDIST	統計	傳回超幾何分布	HYPGEOM.DIST
CONCATENATE	字串	把多個字串結合成一個字串	CONCAT

INDEX ▶ 函數索引（依目的排序）

數字 / 英文字母			
Bessel 函數	計算第一種 Bessel 函數的值	BESSELJ	343
	計算第一種變形 Bessel 函數的值	BESSELI	344
	計算第二種 Bessel 函數的值	BESSELY	344
	計算第二種變形 Bessel 函數的值	BESSELK	344
Cube	取出 Cube 內的成員或元組	CUBEMEMBER	246
	由 Cube 計算彙總值	CUBEVALUE	247
	取出指定排名的成員	CUBERANKEDMEMBER	251
	取得關鍵績效指標（KPI）的屬性	CUBEKPIMEMBER	252
	計算 Cube 的成員屬性值	CUBEMEMBEROROPERTY	252
	計算在 Cube 集合內的項目數量	CUBESETCOUNT	251
	從 Cube 取出元組或成員集合	CUBESET	250
F 分布 / 檢定	計算 F 分布的機率密度與累積機率	F.DIST	155
	計算 F 分布的右尾機率	F.DIST.RT	155
	由 F 分布的左尾機率計算反函數的值	F.INV	156
	由 F 分布的右尾機率計算反函數的值	F.INV.RT	157
	計算 F 檢定的雙尾機率	F.TEST	157
gamma 函數	計算 gamma 函數的值	GAMMA	171
	計算 gamma 分布的累積分布函數之反函數	GAMMA.INV	172
	計算 gamma 分布的機率密度與累積機率的值	GAMMA.DIST	172
	計算 gamma 函數的自然對數	GAMMALN.PRECISE	173
IS 函數	查詢是否為數值	ISNUMBER	254
	查詢是否為偶數	ISEVEN	254
	查詢是否為奇數	ISODD	254
	查詢是否為字串	ISTEXT	255
	查詢是否非字串	ISNONTEXT	255
	查詢是否為空白儲存格	ISBLANK	255
	查詢是否為邏輯值	ISLOGICAL	256
	查詢是否為公式	ISFORMULA	256
	查詢是否為儲存格參照	ISREF	256
	查詢錯誤值是否非「#N/A」	ISERR	257
	查詢是否為錯誤值	ISERROR	257
	查詢是否為錯誤值「#N/A」	ISNA	257
t 分布 / 檢定	計算 t 分布的機率密度與累積機率	T.DIST	150
	計算 t 分布的右尾機率	T.DIST.RT	151
	計算 t 分布的雙尾機率	T.DIST.2T	151
	t 由 t 分布的左尾機率計算反函數的值	T.INV	152

	由 t 分布的雙尾機率計算反函數的值	**T.INV.2T**	152
	進行 t 檢定	**T.TEST**	153
URL 編碼	將字串編碼為 URL 格式	**ENCODEURL**	242
Web	使用 Web 服務取得資料	**WEBSERVICE**	242
	從 XML 文件取得必要資料	**FILTERXML**	242
z 分布 / 檢定	計算 z 檢定的上尾機率	**Z.TEST**	154

二劃

二項式分布	計算二項式分布機率與累積機率	**BINOM.DIST**	141
	計算使用二項式分布傳回實驗結果的機率	**BINOM.DIST.RANGE**	142
	計算負的二項式分布機率	**NEGBINOM.DIST**	144
	計算累積二項式分布大於基準值的最小值	**BINOM.INV**	143

三劃

三角函數	計算圓周率	**PI**	60
	由 x、y 座標計算反正切 (arctangent)	**ATAN2**	66
	計算反正切 (arctangent)	**ATAN**	65
	計算反正弦 (arcsine)	**ASIN**	65
	計算反餘切 (arccotangent)	**ACOT**	66
	計算反餘弦 (arccosine)	**ACOS**	65
	計算正切 (tangent)	**TAN**	62
	計算正弦 (sine)	**SIN**	62
	計算正割 (secant)	**SEC**	64
	計算餘切 (cotangent)	**COT**	64
	計算餘弦 (cosine)	**COS**	62
	計算餘割 (cosecant)	**CSC**	64
	將弧度轉換成度數	**DEGREES**	61
	將度數轉換成弧度	**RADIANS**	61
上限與下限值的機率	計算機率範圍由下限到上限的機率	**PROB**	140
	小數點以下無條件捨去	**INT**	51

四劃

中位數	計算中位數	**MEDIAN**	106
內部報酬率	計算定期現金流的內部報酬率	**IRR**	29
	計算不定期現金流的內部報酬率	**XIRR**	29
	計算定期現金流經修改的內部報酬率	**MIRR**	295
分位數	計算百分比的排名	**PERCENTRANK.INC**	122
	計算四分位數	**QUARTILE.INC**	124
	計算百分位數	**PERCENTILE.INC**	123
	計算排除 0% 與 100% 的四分位數	**QUARTILE.EXC**	124
	計算排除 0% 與 100% 的百分比排名	**PERCENTRANK.EXC**	122
	計算排除 0% 與 100% 的百分位數	**PERCENTILE.EXC**	123
日期	從日期取得年份	**YEAR**	80
	從日期取得日的部分	**DAY**	80

	從日期取得月份	MONTH	80
	從年、月、日取得日期	DATE	82
日期和時間轉換	把代表時間的字串轉換成序列值	TIMEVALUE	97
	把代表日期的字串轉換成序列值	DATEVALUE	97
	將西元日期轉換成民國日期	DATESTRING	98
比較字串	比較兩個字串是否相同	EXACT	196
比較數值	查詢兩個數值是否相等	DELTA	321
	查詢數值是否超過臨界值	GESTEP	321

五劃

付息週期	計算配息債券結算日前的付息日	COUPPCD	312
	計算之前的付息日到結算日期之間的天數	COUPDAYBS	314
	計算之後的付息日到結算日期之間的天數	COUPDAYSNC	314
	計算包含結算日的付息週期天數	COUPDAYS	315
	計算配息債券在結算日與到期日之間的付息次數	COUPNUM	313
	計算配息債券結算日後的付息日	COUPNCD	312
加總	計算符合其他資料表條件的記錄加總	DSUM	271
卡方分布	執行卡方檢定	CHISQ.TEST	148
	卡方分布	CHISQ.INV.RT	147
	由卡方分布的左尾機率計算機率變數	CHISQ.INV	147
	計算卡方分布的右尾機率	CHISQ.DIST.RT	147
	計算卡方分布的機率密度與累積機率	CHISQ.DIST	146
四則運算	數值相加	SUM	28
	以指定的統計方法計算統計值與順序	AGGREGATE	39
	以指定的統計方法進行計算	SUBTOTAL	37
	加總陣列元素的乘積	SUMPRODUCT	36
	加總符合多個條件的數值	SUMIFS	33
	加總符合條件的數值	SUMIF	30
	計算平方和	SUMSQ	41
	計算陣列元素的平方和	SUMX2PY2	42
	計算陣列元素的平方差總和	SUMX2MY2	42
	計算陣列元素差的平方和	SUMXMY2	43
	計算數值的乘積	PRODUCT	35
平方根	計算平方根	SQRT	60
	計算圓周率倍數的平方根	SQRTPI	60
平均值	計算數值的平均值	AVERAGE	112
	計算排除極端資料的平均值	TRIMMEAN	118
	計算符合多個條件的平均值	AVERAGEIFS	115
	計算符合條件的數值平均值	AVERAGEIF	114
	計算幾何平均值(相乘平均值)	GEOMEAN	116
	計算資料的平均值	AVERAGEA	112
	計算調和平均值	HARMEAN	117
	計算符合其他資料表條件的記錄欄平均值	DAVERAGE	268

未來值	計算未來值	FV	289
	由投資金額及期滿時的目標金額計算利率	RRI	290
	計算利率變動時的投資未來值	FVSCHEDULE	290
	計算投資金額達到目標金額所需的時間	PDURATION	291
目前的日期時間	計算目前的日期	TODAY	78
	計算目前的日期與時間	NOW	79

六劃

多項式	計算多項式係數	MULTINOMIAL	56
字串長度	計算字串的字元數	LEN	176
	計算字串的位元組數	LENB	176
字碼	查詢指定字元的字碼	CODE	198
	由 UNICODE 編碼查詢字元	UNICHAR	199
	由字碼查詢字元	CHAR	199
	查詢指定字元的 Unicode 編碼	UNICODE	198
次方	計算次方	POWER	56
	計算自然對數的底數次方	EXP	57

七劃

位元運算	計算邏輯與	BITAND	330
	往右移動位元	BITRSHIFT	332
	往左移動位元	BITLSHIFT	332
	計算邏輯互斥或	BITXOR	331
	計算邏輯或	BITOR	330
利率	計算實質年利率	EFFECT	296
	計算名目年利率	NOMINAL	296
刪除空格	刪除多餘的空格	TRIM	196
刪除控制字元	刪除無法列印的字元	CLEAN	197
折舊金額	以定率遞減法計算折舊金額	DB	297
	以年數合計法計算折舊金額	SYD	298
	以法國會計系統計算折舊金額	AMORDEGRC	299
	以法國會計系統計算折舊金額	AMORLINC	299
	以直線折舊法計算折舊金額	SLN	298
	以倍數餘額遞減法計算折舊金額	DDB	297
	以倍數餘額遞減法計算折舊金額	VDB	298

八劃

取代字串	將指定字元數的字元取代成其他字元	REPLACE	182
	把搜尋到的字串取代成其他字串	SUBSTITUTE	183
	將指定位元組數的字元取代成其他字元	REPLACEB	183
取出字串	從字串開頭取出指定數量的字元	LEFT	177
	只取出字串	T	200
	取出字串的平假名	PHONETIC	200
	從字串末尾取出指定位元組數的字元	RIGHTB	178

	從字串末尾取出指定數量的字元	RIGHT	178
	從字串的指定位置開始取出指定位元組數的字元	MIDB	180
	從字串開頭取出指定位元組數的字元	LEFTB	177
	從指定的字串位置取出指定數量的字元	MID	179
取出資料	取出符合條件的資料	FILTER	238
	一次取出重複的資料	UNIQUE	240
	取出股價或地理資料	FIELDVALUE	241
	從 RTD 伺服器取出資料	RTD	241
取出資訊	查詢值位於第幾個工作表	SHEET	259
	把公式變成字串再取出	FORMULATEXT	264
	取得儲存格的資訊	CELL	261
	查詢 Excel 的執行環境	INFO	263
	查詢工作表的數量	SHEETS	260
	查詢資料的種類	TYPE	265
	查詢錯誤的種類	ERROR.TYPE	266
取值	取出一個符合其他資料表條件的值	DGET	278
波式分布	計算波式分布機率	POISSON.DIST	145

九劃

信賴區間	使用常態分布計算母體平均數的信賴區間	CONFIDENCE.NORM	149
	使用 t 分布計算母體平均數的信賴區間	CONFIDENCE.T	149
指數分布	計算指數分布的機率密度與累積機率	EXPON.DIST	140
相對位置	參照從基準儲存格移動了指定列數、欄數的儲存格	OFFSET	231
	指定搜尋方向並計算搜尋值的相對位置	XMATCH	234
	計算搜尋值的相對位置	MATCH	232
相關	計算相關係數	CORREL	132
	計算皮耳森積差相關係數	PEARSON	132
	計算共變數	COVARIANCE.P	133
	計算迴歸直線的決定係數	RSQ	133
	計算樣本共變數	COVARIANCE.S	133
美元	把以分數表示的美元價格轉換成以小數表示	DOLLARDE	296
	把以小數表示的美元價格轉換成以分數表示	DOLLARFR	297
美國國庫證券	計算美國國庫證券的債券當期殖利率	TBILLEQ	316
	計算美國國庫證券的現值	TBILLPRICE	316
	計算美國國庫證券的殖利率	TBILLYIELD	316
韋伯分布	計算韋伯分布的機率密度與累積機率	WEIBULL.DIST	173

十劃

乘積	計算符合其他資料表條件的記錄乘積	DPRODUCT	275
個數	計算符合其他資料表條件的記錄數值個數	DCOUNT	273
	計算符合其他資料表條件的記錄個數	DCOUNTA	274
時間	從時間取得小時數	HOUR	83
	從時、分、秒取得時間	TIME	84

	從時間取得分鐘數	MINUTE	83
	從時間取得秒數	SECOND	83
迴歸分析	使用簡單線性迴歸分析計算預測值	FORECAST.LINEAR	158
	由時間序列分析計算統計值	FORECAST.ETS.STAT	169
	使用多元線性迴歸分析計算預測值	TREND	162
	使用指數迴歸曲線進行預測	GROWTH	164
	依照歷程預測未來值	FORECAST.ETS	166
	計算指數迴歸曲線的底數與常數	LOGEST	165
	計算迴歸分析的係數與常數項	LINEST	163
	計算預測值的信賴區間	FORECAST.ETS.CONFINT	167
	計算簡單線性迴歸分析的迴歸直線標準差	STEYX	161
	計算簡單線性迴歸直線的切片	INTERCEPT	160
	計算簡單線性迴歸直線的斜率	SLOPE	160
	根據時間序列歷程，計算季節變動的長度	FORECAST.ETS.SEASONALITY	168
陣列 / 矩陣	計算矩陣行列式	MDETERM	70
	建立包含連續數值的陣列表格	SEQUENCE	72
	計算反矩陣	MINVERSE	71
	計算矩陣乘積	MMULT	71
	計算單位矩陣	MUNIT	71

十一劃

偏度 / 峰度	計算偏度	SKEW	130
	計算母體的分布偏度	SKEW.P	130
	計算峰度	KURT	131
平均差 / 誤差	根據數值計算平均差	AVEDEV	129
	根據數值計算誤差平方和	DEVSQ	129
常態分布	計算常態分布的機率密度與累積機率	NORM.DIST	134
	計算成為指定標準差範圍的機率	GAUSS	139
	計算常態分布的累積分布函數之反函數值	NORM.INV	136
	計算標準常態分布的累積分布函數之反函數值	NORM.S.INV	138
	計算標準常態分布的機率密度	PHI	138
	計算標準常態分布的機率密度與累積機率	NORM.S.DIST	137
	將資料標準化 (常態化)	STANDARDIZE	138
排列 / 組合	計算組合數量	COMBIN	54
	計算含重複的排列方式數量	PERMUTATIONA	55
	計算含重複的組合數量	COMBINA	54
	計算排列方式的數量	PERMUT	55
排名	計算排名	RANK.EQ	119
	由最大值計算指定排名的值	LARGE	121
	由最小值計算指定排名的值	SMALL	121
	排名相同時取平均值計算排名	RANK.AVG	120

排序	顯示排序資料的結果	SORT	236
	以多個基準顯示排序資料的結果	SORTBY	237
	TRUE 時傳回 FALSE，FALSE 時傳回 TRUE	NOT	206
	分階段判斷多個條件的結果並傳回不同值	IFS	208
	依是否符合條件傳回不同值	IF	202
	查詢是否只符合兩個邏輯表達式中的其中一個	XOR	207
	查詢是否符合多個條件	AND	204
	顯示與指定值對應的值	SWITCH	209
條件	查詢是否符合多個條件中的其中一個	OR	205
淨現值	計算定期現金流的淨現值	NPV	291
	計算不定期現金流的淨現值	XNPV	292
現值	計算現值	PV	288
眾數	計算眾數	MODE.SNGL	106
	計算多個眾數	MODE.MULT	107
連結	建立超連結	HYPERLINK	243

十二劃

最大 / 最小	計算數值的最小值	MIN	108
	計算多個條件的最大值	MAXIFS	111
	計算多個條件的最小值	MINIFS	109
	計算資料的最大值	MAXA	110
	計算資料的最小值	MINA	108
	計算數值的最大值	MAX	110
最大值 / 最小值	計算符合其他資料表條件的記錄最大值	DMAX	272
	計算符合其他資料表條件的記錄最小值	DMIN	272
期間	計算指定月數前或後的日期	EDATE	85
	以 ISO8601 方式計算日期為該年的第幾週	ISOWEEKNUM	96
	計算一年為 360 天，兩個日期之間的天數	DAYS360	93
	計算不包括指定公休日與假日的天數	NETWORKDAYS.INTL	91
	計算不包括指定星期與假日的天數	NETWORKDAYS	90
	計算不包括指定假日的天數前或後的日期	WORKDAY.INTL	88
	計算日期的星期編號	WEEKDAY	94
	計算日期是一年的第幾週	WEEKNUM	95
	計算兩個日期之間的天數	DAYS	93
	計算指定天數前後不包括六日及假日的日期	WORKDAY	87
	計算指定月數之前或之後的月底	EOMONTH	86
	計算指定期間占一年的比例	YEARFRAC	93
	計算指定期間的年數、月數、天數	DATEDIF	92
結合字串	結合多個字串	CONCAT	180
	利用分隔符號結合多個字串	TEXTJOIN	181
絕對值	計算絕對值	ABS	58
費雪轉換	計算費雪轉換的值	FISHER	174
	計算費雪轉換的反函數值	FISHERINV	174

超幾何分布	計算超幾何分布的機率	**HYPGEOM.DIST**	144
階乘	計算階乘	**FACT**	57
	計算雙階乘	**FACTDOUBLE**	57
亂數	以大於 0 小於 1 的實數產生亂數	**RAND**	73
	建立含亂數的陣列表格	**RANDARRAY**	75
	產生整數亂數	**RANDBETWEEN**	74

十三劃			
搜尋字串	計算字串的位置	**FIND**	184
	計算字串的字元組位置	**FINDB**	185
	計算字串的位元組位置	**SEARCHB**	187
	計算字串的位置	**SEARCH**	186
搜尋資料	垂直搜尋其他資料表並取出資料	**VLOOKUP**	214
	分別設定搜尋範圍與取出範圍的值	LOOKUP…向量形式	217
	分別設定搜尋範圍與取出範圍的值再搜尋資料	**XLOOKUP**	219
	水平搜尋其他資料表並取出資料	**HLOOKUP**	216
	計算列、欄指定的儲存格值	**INDEX**	222
	從引數的清單取值	**CHOOSE**	221
	從資料表的陣列較長邊取出搜尋資料	LOOKUP…陣列形式	218
資料個數	計算數值的個數	**COUNT**	100
	計算空白儲存格的個數	**COUNTBLANK**	100
	計算符合條件的資料個數	**COUNTIF**	102
	計算資料個數	**COUNTA**	101
	計算與多個條件一致的資料數量	**COUNTIFS**	104
	計算頻率分布	**FREQUENCY**	105

十四劃			
對數	計算自然對數	**LN**	59
	計算把指定數值當作底數的對數	**LOG**	59
	計算常用對數	**LOG10**	59
對數分布	計算對數常態分布的機率密度與累積機率	**LOGNORM.DIST**	139
	計算對數常態分布的累積分布函數之反函數值	**LOGNORM.INV**	139
誤差函數	計算誤差函數的積分值	**ERF**	342
	計算互補誤差函數的積分值	**ERFC**	343
	計算互補誤差函數的積分值	**ERFC.PRECISE**	343
	計算誤差函數的積分值	**ERF.PRECISE**	342

十五劃			
標準差	根據數值計算標準差	**STDEV.P**	127
	使用符合其他資料表條件的記錄計算不偏標準差	**DSTDEV**	277
	計算符合其他資料表條件的記錄標準差	**DSTDEVP**	276
	根據資料計算不偏標準差	**STDEVA**	129
	根據資料計算標準差	**STDEVPA**	128
	根據數值計算不偏標準差	**STDEV.S**	128

樞紐分析表	取出樞紐分析表內的資料	GETPIVOTDATA	244
複數	設定實數與虛數，建立複數	COMPLEX	333
	取出複數的虛部	IMAGINARY	334
	取出複數的實部	IMREAL	333
	計算以複數的 2 為底數的對數	IMLOG2	342
	計算複數的平方根	IMSQRT	337
	計算複數的正切	IMTAN	338
	計算複數的正弦	IMSIN	338
	計算複數的正割	IMSEC	339
	計算複數的共軛複數	IMCONJUGATE	335
	計算複數的次方	IMPOWER	337
	計算複數的自然對數	IMLN	341
	計算複數的指數函數值	IMEXP	341
	計算複數的乘積	IMPRODUCT	336
	計算複數的差	IMSUB	336
	計算複數的商	IMDIV	337
	計算複數的常用對數	IMLOG10	342
	計算複數的幅角	IMARGUMENT	335
	計算複數的絕對值	IMABS	335
	計算複數的餘切	IMCOT	339
	計算複數的餘弦	IMCOS	338
	計算複數的餘割	IMCSC	339
	計算複數的總和	IMSUM	336
	計算複數的雙曲正切	IMSECH	340
	計算複數的雙曲正弦	IMSINH	340
	計算複數的雙曲餘弦	IMCOSH	340
	計算複數的雙曲餘割	IMCSCH	341

十六劃

冪級數	計算冪級數	SERIESSUM	56
整數運算(四捨五入)	四捨五入至指定值的倍數	MROUND	46
整數運算(四捨五入)	將數值四捨五入至指定位數	ROUND	44
整數運算(商)	計算除法結果的整數部分	QUOTIENT	52
整數運算(最大小公倍數)	計算最小公倍數	LCM	53
整數運算(最大公約數)	計算最大公約數	GCD	53
整數運算(無條件捨去)	將數值無條件捨去至指定位數	ROUNDDOWN	4
	依指定的方法將數值無條件捨去成基準值的倍數	FLOOR.MATH	5
	將數值無條件捨去成基準值的倍數	FLOOR.PRECISE	4
	將數值無條件捨去成設定的位數	TRUNC	51

整數運算	將數值無條件進位至指定位數	ROUNDUP	4
（無條件進位）	依指定的方法將數值無條件進位成基準值的倍數	CEILING.MATH	4
	將數值無條件進位成基準值的倍數	CEILING.PRECISE	4
	將數值無條件進位成基準值的倍數	ISO.CEILING	47
整數運算（無條件進位至奇數）	將數值無條件進位至奇數	ODD	46
整數運算（無條件進位至偶數）	將數值無條件進位至偶數	EVEN	46
整數運算（餘數）	計算除法結果的餘數	MOD	52
錯誤	設定結果為錯誤值時要顯示的值	IFERROR	21
	設定結果為錯誤值「#N/A」時的顯示值	IFNA	211
錯誤值	傳回錯誤值「#N/A」	NA	258

十七劃

儲存計算結果	將名稱指派給計算結果	LET	76
儲存格參照	計算儲存格的列號	ROW	22
	計算範圍或名稱內的區域數	AREAS	22
	計算儲存格的欄號	COLUMN	22
	計算儲存格範圍的列數	ROWS	22
	計算儲存格範圍的欄數	COLUMNS	22
	根據儲存格參照的字串間接計算儲存格的值	INDIRECT	22
	從列號與欄號取得儲存格參照的字串	ADDRESS	225
儲蓄、償還貸款	計算定期償還的貸款或儲蓄金額	PMT	280
	計算以本金平均攤還償還貸款時攤還的利息	ISPMT	28
	計算貸款還款金額中累計支付的本金	CUMPRINC	28
	計算貸款還款金額中累計支付的利息	CUMIPMT	28
	計算貸款還款金額中攤還的本金	PPMT	28
	計算貸款還款金額中攤還的利息	IPMT	28
	計算達成目標金額的儲蓄次數或還款次數	NPER	28
	計算儲蓄或貸款還款的利率	RATE	287
檢查正負	檢查正負	SIGN	58

十八劃

擴大分布	計算 beta 分布的機率密度與累積機率	BETA.DIST	17
	計算 beta 分布的累積函數之反函數值	BETA.INV	171
轉換字串	在數值加上千分位逗號或小數點符號並轉換成字串	FIXED	18
	只將英文單字的第一個字母轉換成大寫	PROPER	19
	把代表數值的字串轉換成數值	VALUE	19
	把以地區格式顯示的數字轉換成數值	NUMBERVALUE	19
	把半形文字轉換成全形	BIG5	190
	把英文轉換成大寫	UPPER	19
	把英文轉換成小寫	LOWER	19
	把羅馬數字轉換成數值	ARABIC	19
	將全形文字轉換成半形	ASC	19

	將數值轉換成日元貨幣字串	YEN	19
	將數值轉換成美元貨幣字串	DOLLAR	19
	將數值轉換成泰銖貨幣字串	BAHTTEXT	19
	將數值轉換成國字	NUMBERSTRING	19
	將數值轉換成羅馬數字	ROMAN	19
	設定數值的顯示格式並轉換成字串	TEXT	189
轉換配置	切換列與欄的位置	TRANSPOSE	230
轉換基數	將十進位轉換成二進位	DEC2BIN	32
	將 n 進位轉換成十進位	DECIMAL	32
	將二進位轉換成八進位	BIN2OCT	32
	將二進位轉換成十六進位	BIN2HEX	32
	將二進位轉換成十進位	BIN2DEC	32
	將八進位轉換成二進位	OCT2BIN	32
	將八進位轉換成十六進位	OCT2HEX	32
	將八進位轉換成十進位	OCT2DEC	32
	將十六進位轉換成二進位	HEX2BIN	32
	將十六進位轉換成八進位	HEX2OCT	32
	將十六進位轉換成十進位	HEX2DEC	32
	將十進位轉換成 n 進位	BASE	32
	將十進位轉換成八進位	DEC2OCT	32
	將十進位轉換成十六進位	DEC2HEX	324
轉換單位	轉換數值單位	CONVERT	318
轉換數值	轉換成對應引數的數值	N	266
雙曲函數	計算雙曲正弦	SINH	6
	計算反雙曲正切	ATANH	6
	計算反雙曲正弦	ASINH	6
	計算反雙曲餘切	ACOTH	7
	計算反雙曲餘弦	ACOSH	6
	計算雙曲正切	TANH	6
	計算雙曲正割	SECH	6
	計算雙曲餘切	COTH	6
	計算雙曲餘弦	COSH	6
	計算雙曲餘割	CSCH	68

十九劃

證券	計算配息債券的存續期間	DURATION	30
	計算到期配息債券的現值	PRICEMAT	31
	計算到期配息債券的殖利率	YIELDMAT	31
	計算到期配息債券的應計利息	ACCRINTM	30
	計算配息債券的修正債券存續期間	MDURATION	30
	計算配息債券的現值	PRICE	30
	計算配息債券的殖利率	YIELD	30
	計算配息債券的應計利息	ACCRINT	30
	計算最初付息週期為零散配息債券的現值	ODDFPRICE	30

	計算最初付息週期為零散配息債券的殖利率	**ODDFYIELD**	30
	計算最後付息週期為零散配息債券的現值	**ODDLPRICE**	30
	計算最後付息週期為零散配息債券的殖利率	**ODDLYIELD**	30
	計算零息債券的年殖利率	**YIELDDISC**	31
	計算零息債券的現值	**PRICEDISC**	30
	計算零息債券的殖利率	**INTRATE**	30
	計算零息債券的貼現率	**DISC**	30
	計算零息債券的贖回價值	**RECEIVED**	309

二三劃

變異數	根據數值計算變異數	**VAR.P**	12
	使用符合其他資料表條件的記錄計算不偏變異數	**DVAR**	27
	使用符合其他資料表條件的記錄計算變異數	**DVARP**	27
	根據資料計算不偏變異數	**VARA**	12
	根據資料計算變異數	**VARPA**	12
	根據數值計算不偏變異數	**VAR.S**	126
邏輯值	總是傳回「TRUE」	**TRUE**	21
	總是傳回「FALSE」	**FALSE**	212
顯示字串	依指定的次數顯示字串	**REPT**	187

INDEX ▶ 函數索引（依英文字母排序）

A

ABS 58
ACCRINT 304
ACCRINTM 305
ACOS 65
ACOSH 69
ACOT 66
ACOTH 70
ADDRESS 225
AGGREGATE 39
AMORDEGRC 299
AMORLINC 299
AND 204
ARABIC 191
AREAS 227
ASC 190
ASIN 65
ASINH 69
ATAN 65
ATAN2 66
ATANH 69
AVEDEV 129
AVERAGE 112
AVERAGEA 112
AVERAGEIF 114
AVERAGEIFS 115

B

BAHTTEXT 192
BASE 324
BESSELI 344
BESSELJ 343
BESSELK 344
BESSELY 344
BETA.DIST 170
BETA.INV 171
BETADIST 415
BETAINV 415

BIG5 190
BIN2DEC 325
BIN2HEX 326
BIN2OCT 325
BINOM.DIST 141
BINOM.DIST.RANGE 142
BINOM.INV 143
BINOMDIST 415
BITAND 330
BITLSHIFT 332
BITOR 330
BITRSHIFT 332
BITXOR 331

C

CEILING 414
CEILING.MATH 48
CEILING.PRECISE 47
CELL 261
CHAR 199
CHIDIST 414
CHIINV 414
CHISQ.DIST 146
CHISQ.DIST.RT 147
CHISQ.INV 147
CHISQ.INV.RT 147
CHISQ.TEST 148
CHISQTEST 414
CHOOSE 221
CLEAN 197
CODE 198
COLUMN 223
COLUMNS 224
COMBIN 54
COMBINA 54
COMPLEX 333
CONCAT 180
CONCATENATE 416
CONFIDENCE 415
CONFIDENCE.NORM 149
CONFIDENCE.T 149
CONVERT 318
CORREL 132
COS 62

COSH 67
COT 64
COTH 68
COUNT 100
COUNTA 101
COUNTBLANK 100
COUNTIF 102
COUNTIFS 104
COUPDAYBS 314
COUPDAYS 315
COUPDAYSNC 314
COUPNCD 312
COUPNUM 313
COUPPCD 312
COVARIANCE.P 133
COVARIANCE.S 133
COVER 415
CRITBINOM 415
CSC 64
CSCH 68
CUBEKPIMEMBER 252
CUBEMEMBER 246
CUBEMEMBEROROPERTY 252
CUBERANKEDMEMBER 251
CUBESET 250
CUBESETCOUNT 251
CUBEVALUE 247
CUMIPMT 285
CUMPRINC 284

D

DATE 82
DATEDIF 92
DATESTRING 98
DATEVALUE 97
DAVERAGE 268
DAY 81
DAYS 93
DAYS360 93
DB 297
DCOUNT 273
DCOUNTA 274
DDB 297
DEC2BIN 322

DEC2HEX 324
DEC2OCT 322
DECIMAL 329
DEGREES 61
DELTA 321
DEVSQ 129
DGET 278
DISC 308
DMAX 272
DMIN 272
DOLLAR 191
DOLLARDE 296
DOLLARFR 297
DPRODUCT 275
DSTDEV 277
DSTDEVP 276
DSUM 271
DURATION 300
DVAR 277
DVARP 277

E

EDATE 85
EFFECT 296
ENCODEURL 242
EOMONTH 86
ERF 342
ERF.PRECISE 342
ERFC 343
ERFC.PRECISE 343
ERROR.TYPE 266
EVEN 46
EXACT 196
EXP 57
EXPON.DIST 140
EXPONDIST 415

F

F.DIST 155
F.DIST.RT 155
F.INV 156
F.INV.RT 157
F.TEST 157
FACT 57

FACTDOUBLE 57
FALSE 212
FDIST 414
FIELDVALUE 241
FILTER 238
FILTERXML 242
FIND 184
FINDB 185
FINV 414
FISHER 174
FISHERINV 174
FIXED 188
FLOOR 414
FLOOR.MATH 50
FLOOR.PRECISE 49
FORECAST 414
FORECAST.ETS 166
FORECAST.ETS.CONFINT 167
FORECAST.ETS.SEASONALITY 168
FORECAST.ETS.STAT 169
FORECAST.LINEAR 158
FORMULATEXT 264
FREQUENCY 105
FTEST 414
FV 289
FVSCHEDULE 290

G

GAMMA 171
GAMMA.DIST 172
GAMMADIST 415
GAMMA.INV 172
GAMMAINV 415
GAMMALN 415
GAMMALN.PRECISE 173
GAUSS 139
GCD 53
GEOMEAN 116
GESTEP 321
GETPIVOTDATA 244
GROWTH 164

H

HARMEAN 117

HEX2BIN 328
HEX2DEC 328
HEX2OCT 329
HLOOKUP 216
HOUR 83
HYPERLINK 243
HYPGEOM.DIST 144
HYPGEOMDIST 416

I

IF 202
IFERROR 210
IFNA 211
IFS 208
IMABS 335
IMAGINARY 324
IMARGUMENT 335
IMCONJUGATE 335
IMCOS 338
IMCOSH 340
IMCOT 339
IMCSC 339
IMCSCH 341
IMDIV 337
IMEXP 341
IMLN 341
IMLOG10 342
IMLOG2 342
IMPOWER 337
IMPRODUCT 336
IMREAL 333
IMSEC 339
IMSECH 340
IMSIN 338
IMSINH 340
IMSQRT 337
IMSUB 336
IMSUM 336
IMTAN 338
INDEX 222
INDIRECT 228
INFO 263
INT 51
INTERCEPT 160

INTRATE 308
IPMT 283
IRR 293
ISBLANK 255
ISERR 257
ISERROR 257
ISEVEN 254
ISFORMULA 256
ISLOGICAL 256
ISNA 257
ISNONTEXT 255
ISNUMBER 254
ISO.CEILING 47
ISODD 254
ISOWEEKNUM 96
ISPMT 286
ISREF 256
ISTEXT 255

K

KURT 131

L

LARGE 121
LCM 53
LEFT 177
LEFTB 177
LEN 176
LENB 176
LET 76
LINEST 163
LN 58
LOG 59
LOG10 59
LOGEST 165
LOGINV 415
LOGNORM.DIST 139
LOGNORM.INV 139
LOGNORMDIST 414
LOOKUP…向量形式 217
LOOKUP…陣列形式 218
LOWER 192

M

MATCH 232
MAX 110
MAXA 110
MAXIFS 111
MDETERM 70
MDURATION 301
MEDIAN 106
MID 179
MIDB 180
MIN 108
MINA 108
MINIFS 109
MINUTE 83
MINVERSE 71
MIRR 295
MMULT 71
MOD 52
MODE 415
MODE.MULT 107
MODE.SNGL 106
MONTH 81
MROUND 46
MULTINOMIAL 56
MUNIT 71

N

N 266
NA 258
NEGBINOM.DIST 144
NEGBINOMDIST 416
NETWORKDAYS 90
NETWORKDAYS.INTL 91
NOMINAL 296
NORM.DIST 134
NORM.INV 136
NORM.S.DIST 137
NORM.S.INV 138
NORMDIST 415
NORMINV 415
NORMSINV 415
NOT 206
NOW 79
NPER 286

NPV 291
NUMBERSTRING 193
NUMBERVALUE 194

O

OCT2BIN 326
OCT2DEC 327
OCT2HEX 327
ODD 46
ODDFPRICE 303
ODDFYIELD 302
ODDLPRICE 303
ODDLYIELD 302
OFFSET 231
OR 205

P

PDURATION 291
PEARSON 132
PERCENTILE.EXC 123
PERCENTILE.INC 123
PERCENTRANK 416
PERCENTRANK.EXC 122
PERCENTRANK.INC 122
PERCETILE 416
PERMUT 54
PERMUTATIONA 55
PHI 138
PHONETIC 200
PI 60
PMT 286
POISSON 416
POISSON.DIST 145
POWER 56
PPMT 282
PRICE 307
PRICEDISC 308
PRICEMAT 310
PROB 140
PRODUCT 35
PROPER 193
PV 288

Q

QUARTILE 416
QUARTILE.EXC 124
QUARTILE.INC 124
QUOTIENT 52

R

RADIANS 61
RAND 73
RANDARRAY 75
RANDBETWEEN 74
RANK 415
RANK.AVG 120
RANK.EQ 119
RATE 287
RECEIVED 309
REPLACE 182
REPLACEB 183
REPT 187
RIGHT 178
RIGHTB 178
ROMAN 190
ROUND 44
ROUNDDOWN 45
ROUNDUP 45
ROW 223
ROWS 224
RRI 290
RSQ 133
RTD 241

S

SEARCH 186
SEARCHB 187
SEC 64
SECH 68
SECOND 83
SEQUENCE 72
SERIESSUM 56
SHEET 259
SHEETS 260
SIGN 58
SIN 62
SINH 67

SKEW 130
SKEW.P 130
SLN 298
SLOPE 160
SMALL 121
SORT 236
SORTBY 237
SQRT 60
SQRTPI 60
STANDARDIZE 138
STDEV 415
STDEV.P 127
STDEV.S 128
STDEVA 129
STDEVP 415
STDEVPA 128
STEYX 161
SUBSTITUTE 183
SUBTOTAL 37
SUM 28
SUMIF 30
SUMIFS 33
SUMPRODUCT 36
SUMSQ 41
SUMX2MY2 42
SUMX2PY2 42
SUMXMY2 43
SWITCH 209
SYD 298

T

T 200
T.DIST 150
T.DIST.2T 151
T.DIST.RT 151
T.INV 152
T.INV.2T 152
T.TEST 153
TAN 62
TANH 67
TBILLEQ 316
TBILLPRICE 316
TBILLYIELD 316
TDIST 414

TEXT 189
TEXTJOIN 181
TIME 84
TIMEVALUE 97
TINV 414
TODAY 78
TRANSPOSE 230
TREND 162
TRIM 196
TRIMMEAN 118
TRUE 212
TRUNC 51
TTEST 414
TYPE 265

U

UNICHAR 199
UNICODE 198
UNIQUE 240
UPPER 192

V

VALUE 195
VAR 416
VAR.P 125
VAR.S 126
VARA 127
VARP 416
VARPA 126
VDB 298
VLOOKUP 214

W

WEBSERVICE 242
WEEKDAY 94
WEEKNUM 95
WEIBULL 416
WEIBULL.DIST 173
WORKDAY 87
WORKDAY.INTL 88

X

XIRR 294
XLOOKUP 219

XMATCH 234
XNPV 292
XOR 207

Y
YEAR 81
YEARFRAC 93
YEN 191
YIELD 306
YIELDDISC 311
YIELDMAT 311

Z
Z.TEST 154
ZTEST 414

INDEX ▶ 關鍵字索引

數字 / 英文字母

" (雙引號) 346
####### 375
#BLOCKED 266, 375
#CALC 266, 375
#DIV/0! 266, 375
#FIELD! 266, 375
#N/A 211, 266, 375
#NAME? 266, 375
#NULL! 266, 375
#REF! 266, 375
#SPILL! 266, 375
#UNKNOWN! 266, 375
#VALUE! 266, 278
$ 364
() 346
* (萬用字元) 364
, (逗號) 350
: (冒號) 350
? (萬用字元) 364
[] 346
~ (波浪號) 364
+ (plus) 242
與乘數對應的縮寫 320
十進位 322
十六進位 324
二進位 322
計算次小值 40
360 天 299
365 天 299
3D 加總 377
八進位 322
A 到 Z 393
A1 參照形式 356
address 261
ADDRESS 的設定範例 226
AGGREGATE 的選項 41
AGGREGATE 的統計方法 40
AND 條件 269
AREAS 的設定範例 227
ASCII 碼 198
baht 192
Caption 246
col 261
color 261
COM 241
contents 261
Cube 245, 249
directory 263
Esc 鍵 406
Excel 資料模型 246
F2 鍵 410
F3 鍵 411
F4 鍵 362
F5 鍵 411
F7 鍵 411
F9 鍵 406, 411
F11 鍵 410
FALSE 202
filename 261
FILTER 函數的 [條件] 設定方法 238
FLOOR.MATH 的模式 50
format 261
gamma 函數 171
HEX2DEC 的使用範例 328
HEX2OCT 的使用範例 329
IS 函數 256
ISO8601 方式 96
BIG5 190
JSON 格式 242

KPI 252
NASD 方法 299
numfile 263
n 進位制 323
OCT2BIN 的使用範例 326
OLAP 工具 249
OR 條件 269
origin 263
osversion 263
parentheses 261
prefix 261
protect 261
R1C1 參照形式 356
recalc 263
release 263
row 261
RTD 伺服器 241
SUBTOTAL 的統計方法 37
SUMIF 函數的設定方法 31
SUMIFS 函數的設定方法 34
system 263
TRUE 202
type 261
t 分布 149
UNC 路徑 243
Unicode 198
URL 格式 242
Web 服務 242
Web 網站 242
width 261
XML 格式 242
Z 到 A 393
z 檢定 154
β 分布 170

一劃

一週基準 94

二劃

二進位搜尋 219
二項式分布 141

三劃

三角函數 63
大綱 392
小計 393
工作表 259

四劃

不定期現金流 292
不拷貝格式 360
不相鄰的儲存格加總 28
不偏標準差 129, 277
不偏變異數 126, 277
中位數 106
內部報酬率 293
公式 254
公式自動完成 350
公式標籤 359
分析藍本管理員 399
分割儲存格的值 398
分階段判斷多個條件 208
分隔符號 181
分數表示 296
切換成右邊的工作表 410
切換成左邊的工作表 410
切換自動 / 手動重算 408
反三角函數 66
反正弦（arcsine） 65
反矩陣 71
反餘切（arccotangent） 66
反餘弦（arccosine） 65
引數 266, 347
引數的主要種類 347
日期字串 97
日圓貨幣 191
比較 INT 函數與 TRUNC 函數 51
比較方向 240
比較兩個字串是否相同 196
比較運算子 349

比對模式 219

五劃

主要的錯誤種類 380
主題 241
代入 76
代表數值 195
功率單位 319
加總特定值的儲存格 32
加總符合多個條件的數值 33
加總範圍的數量 227
半形文字 178
卡方分布 146
卡方檢定 148
右移運算 332
四分位數 124
四捨五入 44
左移運算 332
平方和 41
平方根 60
平均值 38, 43, 112
平均差 129
平假名 200
必須處理的錯誤 379
未來值 289
本金 290
本金平均攤還 284
本息平均攤還 281
正切（tangent） 62
正弦（sine） 62
正負 58
正割（secant） 64
母體 125
民國 98
皮耳森積差相關係數 132
目標金額 286
目標搜尋 398

六劃

全形文字 178
全部移除 394
共變數 133
列號 222
合併彙算 395
[合併彙算] 對話視窗 396
名目年利率 296
[名稱管理員] 對話視窗 359
向量形式 217
在週六、日的儲存格上色 382
地區格式 194
多元線性迴歸分析 162
多個條件 204
多項式係數 56
多維表達式（MDX） 252
字串末尾 178
字串的字元數 176
字串開頭 177
字串運算子 349
字串運算子清單 349
字首 320
字碼 198
存續期間 300
成員表達式 246
次方 56
百分比 122
百分位數 123
自訂 386
自訂顯示格式的設定方法 375
自動加總 411
自動建立大綱 392
自動填滿功能 359
自動填滿選項 360
西元 98

七劃

伺服器 241
位元組數 176
何謂函數 346
何謂複數 334
利息 283

刪除名稱 359
刪除多餘的空格 196
刪除框線 411
即時取出的資料 241
否定 206
完全一致 219
序列值 81
快速填入 397
投資 290
折舊金額 297
決定係數 133
沒有問題的錯誤 378

八劃

使用比較運算子的邏輯表達式 363
使用命名後的儲存格範圍 357
使用環境 253
使用邏輯表達式的函數範例 364
其他活頁簿 243
[函數引數] 對話視窗 355
函數的格式 346
函數庫 346
函數範例 346
[到] 對話視窗 411
到期配息債券 310
取代 182
取代字串 182
定期支付 280
定期現金流 291
弧度 61
往右移動 332
往左移動 332
忽略錯誤計算加總 39
所有工作表 260
法國 299
波式分布 145
物理力單位 318
直線折舊法 298
空白儲存格 100
空格 176
表格 389
表格工具 391
表格設計 391

九劃

信賴上限 167
信賴下限 167
信賴區間 149
拷貝函數 359
拼字檢查 411
指定位元組數 178
指定的條件式 202
指數三重平滑（ETS）演算法 166
指數分布 140
指數迴歸曲線 164
指標 378
按照月份加總數量 32
相對位置 232
相對參照 360
相關係數 132
美元貨幣 191
美元價格 296
美國國庫證券 316
英文單字的第一個字母 193
計算工作表 408
計算日期和時間 369
負的二項式分布 144
重量單位 318
重複的排列方式 55
重複的資料 240
韋伯分布 173

十劃

修正存續期間 301
修正循環參照 401
倍數餘額遞減法 297
容積單位 319
峰度 131
時間字串 97
時間序列分析 169

時間單位 318
格式碼 262
泰銖貨幣 192
真假 202
矩陣 70
能量單位 319
記錄 268
財務函數 281
迴歸分析 163
迴歸直線 133
追蹤前導參照、追蹤從屬參照 402
配息債券 300
陣列公式 367
陣列形式 218
陣列常數 365

十一劃

偏度 130
剪貼簿 411
區域單位 319
區間陣列 105
參照字串 228
參照的切換方法 362
參照格式 225
參照運算子 350
參照運算子清單 360
參照類型 225, 232
參數 α 172
參數 β 172
執行重新計算 408
執行環境 263
基準（一年的天數） 299
基準（月 / 年） 300
基數 328
常用標籤 81, 372
常態分布 134
常數 348
從末尾搜尋到開頭 219
從開頭搜尋到末尾 219
從屬變數（目的變數） 160
排列 55
排名 119
排序 236, 389
排序索引 236
排序鍵 250
排除極端資料 118
控制字元 197
控制點 353
條件式格式的種類 384
條件式格式設定 382
淨現值 292
混合參照 362
現值 288
略過錯誤 379
眾數 106
符號 176
第一種 Bessel 函數 343
第一種變形 Bessel 函數 344
第二種 Bessel 函數 344
第二種變形 Bessel 函數 344
累計 284
累積分布函數 136
組合 54
組成群組 392
統計 389
統計含小計的資料表 38
統計表（交叉表） 148
統計種類 169
[設定] 標籤 385
設定已經定義的顯示格式 372
設定外框線 411
設定計算方法 408
設定儲存格格式 373
設定顯示格式 372
速度單位 319
連結目的地 243
連線名稱 246

十二劃

[尋找及取代] 對話視窗 411

幾何平均值（相乘平均值） 116
循環參照 401
提示 354
[插入函數] 對話視窗 352
插入附註 411
插入新的工作表 410
最大公約數 53
最大值 38, 43, 110
最小公倍數 53
最小值 108
期待值範圍 148
期間 284
測試對象 254
無法列印的字元 197
程式 ID 241
結構化參照 391
結構化參照的指定元 392
絕對值 58
絕對參照 360
虛數 333
虛數單位 333
[評估值公式] 對話視窗 404
貼上名稱 411
超連結 243
超幾何分布 144
距離單位 318
週末編號 89
進位轉換 323
階乘 57
集合 250
集合表達式 250
項目 244
亂數 73

十三劃

傳回值 347
債券 301
圓周率 60
填滿但不填入格式 360
搜尋值 209, 219
搜尋條件的設定範例 30
搜尋循環參照 402
搜尋模式 234
搜尋範圍 219
搜尋類型 214
新增規則 382
[新增規則] 對話視窗 382
溢出功能 224, 367
溫度單位 319
滑鼠左鍵 243
滑鼠游標 243
當作條件的資料表 273
經修改的內部報酬率 295
萬用字元 364
資料 166
資料的種類 265
資料個數 101
資料庫 268, 388
資料庫功能 389
資料庫函數的基本知識 269
資料庫的結構 389
資料陣列 105
資料欄 244
資料驗證 385
資訊單位 319
路徑 242
運算子 348
運算子的優先順序 349
運算列表 400
零息債券 308
預測工作表 166
預測值 167

十四劃

實測值範圍 148
實數 333
實質年利率 296
實驗結果 142
對話方塊啟動器 373
對數 59

對數常態分布 139
模擬分析 398
磁力單位 319
算術運算子 348
算術運算子清單 348
與工作表有關的快速鍵 410
與其他操作有關的快速鍵 411
與活頁簿基本操作有關的快速鍵 409
與設定格式有關的快速鍵 411
與輸入公式有關的快速鍵 411
與輸入有關的快速鍵 410
與選取範圍有關的快速鍵 410
誤差平方和 129
誤差函數 342

十五劃

數值的主要格式符號 376
數值單位 318
數量加總 31
標準化（常態化） 138
標準差 127
標準常態分布 137
樞紐分析表 244, 389
樞紐分析表工具 249
歐制方法 299
編碼 242
複數 333
調和平均 117
餘切（cotangent） 64
餘弦（cosine） 62
餘割（cosecant） 64

十六劃

整欄加總 29
機率密度函數 137
獨立變數（說明變數） 163
篩選 389
篩選按鈕 391
輸入函數 350
選取工作表的整列 410
選取工作表的整欄 410
選取作用儲存格的目前範圍 410
選取整個工作表 410
選取儲存格 389
[選擇性貼上] 對話視窗 411
錯誤內容 379
錯誤值 254, 266
錯誤處理 378
頻率分布 105

十七劃

償還的貸款 280
儲存格內允許 386
儲存格參照 225, 228
儲存格範圍 223
儲存格範圍加總 28
儲存格範圍命名 357
儲蓄 286
儲蓄的利率 287
壓力單位 318
應計利息 304
檢查種類 261
檢查錯誤選項 379
還款期間 281
還款額 281

十八劃

簡單線性迴歸分析 158
簡短日期 372
轉換 190
轉換成公式 249
轉換成國字 193
轉換為範圍 391
轉換單位 318
雙曲 67
顏色參照 353

十九劃

羅馬數字 190
關鍵績效指標（KPI） 252

類型欄 373

廿一劃

屬性 252
欄位 244, 268
欄號 222

廿三劃

變異數 126
邏輯互斥或 207 331
邏輯或 205, 330
邏輯表達式 202
邏輯值 254
邏輯與 204, 330
顯示公式 407
顯示格式 300
驗證函數 404

Excel 終極函數辭典

作　　者：國本溫子
譯　　者：吳嘉芳
企劃編輯：江佳慧
文字編輯：江雅鈴
設計裝幀：張寶莉
發 行 人：廖文良

發 行 所：碁峰資訊股份有限公司
地　　址：台北市南港區三重路 66 號 7 樓之 6
電　　話：(02)2788-2408
傳　　真：(02)8192-4433
網　　站：www.gotop.com.tw
書　　號：ACI035800
版　　次：2023 年 04 月初版
建議售價：NT$600

國家圖書館出版品預行編目資料

Excel 終極函數辭典 / 國本溫子原著；吳嘉芳譯. -- 初版.
-- 臺北市：碁峰資訊, 2023.04
面；　公分
ISBN 978-626-324-351-4(平裝)
1.CST：EXCEL(電腦程式)
312.49E9　　　111017712

讀者服務

- 感謝您購買碁峰圖書，如果您對本書的內容或表達上有不清楚的地方或其他建議，請至碁峰網站：「聯絡我們」\「圖書問題」留下您所購買之書籍及問題。（請註明購買書籍之書號及書名，以及問題頁數，以便能儘快為您處理）
http://www.gotop.com.tw
- 售後服務僅限書籍本身內容，若是軟、硬體問題，請您直接與軟、硬體廠商聯絡。
- 若於購買書籍後發現有破損、缺頁、裝訂錯誤之問題，請直接將書寄回更換，並註明您的姓名、連絡電話及地址，將有專人與您連絡補寄商品。